苏·区·振·兴·八·周·年

赣南老区生态文明建设的探索与实践

Exploration and Practice of Ecological Civilization
Construction in Ganzhou of Jiangxi

刘善庆◎主编　刘善庆 龚苡慧 张萍娥 祁　娟◎著

U0226345

经济管理出版社
ECONOMY & MANAGEMENT PUBLISHING HOUSE

图书在版编目（CIP）数据

赣南老区生态文明建设的探索与实践/刘善庆主编；刘善庆等著 . — 北京：经济管理出版社，2020.11

ISBN 978-7-5096-7652-3

Ⅰ . ①赣… Ⅱ . ①刘… Ⅲ . ①生态环境建设—研究—江西 Ⅳ . ① X321.256

中国版本图书馆 CIP 数据核字（2020）第 236070 号

组稿编辑：丁慧敏
责任编辑：丁慧敏 张广花 康国华
责任印制：黄章平
责任校对：陈晓霞

出版发行：经济管理出版社
　　　　　（北京市海淀区北蜂窝 8 号中雅大厦 A 座 11 层　100038）
网　　址：www.E-mp.com.cn
电　　话：（010）51915602
印　　刷：北京虎彩文化传播有限公司
经　　销：新华书店
开　　本：710mm×1000mm/16
印　　张：14.75
字　　数：256 千字
版　　次：2020 年 12 月第 1 版　2020 年 12 月第 1 次印刷
书　　号：ISBN 978-7-5096-7652-3
定　　价：68.00 元

目 录·CONTENTS

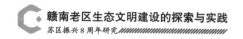

第一章

绪论

第一节　研究背景与意义

一、研究背景

2012 年 6 月 28 日,《国务院关于支持赣南等原中央苏区振兴发展的若干意见》(以下简称《若干意见》)正式出台,着力将赣南打造成为全国稀有金属产业基地、先进制造业基地、特色农产品深加工基地、重要的区域性综合交通枢纽、我国南方地区重要的生态屏障和红色文化传承创新区。建设我国南方地区重要的生态屏障的主要工作是推进南岭、武夷山等重点生态功能区建设,加强江河源头保护和江河综合整治,加快森林植被保护与恢复,提升生态环境质量,切实保障我国南方地区生态安全。八年来,赣南老区生态文明建设是如何开展的? 积累了哪些经验? 取得了怎样的成效? 这些问题受到了学者们的广泛关注。本书就这些问题进行了研究,第一章介绍了本书的研究背景、目的和意义;第二章分析了赣南老区生态文明建设的主要内容;第三章总结了赣南老区生态文明建设的实践经验,并对赣、闽、黔三省的生态文明制度进行了比较研究,分析了赣南老区生态文明建设的主要成效;第四章剖析了赣南老区生态文明建设的典型案例。其中,刘善庆撰写了第一章;张萍娥撰写了第二章以及第四章第三节、第五节,共计 10.1 万字;祁娟撰写了第三章以及第四章第四节,共计 10 万字;龚苡慧撰写了第四章第一节、第二节,共计 4 万字。

二、研究目的与意义

长期以来，赣南都以农业生产为主，境内山清水秀，森林覆盖率高，生态环境良好。但是，随着外来人口的不断迁入，人多地少的矛盾日益尖锐，大量土地被开发利用，赣南地区的生态环境趋于恶化。以兴国县为例，1980 年，兴国县水土流失面积达到 1899 平方千米，占县域面积的 60%，占山地面积的比重超过了 80%，山地植被覆盖率不到 30%。

改革开放以后，党和政府开始启动生态环境保护工作。《若干意见》实施以来，赣南老区的生态文明建设得到了中央政府的高度重视和全力支持。可以说，赣南老区系统性、全方位的生态保护与建设是自《若干意见》实施开始全面展开的。在习近平新时代中国特色社会主义思想的指引下，在众多政策的大力支持下，赣南老区践行习近平生态文明思想，牢固树立山水林田湖草生命共同体理念，大力推进山水林田湖草生态保护修复，探索富有赣南老区地域特色的高质量发展新道路，构建区域协调发展新格局，实现从"江南沙漠"到"江南绿洲"的转变。赣南老区的生态文明建设总体上实现了《若干意见》的政策预期，是习近平生态文明思想的成功实践。学术界需要对此进行系统研究，在理论上进一步丰富和深化生态文明建设研究；在实践上，通过总结经验，一方面为赣南老区进一步推进生态文明建设提供依据，另一方面为全国其他革命老区、欠发达地区的生态文明建设提供经验借鉴。

第二节　习近平生态文明思想概述

习近平生态文明思想是习近平新时代中国特色社会主义思想的有机组成部分。陶良虎、李成茂等诸多学者对此进行了深入研究，本书主要引用他们的研究成果。

一、习近平生态文明思想的形成和发展过程

习近平生态文明思想主要形成于党的十八大以来波澜壮阔的生态文明建设

和生态环境保护的伟大实践中，有着深厚的理论基础和历史渊源。党的十八大从新的历史起点出发，做出"大力推进生态文明建设"的战略决策，从十个方面描绘出生态文明建设的宏伟蓝图。党的十八大报告不仅在第一、第二、第三部分分别论述了生态文明建设的重大成就、重要地位、重要目标，还在第八部分全面深刻地论述了生态文明建设的各方面内容，完整描绘了在今后相当长的一段时期我国生态文明建设的宏伟蓝图。2015年5月5日，中共中央、国务院发布了《关于加快推进生态文明建设的意见》；10月，随着党的十八届五中全会的召开，"增强生态文明建设"首度被写入国家五年规划。2018年3月11日，第十三届全国人民代表大会第一次会议通过了《中华人民共和国宪法修正案》，将宪法第八十九条"国务院行使下列职权"中的第六项"（六）领导和管理经济工作和城乡建设"修改为"（六）领导和管理经济工作和城乡建设、生态文明建设"。在党的十九大报告中，习近平总书记指出，人与自然是生命共同体，人类必须尊重自然、顺应自然、保护自然。他强调，我们要建设的现代化是人与自然和谐共生的现代化，既要创造更多的物质财富和精神财富以满足人民日益增长的美好生活需要，又要提供更多的优质生态产品以满足人民日益增长的优美生态环境需要。必须坚持节约优先、保护优先、自然恢复为主的方针，形成节约资源和保护环境的空间格局、产业结构、生产方式及生活方式，还自然以宁静、和谐、美丽。习近平总书记指出，生态文明建设功在当代、利在千秋。我们要牢固树立社会主义生态文明观，推动形成人与自然和谐发展的现代化建设新格局，为保护生态环境付出我们这代人的努力。党的十九届四中全会通过的《中共中央关于坚持和完善中国特色社会主义制度推进国家治理体系和治理能力现代化若干重大问题的决定》指出，生态文明建设是关系着中华民族永续发展的千年大计。必须践行"绿水青山就是金山银山"的理念，坚持"节约资源和保护环境"的基本国策，实行最严格的生态环境保护制度，全面建立资源高效利用制度，普遍实行垃圾分类和资源化利用制度，健全生态保护和修复制度。要求开展大规模国土绿化行动，加快水土流失和荒漠化及石漠化的综合治理，保护生物多样性，筑牢生态安全屏障。除国家重大项目外，全面禁止围填海；严明生态环境保护责任制度。

习近平总书记结合新的实践需要，对推进生态文明建设提出了更加丰富、更加系统、更加明确的指导思想和总体要求，深刻回答了生态文明建设的若干重大理论和实践问题。这既是对马克思主义生态观的继承和发展，也是对中华优秀传统生态文化的传承和弘扬；既有对人类生态文明思想的扬弃和吸收，

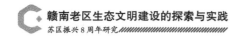

又有对习近平总书记多岗位、多层次领导实践经验的提炼和升华（陶良虎，2019）。

二、习近平生态文明思想的丰富内涵

基于对人类社会发展规律、人与自然关系认识规律和社会主义建设规律的科学把握，习近平总书记深刻阐述了推进新时代生态文明建设必须遵循的"六项原则"和需要构建的"五个体系"。其中，"六项原则"即坚持人与自然和谐共生的科学自然观、绿水青山就是金山银山的绿色发展观、良好生态环境是最普惠的民生福祉的基本民生观、山水林田湖草系统治理的整体系统观、用最严格制度最严密法治保护生态环境的严密法治观和世界携手共谋全球生态文明的共赢全球观；"五个体系"，即以生态价值观念为准则的生态文化体系、以产业生态化和生态产业化为主体的生态经济体系、以改善生态环境质量为核心的目标责任体系、以治理体系和治理能力现代化为保障的生态文明制度体系、以生态系统良性循环和环境风险有效防控为重点的生态安全体系（李成茂，2019）。"六项原则"和"五个体系"涵盖了经济、政治、文化、社会和生态文明等领域，两者相互联系、相互促进、辩证统一，形成一个系统完整、科学严密的逻辑体系，构成了习近平生态文明思想的理论内核（陶良虎，2019）。

"六项原则"是科学自然观、绿色发展观、基本民生观、整体系统观、严密法治观和全球共赢观的集大成。人与自然和谐共生是人与自然和谐发展、共生共荣的存在状态，这是核心，也是根本。人与自然和谐共生既是生态文明建设的时代要求，更是实现中华民族伟大复兴的根本保障。新时代生态文明建设是通过实现人与自然的和谐发展来促进人与人、人与社会的和谐的，推动了人类生产方式、生活方式、消费方式的改革与创新，使人与自然生态系统相互协调，最终实现人类的可持续发展。"绿水青山就是金山银山"理念的理论本质在于正确处理经济发展与生态环境保护之间的关系。绿水青山既是自然财富、生态财富，又是社会财富、经济财富。习近平总书记指出，坚持"绿水青山就是金山银山"，是重要的发展理念，也是推进现代化建设的重大原则。经济发展要坚持在发展中保护、在保护中发展，实现经济社会发展与人口、资源、环境相协调，要把经济活动、人的行为限制在自然资源和生态环境能够承载的限度内，给自然生态留下休养生息的时间和空间，实现经济社会发展和生态环境保护协同共进。生态环境是关系党的使命宗旨的重大政治问题，也是关系民生的重大社会问题。良好的生态环境意味着清洁的空气、干净的水源、安全的食品、宜居的环境，让良好生态成为最普惠的民生福祉，源自我们党全心全意为人民服务的根本宗旨，源自广大人民群众对加快提高生态环境质量的热切期盼。生态文明建设是一个系统工程，必须按照生态系统的整体性、系统性及内在规律，统筹考虑自然生态各要素，进行整体保护、宏观管控、综合治理，全方位、全地域、全过程开展生态文明建设，增强生态系统的循环能力，维护生态平衡。法规制度的生命力在于执行，贯彻执行法规制度关键在真抓，靠的是严管。习近平总书记指出，只有实行最严格的制度、最严密的法治，才能为生态文明建设提供可靠保障。对于破坏生态环境的行为，不能手软，不能下不为例。加快制度创新，强化制度执行，尤其是在创新生态补偿、生态文明考核评价、资源生态环境管理等制度方面，抓好制度的执行和落实。人类是命运共同体，保护生态环境是全球面临的共同挑战和共同责任。国际社会唯有携手合作，我们才能有效应对气候变化、海洋污染、生物保护等全球性环境问题，实现联合国2030年可持续发展目标。中国要深度参与全球环境治理，增强在全球环境治理体系中的话语权和影响力，积极引导国际秩序变革方向，形成世界环境保护和可持续发展的解决方案（李成茂，2019）。

"五个体系"系统界定了中国特色社会主义生态文明体系的基本框架，其中，生态文化体系是生态文明建设的灵魂，生态经济体系是生态文明建设的物质基础，生态文明制度体系为生态文明建设提供可靠保障，目标责任体系明确生态文明建设的目标任务，生态安全体系是生态文明建设的基本底线。"五个体系"是对贯彻"六项原则"的具体部署，也是从根本上解决生态问题的对策体系。生态文化为生态文明建设提供思想保证、精神动力和智力支持。良好的生态文化体系包括人与自然和谐发展，共存共荣的生态意识、价值取向和社会适应。建立健全以生态价值观念为准则的生态文化体系要大力倡导生态伦理和生态道德，构建人与自然和谐的物质生态文化，树立大力弘扬人文精神的生态伦理观，提倡先进的生态价值观和生态审美观，注重对广大人民群众的舆论引导，在全社会形成绿色、环保、节约的文明消费模式和生活方式。绿水青山就是金山银山。生态经济体系提供物质基础，构建生态经济体系是贯彻绿色发展理念，增强我国经济可持续发展能力的现实需要。绿色发展本质是源头减量化和末端轻量化的发展方式，必须依靠技术进步和创新驱动，构建以产业生态化和生态产业化为主体的生态经济体系，深化供给侧结构性改革，让生态优势变成经济优势，形成生态与经济和谐统一的生态经济体系。保护生态环境必须依靠制度、依靠法治。加强党的领导,推进体制机制改革,是习近平生态文明思想方法论的重要组成部分。《生态文明体制改革总体方案》明确指出,要构建起由自然资源资产产权制度、国土空间开发保护制度、空间规划体系、资源总量管理和全面节约制度、资源有偿使用和生态补偿制度、环境治理体系、环境治理和生态保护市场体系、生态文明绩效评价考核和责任追究制度八项制度构成的产权清晰、多元参与、激励约束并重、系统完整的生态文明制度体系,推进生态文明领域国家治理体系和治理能力现代化。生态环保目标落实得好不好,领导干部是关键,要建立健全考核评价机制,压实责任、强化担当,要建立责任追究制度,特别是对领导干部的责任追究制度。生态文明建设目标责任体系包括:以具体减排指标、环境质量改善等具体任务为导向的目标考核,以调整地方政府绩效考核为导向的综合性生态文明目标评价体系,以生态文明建设目标为导向的、引导性的、试点性的考评体系,厘清生态文明建设领域相关部门常态化分工责任的制度安排,以及建立在责任体系基础上的问责机制。生态安全是国家安全体系的重要基石,是一道生命与健康的警戒线。生态安全体系是人类生产、生活和健康等方面不受生态破坏与环境污染等影响的保障程度,是一个由生物安全、环境安全和系统安全三方面组成的动态安全体系。建立生态安全体系,首先要维护生态系统的完整性、稳定性和功能性,确保生态系统的良性循环;其次要处理好涉及生态环境的重大风险问题(李成茂,2019)。

三、习近平生态文明思想的理论贡献和实践意义

习近平生态文明思想深刻回答了为什么建设生态文明、建设什么样的生态文明、怎样建设生态文明等重大问题,是新时代生态文明建设的根本遵循和行动指南,开辟了马克思主义人与自然关系思想的新境界,丰富和发展了马克思主义人与自然关系思想的新内涵,具有显著的理论突破性、长期指导性。

从可持续发展来看,习近平总书记深刻指出,生态文明建设关系着中华民族的永续发展。中国的现代化建设,绝不能重复"先污染后治理""边污染边治理"的老路,绝不容许"吃祖宗饭、断子孙路",必须高度重视生态文明建设,走一条绿色、低碳、可持续发展之路。要站在为子孙计、为万世谋的战略高度思考谋划生态文明建设,开辟一条顺应时代发展潮流、适合我国发展实际

的人与自然和谐共生的光明道路（思力，2019）。

从人民的美好生活需要来看，习近平总书记深刻指出，生态文明建设关系着党的使命宗旨。人民对美好生活的向往，就是我们党的奋斗目标。新时代，人民群众对干净的水、清新的空气、安全的食品、优美的生态环境等要求越来越高，只有大力推进生态文明建设，提供更多优质的生态产品，才能不断满足人民日益增长的优美生态环境需要。我国经济在快速发展的同时积累下的诸多环境问题，已成为"民生之患、民心之痛"，习近平总书记对此深切关注，他指出，广大人民群众热切期盼加快提高生态环境质量，我们在生态环境方面欠账太多，如果不从现在起就把这项工作紧紧抓起来，将来会付出更大的代价！生态环境里面有很大的政治，既要算经济账，更要算政治账，算大账、算长远账，绝不能急功近利、因小失大（思力，2019）。

从经济发展方式来看，习近平总书记深刻指出，生态文明建设关系着我国经济的高质量发展和现代化建设。环境保护与经济发展同行，将产生变革性力量。我国经济已由高速增长阶段转向高质量发展阶段。高质量发展是体现新发展理念的发展，是绿色发展成为普遍形态的发展。习近平总书记明确指出，绿色循环低碳发展，是当今时代科技革命和产业变革的方向，是最有前途的发展领域。加强生态文明建设，坚持绿色发展，改变传统的"大量生产、大量消耗、大量排放"的生产模式和消费模式，使资源、生产、消费等要素相匹配、相适应，是构建高质量现代化经济体系的必然要求，是实现经济社会发展和生态环境保护协调统一、人与自然和谐共生的根本之策（思力，2019）。

从全球环境问题来看，习近平总书记深刻指出，生态文明建设关系着中国的大国生态责任担当。中国是大国，生态环境搞好了，既是自身受益，更是对世界生态环境保护做出的重大贡献。中国虽然正处于全面建成小康社会的关键时期，工业化、城镇化加快发展的重要阶段，发展经济、改善民生任务十分繁重，但仍然以最大的决心和最积极的态度参与全球应对气候变化，真心实意、真抓实干为全球环境治理、生态安全做奉献，树立起全球生态文明建设重要参与者、贡献者、引领者的良好形象，大大提升在全球环境治理体系中的话语权和影响力。这为中国的发展赢得了良好的外部舆论环境，也进一步彰显了中国特色社会主义的优越性和说服力、感召力（思力，2019）。

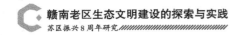
第三节　江西省生态文明建设的布局研究

一、江西省生态文明建设的战略定位分析

(一) 基本概况

全国森林覆盖率较高的十个省份之一。江西省位于我国东南部,长江中下游,赣江流经全省,境内山地众多,地形以丘陵、山地为主,盆地、谷地广布,属亚热带温暖湿润季风气候。境内江湖众多,以鄱阳湖为中心呈向心水系。江西省是中国南方红壤分布面积较大的省区之一。植被以常绿阔叶林为主,是典型的亚热带森林植物群落。全省现有林地面积 1079.9 万公顷,占全省总面积的 64.69%,森林覆盖率达 63.1%,居全国第二位,仅次于福建省;湿地面积 91.01 万公顷,占总面积的 5.45%。

(二) 美丽中国"江西样板"

江西省承载着中国共产党人的初心和使命,寄托着老区人民对党的信赖和对美好生活的期待,肩负着新时代中部地区崛起的重任。2014 年 11 月,经国家发展改革委等六部委批复,江西列入全国首批生态文明先行示范区。2015年,习近平总书记在参加十二届全国人大三次会议江西代表团审议时,殷殷嘱托江西"走出一条经济发展和生态文明相辅相成、相得益彰的路子,打造生态文明建设的'江西样板'"。2015 年,中共中央、国务院印发了《关于加快推进生态文明建设的意见》和《生态文明体制改革总体方案》,提出以政策探索和制度创新为核心,启动设立若干国家级生态文明试验区工作。党的十八届五中全会提出设立统一规范的国家生态文明试验区。2016 年,习近平总书记视察江西时指出,绿色生态是江西最大财富、最大优势、最大品牌,一定要保护好,做好治山理水、显山露水的文章,走出一条经济发展和生态文明水平提高相辅相成、相得益彰的路子,打造美丽中国"江西样板"。2016 年 8 月,中共中央办公厅、国务院办公厅印发了《关于设立统一规范的国家生态文明试验区的意见》,江西被纳入首批统一规范的国家生态文明试验区,肩负起探索形成可在全国复制推广的成功经验的重任。2017 年 10 月，中共中央办公厅、国务院办公厅印发了《国家生态文明试验区（江西）实施方案》。2019 年 5 月，习近平总书记在江西主持召开推动中部地区崛起工作座谈会时指出，中部地区要结合自身实际，突出改革重点，在生态文明体制改革等领域抓创新、抓落实。要坚持绿色发展，开展生态保护和修复，强化环境建设和治理，推动资源节约集约利用，建设绿色发展的美丽中部。

具体言之，江西省生态文明建设的战略定位包括山水林田湖草综合治理样板区、中部地区绿色崛起先行区和生态环境保护管理制度创新区等。

第一，山水林田湖草综合治理样板区。把鄱阳湖流域作为一个山水林田湖草生命共同体，统筹山江湖开发、保护与治理，建立覆盖全流域的国土空间开发保护制度，深入推进全流域的综合治理改革试验，全面推行河长制，探索大湖流域生态、经济、社会协调发展的新模式，为全国流域保护与科学开发提供参考。

第二，中部地区绿色崛起先行区。统筹推进生态文明建设与长江经济带建设，促进中部地区崛起等战略实施，加快绿色转型，将"生态 +"理念融入到产业发展的全过程、全领域，建立健全引导和约束机制，构建绿色产业体系，促进生产、消费、流通各环节绿色化，率先在中部地区走出一条绿色崛起的新路子。

第三，生态环境保护管理制度创新区。落实最严格的环境保护制度和水资源管理制度，着力解决经济社会发展中面临的突出生态环境问题，创新监测预警、督察执法、司法保障等体制机制，健全体现生态文明要求的评价考核机制，构建政府、企业、公众协同共治的生态环境保护新格局。

第四，生态扶贫共享发展示范区。推动生态文明试验区建设与打赢脱贫攻坚战、促进赣南等原中央苏区振兴发展等深度融合，进一步完善多元化的生态保护补偿制度，建立绿色价值共享机制，引导全社会参与生态文明建设，让广大人民群众共享生态文明成果。

二、江西省生态文明建设的主要目标、任务

（一）主要目标

第一，探索建立生态文明建设制度。2017 年发布的《国家生态文明试验区（江西）实施方案》提出了两个阶段目标，即到 2018 年，试验区建设取得

重要进展，在流域生态保护补偿、河湖保护与生态修复、绿色产业发展、自然资源资产产权等重点领域形成了一批可复制、可推广的改革成果。到 2020 年，建成具有江西特色、系统完整的生态文明制度体系，基本建立山水林田湖草系统治理制度，使国土空间开发保护制度更加完善，多元化的生态保护补偿机制更加健全；基本建立有利于绿色产业发展的制度，构筑资源节约和环境友好的绿色发展体系，完善环境治理和生态保护市场体系，初步走出一条绿色崛起的新路子；基本建立质量优先的生态环境保护管理制度，完善城乡一体、气水土协同的监管治理体系；基本建立绿色价值全民共享制度，生态产品价值得到更多实现；基本建立体现绿色政绩观的评价考核制度，普遍实行激励约束并重的生态文明建设目标评价考核和责任追究制度，为全国生态文明体制改革提供一批典型经验和成熟模式，在推进生态文明领域治理体系和治理能力现代化方面走在全国前列。

第二，进一步改善生态环境质量。《国家生态文明试验区（江西）实施方案》提出的具体衡量指标高达 13 个。即到 2020 年，全省的森林覆盖率稳定在 63%，地表水的水质优良比例提高到 85.3%，重要江河湖泊水功能区的水质达标率达到 91% 以上，鄱阳湖流域水功能区的水质达标率达到 90% 以上，全面消除Ⅴ类及劣Ⅴ类水体，水土流失面积和强度显著下降，县级及以上城市空气质量的优良天数比率达到 92.8% 以上，细颗粒物的年均浓度降至 39 微克／立方米以下，湿地面积不低于 91 万公顷，草原的综合植被盖度达到 86.5%，万元地区生产总值能耗、万元地区生产总值用水量、温室气体以及主要污染物排放量进一步下降，经济发展的质量和效益显著提高，生态环境质量继续位居全国前列，使江西的天更蓝、地更绿、水更清，人民群众的获得感和幸福感明显增强，基本建成美丽中国"江西样板"。

（二）主要任务

《国家生态文明试验区（江西）实施方案》提出了江西生态文明建设的六大任务：构建山水林田湖草系统保护与综合治理制度体系、构建严格的生态环境保护与监管体系、构建促进绿色产业发展的制度体系、构建环境治理和生态保护市场体系、构建绿色共治共享制度体系、构建全过程的生态文明绩效考核和责任追究制度体系。

第一，构建山水林田湖草系统保护与综合治理制度体系。尊重并顺应鄱阳湖流域的自然规律，深入贯彻"共抓大保护、不搞大开发"方针，突出山水林田湖草生命共同体的系统性和完整性，完善自然资源资产产权、国土空间开发保护、流域综合管理、生态保护与修复等制度。

第二，构建严格的生态环境保护与监管体系。围绕解决关系着人民群众切身利益的大气、水、土壤污染及生态破坏等突出环境问题，建立健全生态环境保护的监测预警、督察执法、司法保障等体制机制，构建城乡一体、气水土统筹的环境监督管理制度体系。集中抓好五项工作，即健全生态环境监测网络和预警机制，建立健全以改善环境质量为核心的环境保护管理制度，创新环境保护督察和执法体制，完善生态环境资源保护的司法保障机制，健全农村环境治理体制机制。

第三，构建促进绿色产业发展的制度体系。坚持市场主导、政府引导，着力完善符合生态文明要求的产业政策和制度体系，构建具有江西特色的绿色产业体系，培育发展新动能。主要抓好三方面工作，即创新有利于绿色产业发展的体制机制，建立有利于产业转型升级的体制机制，建立有利于资源高效利用的体制机制。

第四，构建环境治理和生态保护市场体系。充分发挥市场配置资源的决定性作用，加快培育生态环保市场主体，完善市场交易制度，建立体现生态环境价值的制度体系，努力构建政府、企业和社会共同参与的新格局。主要抓好三方面工作，即加快培育环境治理和生态保护市场主体，逐步完善环境治理和生态保护市场化机制，健全绿色金融服务体系。

第五，构建绿色共治共享制度体系。积极探索生态价值转化为经济效益的新模式，进一步完善全民参与生态文明建设的体制机制，推动形成生态文明主流价值观。主要抓好四项工作，即创新生态扶贫机制，建立绿色共享机制，完善社会参与机制，健全生态文化培育引导机制。

第六，构建全过程的生态文明绩效考核和责任追究制度体系。进一步提升生态文明绩效考核和责任追究制度体系的科学性、完整性和可操作性，完善各考核评价体系的标准衔接、结果运用和责任落实机制，引导各级党政机关和领导干部树立绿色政绩观。主要抓好四项工作，即进一步完善生态文明建设评价考核制度，编制自然资源资产负债表，开展领导干部自然资源资产离任审计，加强生态文明考核与责任追究的统筹协调。

第二章

赣南老区生态文明建设主要内容分析

建设生态文明是关乎人民福祉和民族未来的千年大计。习近平总书记在参加江西代表团审议时指出，环境就是民生，青山就是美丽，蓝天就是幸福。要像保护眼睛一样保护生态环境，像对待生命一样对待生态环境（韦洪发和赵婷，2019）。赣南老区坚持以习近平总书记系列重要讲话精神为引领，弘扬苏区精神，认真贯彻落实节约资源和保护环境的基本国策，树立节约集约循环利用的资源观，充分认识节约能源资源、促进生态文明建设的重要性和紧迫性，切实增强责任感和使命感。赣南乘着全力推进振兴发展的东风，在《若干意见》《国家生态文明试验区（江西）实施方案》等的支持下，深入贯彻落实习近平生态文明思想，坚持以建设节约型、绿色化公共机构为主线，全面节约和高效利用能源资源，主动适应经济新常态，保持战略定力，牢固树立和践行"绿水青山就是金山银山"的理念，筑牢生态屏障，加快绿色崛起，大力推动生态文明体制改革创新，为生态文明试验区建设贡献"赣州力量"。赣州市以江西省生态文明先行示范区建设为契机，攻坚克难，改革创新，锐意进取，走一条经济发展与生态文明相辅相成、相得益彰的路子，稳步提升江西省的生态优势，争做全国生态文明建设（江西）试验区的排头兵，为生态文明建设做出积极贡献。

第一节　赣南老区生态文明建设存在的主要问题

近年来，在赣州市委、市政府的正确领导和省厅的关心与支持下，赣州市深入学习贯彻党的精神和习近平生态文明思想，坚决贯彻落实江西省委、赣州市委关于生态环境保护的决策部署，以改善环境质量为核心，全力以赴打好污染防治攻坚战，有效保障了全市的生态环境安全，解决了一大批长期想解决而未解决的环境问题，全市的环境质量不断提升，生态环境工作取得了显著成效。赣南老区以打造美丽中国"江西样板"为目标，聚焦重点，全面开展生态文明建设，深入推进生态文明试验区建设，生态环境质量持续提升，继续位居全国前列，为打造美丽中国"赣州样板"做出了积极贡献。

赣州市生态环境保护工作之所以取得明显成效，是因为以习近平同志为核心的党中央的坚强领导，以及习近平新时代中国特色社会主义思想和习近平生态文明思想的科学指引，同时也是各地区各部门主动推进落实的结果，是全国生态环境系统奋力拼搏的结果。当前，习近平生态文明思想深入人心，绿色低碳循环发展有力推进，生态环境治理体系不断完善，生态文明建设改革举措落地见效，为全面加强生态环境保护、坚决打赢污染防治攻坚战增添了强大动力（牛秋鹏，2020）。生态环境是关乎党的使命宗旨的重大政治问题，也是关乎民生的重大社会问题。各级各部门单位要提高思想认识和政治站位，高度重视，凝聚共识，充分认识到抓好生态环境保护和污染防治工作的重要性和紧迫性，坚定信心，痛下决心，严肃对待，坚决杜绝侥幸心理，扎实推进生态环境保护和污染防治工作，不断提高人民群众的满意度和幸福感。在生态文明建设中，虽然赣南老区取得了不少成绩，但也产生了一些需要解决的问题。

一、赣南老区生态文明建设面临的总体问题

（一）污染防治攻坚战任务繁重

赣州作为国家重点生态功能区，环境治理任务艰巨，保护生态环境的责任重大；作为欠发达的地区，赣州发展任务繁重，工业产业结构单一，工业产量小，制约着赣州的发展。根据《赣州市全面加强生态环境保护坚决打好污染防治攻坚战实施方案》要求，污染防治攻坚战总共包含34条工作措施和97项具体工作，涉及70个市直单位和全市各县（市、区）。江西省委、省政府每年下达的赣州市生态环境质量目标考核任务有11项，考核任务繁重。

（二）生态文明制度体系有待完善

一是环境治理机制仍然薄弱。赣州市环境治理机制仍面临着许多问题，具体体现在以下几个方面：第一，环境保护制度落实有待到位，赣南地区的制度

改革有待进一步落地。加之，生态文明制度的考核方法也不够科学，责任追究有待到位，存在失之于宽、失之于松的问题。赣南地区生态文明制度的实施还需要进一步加强，政策法规还需要进一步健全。第二，环境监测网络有待完善。目前，赣南地区的土壤环境监测能力较薄弱，环保机构设置有待完善，环保能力建设较滞后，许多环境监测工作只能满足一些简单的常规监测需求，大部分的县（市、区）不具备监测能力，尚不能满足土壤环境质量例行监测的需求。水质自动监测站和空气质量自动监测站的建设有待进一步加强，仍需投入大量的经费来保障监测站的建设和运行。第三，环境监察执法基础有待加强。随着公众环境意识的日益加强，公众对环境的要求也将逐步提高，对环境管理部门的要求也将越来越高。基层环境的监察力量较薄弱、装备较欠缺、手段较落后。随着环境监察执法机构工作量的日益繁重、工作要求的提高，环境执法面临的跨流域、跨部门、跨地域等新问题不断凸显，需要不断强化环境监察执法能力建设，进一步理顺体制机制，否则将难以完成当前打好污染防治攻坚战的艰巨任务。第四，环境应急能力有待提高。随着经济的发展，人们的生活发生了翻天覆地的变化，但是经济的高速发展也带来了一系列的环境问题，直接影响到了人们的生活水平。因此，加强环境应急能力迫在眉睫。近年来，我国越来越重视环境应急机制管理，不断加强对环境应急机制的检测，为处理突发环境污染事故提供了必要的依据，降低了环境污染带来的一些不利影响。但由于赣南经济发展等一系列原因，在环境应急方面还存在一些问题。例如，多地存在无环境应急管理机构和专门的环境应急管理人员、缺少环境应急物质和装备的情况。部分地区虽然有环境应急管理人员及机构，但是大多停留在书面，真正的实战演练较少，直接影响了环境应急的实际效果，因此，赣南地区需要不断提高环境应急能力。第五，生态环境保护专业的人员缺乏。全市各级生态环境部门普遍存在专业技术力量薄弱、专业技术人员较不足、专业人员缺乏系统培训的现象，难以满足监管需求。在赣南地区，一些基层环保部门固体废弃物监管队伍薄弱，人员编制少，专业技术人才匮乏，人员素质参差不齐，科技手段较弱，这是目前赣南在生态环境保护方面面临的一个重大问题。以大余县为例，环保局的环境监察能力依然薄弱，主要体现在监测用房不足，人员编制缺乏，监测仪器配备不全面、数量不足，缺少一些便携、应急的检测设备及装备，监测站的监测能力及监测人员的水平亟待提高等方面。应对繁重的环境保护任务，环境监察、环境监测、环境统计和环境信息系统建设等管理手段稍显落后，与人民群众对环境保护的要求不匹配的矛盾越来越突出，尤其是在环境突发事故预警和应急反应能力方面还远远不能适应环境保护工作的需要。

二是生态环境保护队伍的工作能力和作风仍有待加强。生态环境保护队伍的能力与生态环境保护的监管需求不匹配。在一些地方和单位不仅存在不思进取、不接地气、不抓落实、不敢担当等作风痼疾，还存在形式主义、官僚主义等问题，以及自满松懈、畏难退缩、简单浮躁、与己无关的消极情绪和心态（李干杰，2020），甚至存在生态文明建设责任分工不明确、部门之间相互推诿的现象。

三是生态补偿机制需要进一步完善。赣南一些地区存在环境产权界定不清、利益主体不明，支持资金严重不足及补偿标准低等问题，生态补偿机制仍需完善。以东江流域为例，江西省政府在2009年和2011年分别印发了《关于设立"五河一湖"及东江源头保护区的通知》和《关于将定南县部分区域增列为东江源头保护区范围的通知》。这两份文件明晰确定了东江源头保护区的界限，确定了东江源的面积为816.07平方千米，占江西境内东江源流域面积的13.60%，涉及安远、寻乌、定南3个县、10个乡（镇），全长523千米，流经广东龙川、河源、惠州及东莞等城市，是我国香港供水的主要来源。一直以来，江西人民，尤其是东江源区人民宁愿牺牲地方的发展，也不舍得让东江源头受到污染，积极贡献，保护了东江源区内的生态环境。东江源水量充沛、水质良好，出省的水质常年保持在国家地表水Ⅱ类标准以上。之后，在中央协调下，赣粤两省签署了《东江流域上下游横向生态补偿协议》。虽然该协议较之前有了重大突破，但是仔细分析，明显发现该协议对赣南三县的补偿领域较窄、标准偏低、补偿金额较少。调查表明，受补偿的地区通常不是很发达，为了保护生态环境，该地区常常在产业上受到限制，牺牲了很多发展机遇。因此，为了改善当地老百姓的生活，国家在制定政策时应予以倾斜，并进一步完善补偿机制。

（三）生态环境保护和经济社会发展的矛盾比较突出

"十三五"时期，全球经济在"后危机"时代复苏缓慢，经济增长的复杂性和不确定因素增多。在国内外环境的综合影响下，我国总体需求结构将发生重大变化，赣南地区现有的部分产业结构和发展模式还不能及时有效适应这一需求结构的变化。同时，我国经济下行压力加大，微观经济主体面临日益严峻的外部环境，劳动力成本进一步提升，融资门槛进一步提高，诸多因素导致赣南地区处于工业化中期的企业无法复制传统的"先工业化，后城镇化"的发展路径，迫切需要探索出一条行之有效的工业化、城镇化、农业现代化协同发展的新路。其原因主要包括两个方面：一是赣南地区的经济实力仍不够强，经济总量仍然偏小，人均水平偏低，财政收支矛盾较为突出；二是产业层次较低，支撑性、带动性强的大项目和大企业还不多，导致产业整体竞争能力不强。值得一提的是，江西铜业是全省第一家营业收入超 2000 亿元的企业。从企业利润来看，2019 年"江西企业 100 强"实现的利润总额为 710.80 亿元。其中，利润总额超 10 亿元的企业有 20 家，超 20 亿元的有 6 家，江西方大钢铁的利润额最高，达到 135.95 亿元。从行业分类来看，在江西的 100 强企业中，制造业企业 51 家，服务业企业 19 家，其他行业企业 30 家。制造业企业的营业收入、净利润额和纳税额占比均超过了 50%。从地域分布来看，榜单上的企业形成了三大梯队：赣中地区（南昌）的企业有 44 家，处于第一梯队；赣北地区（九江、景德镇、上饶、鹰潭）的企业有 31 家，处于第二梯队；赣南地区（赣州、吉安）的企业有 12 家，处于第三梯队。加之城乡基础设施建设受资金制约，与经济社会发展的要求不相适应，亟待进一步完善提升。例如，东江源头区域的有色金属、矿产及林木资源十分丰富，因为东江源头生态环境的特殊性，东江源的饮用水源需要严格保护，不能进行广泛开采，资源优势与经济优势之间的转换受到了较大的阻碍，源区群众的生活水平低下。源区生态保护与经济发展的紧迫性与地方财政能力有限之间的矛盾突出。源区的发展需要源区群众的主动参与，但由于保护生态与脱贫致富之间的门路难以摸索，严重影响了源区人民的发展。

生态文明建设的资金投入占比有待提高。生态环境整治任重道远，环保基础设施相对落后，污染行为屡禁不止，水污染治理、化学工业园治理、农业面源污染治理任务依然艰巨，生态环境保护和治理的投入不足，将直接加剧生态保护治理的难度。加之，随着国家和地方政府对生态环境建设的不断重视，以小流域为单元的水土保持综合治理，单位治理面积中央投资由原来的 6 万元提高至 10 万元，现在提高到了 20 万元，治理力度明显加大。但是，取消农村"两工"制度后，随着劳动力成本和原材料价格的不断上涨，治理成本也不断提高，特别是近两三年，劳动力成本大幅上涨，治理资金明显不够。在这种情况下，只有不断提高单位治理面积的中央投资，才能保证重点治理工程的建设质量和措施的完善。

赣南的生态保护资金主要来源于国家投资、地方配套和群众自筹三大块，其中，地方配套部分由于地方财政能力有限，难以按项目要求足额配套到位；而群众自筹部分，由于流域经济发展落后，群众生活困难，自筹资金占比较低。因此，主要依靠国家投资来开展水土流失综合治理。但国家投资是按照综合治理面积来进行拨付的，并不区分综合治理的难易程度，这样就会造成各小流域综合治理的效果不平衡，对于流失严重、综合治理难度大的小流域，如南方紫色页岩流失分布广泛的小流域，在与其他小流域投资额度相同的情况下，难以完成规划治理目标，达不到小流域综合治理的标准。在这种情况下，就需要对水土流失特别严重的区域，开展专项水土流失综合治理项目，如在崩岗侵蚀严重、面积分布广泛的区域开展崩岗侵蚀综合治理项目；在南方紫色页岩强度侵蚀分布区域，开展南方紫色页岩强度流失综合治理项目；在花岗岩强度侵蚀区域，开展花岗岩水土流失综合治理项目，使各小流域水土流失综合治理效果同步显现，让流域群众能够充分享受到水土流失治理带来的成果。以南城县为例，南城县地方政府债务风险加大，偿还压力较大。截至目前，政府债务为55.57亿元，每年需从公共财政等资金中安排3个亿用于还本付息，只能压缩工程建设规模，保工资、保运转、保民生。生态文明建设实施力度大，生态文明建设是支出的重头，近几年实施的生态文明建设项目的专项资金只占资金总投入的25%左右，资金投入不足，导致生态环境保护和经济社会发展矛盾加剧，生态建设面临困难。

二、赣南老区生态文明建设面临的具体问题

2020年是全面建成小康社会和"十三五"规划的收官之年，是打赢污染防治攻坚战的决胜之年，是保障"十四五"规划顺利起航的奠基之年，做好生态环境保护工作的意义重大（李干杰，2020）。赣南老区的生态文明建设问题具体体现在以下六个方面。

（一）保卫蓝天面临的问题

环境就是民生，青山就是美丽，蓝天就是幸福，空气质量直接影响着百姓的健康和生活质量，加快改善生态环境，特别是空气质量，是人民群众的迫切愿望，是可持续发展的内在要求。近几年，赣州市正在进行省域副中心城市建设和全国革命老区现代化建设示范区建设，全市共有1000余家建筑工地，扬尘治理难度较大；全市机动车保有量持续大幅度增长，从60余万辆增长到80余万辆，机动车排气污染逐渐明显；赣州市四周环山，气象条件多以静稳天气为主，空气流通性差；联防联控体系有待健全。此外，传统的监管方式不能及时发现污染源，对突发污染事件的响应和判断能力"短板"凸显（张玉全、刘水莲，2019）。大气防治是一个系统工程，以前因为相关技术发展落后，无法

准确清晰地知晓污染源底数及成因，在选择治理措施上缺乏经验与鉴别能力，无法及时做出准确科学的管控决策。这为赣南地区打好蓝天保卫战埋下了一定的难度。

1. 城市扬尘与工业废气

近年来，赣南地区的空气质量总体呈现良好态势，但是部分区域和行业还存在一定的空气污染。能源结构以煤为主的部分工业企业，产生了大量的二氧化硫和烟尘；采选矿企业尾矿堆放释放的有害气体和产生的扬尘有加重趋势；建筑施工企业不规范堆放、运输建筑材料，造成了二次扬尘污染；并且随着机动车（包括摩托车）数量的增加，机动车尾气对大气污染的影响加剧，尾气排放也成为了当今环境的一个重大问题，城市扬尘与工业废气不仅对整个生态环境产生了严重的危害，还对人体有着极大影响。另外，赣南老区的大气污染防治压力依旧大，在 2020 年底之前需实现"散乱污"企业彻底"清零"，全市煤炭消费占能源消费的比重降低到 65% 以下，完成过程全覆盖、管理全方位、责任全链条的施工扬尘治理体系构建。目前，"四尘三烟三气"的污染治理还不彻底，赣州市扬尘污染防治工作形势严峻，还存在很多问题，扬尘污染防治工作时间紧、任务重、压力大，施工扬尘、道路扬尘、餐饮油烟和机动车尾气等污染物的治理还有待加强。

2. 生活垃圾焚烧飞灰

固体废物主要为焚烧炉渣，烟气净化飞灰，污水处理设施产生的污泥，水处理产生的废膜、废树脂、废活性炭以及生活垃圾等。生活垃圾焚烧炉渣在一般情况下属于一般固体废物。近年来，随着人们生活消费水平的提升，生活垃圾越来越多，垃圾处理的要求也越来越高，填埋和焚烧成为处理生活垃圾的常见方式。垃圾焚烧处理对场地面积的要求不高，不仅能迅速且大幅度地减少可燃废弃物的容量，彻底消除有害病毒，破坏其毒性物质的有机结构，还可以回收热能。所以，垃圾焚烧技术是目前世界上较常用的处理生活垃圾的技术之一，垃圾焚烧也成为我国处理生活垃圾的一个重要方式。赣南地区也紧随国家步伐，加大生活垃圾焚烧发电项目的建设。随着赣南地区生活垃圾焚烧发电项目的大力发展，赣州市生活垃圾焚烧产生的飞灰数量也快速增加。虽然垃圾焚烧有一些优点，但是垃圾焚烧的处理费用较高，对系统设计、运营管理的要求较高，极容易产生二次污染，二次污染会严重危害人们的身体。生活垃圾焚烧产生的二次污染物情况如表2-1所示。根据南康区政府公布的信息，由于现有的两家生活垃圾焚烧发电厂产生的飞灰经过固化后均运往南康区生活垃圾填埋场进行卫生填埋，所以，未来可能面临生活垃圾填埋场库容紧张的局面。可想而知，整个市区的生活垃圾焚烧飞灰将成为生态环境的一个重大问题。

表2-1　生活垃圾焚烧排放的污染物

污染物名称	主要危害
酸性气体	生活垃圾焚烧产生的酸性气体主要以氯化氢（Hcl）、氮氧化物（NOX）、硫化物（SOX）、一氧化碳（CO）为主，长期在酸性气体环境下生活，会危害人体健康。其危害主要体现在以下几个方面：第一，会使得人的免疫力降低，容易患感冒及其他感染性疾病。第二，偏酸的体液会使皮脂膜的微酸性状态受到破坏，导致皮肤失去对细菌的抑制作用，容易引发痤疮、毛囊炎和疖肿等感染性皮肤病。根据国家卫生委的调查，痤疮患者中的80%体液都是偏酸。第三，偏酸的体液刺激甲状旁腺，使甲状旁腺素分泌增多，导致骨质疏松。第四，会使组织细胞的供氧减少，造成组织细胞衰老死亡，增加眼部疾病的发生概率
烟尘颗粒物	生活垃圾焚烧会产生烟尘颗粒物，在这些颗粒物中，危害最大的便是可吸入颗粒物，这种颗粒物会影响人的呼吸道，人们吸入这些颗粒物后，部分会积累在呼吸系统中，引发多种呼吸道疾病。同时，细颗粒物对于老人、儿童和心肺疾病患者等敏感人群，风险是较大的。另外，空气中的颗粒物是降低能见度的主要原因，会损坏建筑物的表面
重金属尘粒	重金属类污染物主要来源于生活垃圾焚烧中的废旧电池等，这些废旧金属在燃烧过程中会挥发出一些有害气体，这些气体对人体有极大的伤害。下图为重金属污染物进入人体的路径示意图 **重金属污染物进入人体路径示意图**

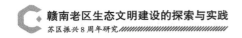
续表

污染物名称	主要危害
有机类污染物	生活垃圾燃烧产生的有机污染物主要为二噁英类物质，具有极大的毒性。生活垃圾焚烧烟气中含有的二噁英，一部分来源于原生垃圾自身含有的微量二噁英，由于二噁英的热稳定性较强，在焚烧过程中有一小部分可以在未发生反应的情况下直接进入烟气；大部分的二噁英是在焚烧过程中重新合成的，它又称二氧杂芑，是一种无色、无味、毒性强的脂溶性物质，二噁英对人体的危害主要有两点：第一，1988年世界卫生组织推荐二噁英类毒物的日容许摄入量（TDI）只能为1~4pg/kg；第二，二噁英可以通过皮肤接触、呼吸、饮食等途径进入人体，经消化道进入人体的量占90%以上（叶萍等，2001），它们蓄积于脂肪与肝脏中，达到一定程度，便会造成许多不良影响；第三，二噁英对机体的影响大致表现在三个方面：免疫功能降低、生殖和遗传功能改变、恶性肿瘤的易感性

资料来源：百度百科等各大网站整理汇总。

（二）保卫碧水面临的问题

水是生命之源，也是世界各民族的文化之源。凡是有水流过的地方，就有生命和文化；水是载体，她承载、涵盖、演绎了人类全部的进化与文明史。从广义的角度来看，水文化可以理解为人类从朦胧无知的混沌时期走向科技昌明时期对水和宇宙万物的一种独特的理解、认知，是一定社会时期的政治和经济的反映，是人类在兴利、除害、营建、休闲和游乐等社会实践活动中，所获得的物质、精神的生产能力和创造的物质、精神财富的总和；从狭义的角度来看，水文化是人类通过实践、认知、感悟来记录、诠释、评价、讴歌、自娱和指导一切涉水行为的社会意识形态。根据2017年度赣州市水资源公报，2017年赣州市降雨量1341.1毫米，较上年减少了15.1%；地表水资源量为275.38亿立方米，占年降水总量的52.1%。2017年赣州市人均水资源量为3200立方米。2017年为枯水年，用水量较2016年有所增加，全市总用水量为34.39亿立方米，其中农田灌溉用水21.73亿立方米，占用水总量的63.2%；工业用水4.69亿立方米；居民生活用水仅4.15亿立方米，人均综合用水量为398立方米。总体来说，赣州市的水资源总量还是比较丰富的，但仍会面临一些紧迫问题。

1. 地区间的水环境质量有待协调和平衡

赣南地区的水环境质量虽然有了一定的改善，取得了较大的进展，但是地区间的水资源环境质量不平衡、不协调的现象仍存在。赣南部分县区虽然加大了水环境污染整治的力度，但因有色金属矿采选和加工、食品加工等重污染行业的长期影响，水环境污染未得到根本控制。由于工业点源污染物排放总量较大，且工业废水处理率较低，赣江及其重要支流浮江河、大龙山河、茶园河、北门河、新安河、满埠河等主要纳污支流的局部地段形势较为严峻，水质长期在Ⅲ~Ⅳ类，甚至出现Ⅴ类，主要污染指标为砷、镉、铅等重金属污染物。此外，农村种植业不合理使用化肥、农药所产生的面源污染，未经处理或处理不规范的畜禽养殖粪便废水，未经有效处理的城乡生活污水，以及工业固废和生活垃圾堆放所产生的渗滤液污染等都对流域水环境造成了较大威胁，导致一些流域部分地段的悬浮物、氨氮和硝酸盐氮等指标偏高。因此，赣州市的水环境质量改善及水污染防治依然面临着严峻的挑战和艰巨的任务。

2. 污水处理能力有待加强

根据《赣州市全面加强生态环境保护坚决打好污染防治攻坚战实施方案》要求，到 2020 年，现有污水处理厂要全部完成提标改造，县级以上的城市建成区基本实现污水管网全覆盖，污水全收集、全处理；全市农村人居环境明显改善，基本形成与全面建成小康社会相适应的农村垃圾污水、卫生厕所、村容村貌治理体系，生活污水乱排、垃圾乱放等问题得到管控，村庄环境干净、整洁、有序，长效管护机制基本建立。但目前入河排污口整治工作推动较缓，相关部门联合执法没有形成强大合力，农村污水处理设施运行成效不佳，污水收集率不高，仍存在生猪复养问题，养牛场环境污染信访增多的现象。中心城区污水超负荷运行，城镇生活污水、工业园区污水处理设施和城镇污水管网建设滞后，垃圾等固体废物的处理设施建设缺乏统筹。工业废水是污水的主要来源之一，在工业生产过程中各个环节都会产生一定比例的废水，而工业污水中的物质排入水体后会产生污染。各种物质的污染程度虽有差别，但超过某一浓度后会产生危害。工业污水排入水体后，会使水中溶解氧减少，产生硫化氢、氨和硫醇等，恶化水质；重金属和持久性有机污染物等会影响人的身体健康，甚至引发癌症；酸、碱、盐等会提高水体矿化度；石油污染致使海洋、湖泊、河流生物死亡；放射性污染物可以附着和蓄积在生物体内；热污染影响鱼类的生存和繁殖。随着赣南地区工业生产的快速发展，工业污水的排放量也在日益增长，未达到排放标准的工业污水排入水体后，会污染地表水和地下水，一旦水体受到污染，以当前的技术，在短时间内期望恢复到原来的状态是十分困难的。工业废水直接流入自然沟渠，将会污染地表水，如果污水排放的毒性较大可能会导致水体植物死亡。

工业污水处理具有非常大的意义，在实践当中必须要重视工业污水的处理问题，只有这样，才能更好地促进工业的不断发展和进步。从水质的角度以及污水处理的技术角度来讲，工业污水的处理是具有极大意义的。不管在哪一个城市，工业污水的处理都是一个非常重要的问题，如果处理不善，就会对环境造成极大的污染，工业污水含有很多对环境有害的物质，化学物质以及有机物的含量都是非常高的。如果这些污水直接排放的话，就会对环境造成很大的污染。因此，一定要重视工业污水的处理工作，只有这样，才能够保证水质，也能够对环境起到更好的作用。目前，工业污水的处理技术比较成熟，可以更好地满足各个方面的技术要求和技术支持，因此，在实践当中要重视污水处理技术的改进和提升。从水量的角度来讲，工业污水处理与一个城市的水量是相关的，雨水具有季节性和随机性的特点，好好利用大气降水，对于城市再生水利用也是具有极大的好处和意义的。从工业工程建设的角度来讲，在实践当中，工业污水处理情况做得如何，直接关系着工业建设的好坏，一般来讲，如果工业污水处理做得好，对促进工业的繁荣和发展是有很大好处的，因此，从这一个方面来讲也是需要注意的。从经济角度来讲，工业污水处理既可以节省纯净水资源，又可以降低相关的排污费用，让其成本得到更大程度的降低，同时产生显著的经济效益。

3. 农村环保设施建设问题较多

农村环保设施建设存在以下几个方面的问题：一是农村生活污水处理设施建设资金需求缺口大、建设覆盖面小，实施的项目带有示范性质，无法全面推进，环境整治难度仍较大。由于农村基础条件较差，农民收入水平不高，农村土坯房存量较多，村庄整治难度较大，环境卫生易反弹，全面整治农村污水环境仍有难度。二是个别施工单位建设水平不高，技术能力不足，达不到污水处理的工艺要求，整体项目的质量受到影响，建设单位的运维能力不强，"重建设、轻管理"的现象普遍存在。三是已建成的 20 余个污水处理设施，有少部分由于管网问题存在运转不正常的状况。生态乡镇创建遭遇"瓶颈"，满足创建指标要求的乡镇基本已完成创建，剩下的乡镇大多因污水处理等硬性指标达不到要求无法开展创建，生态村创建积极性有待进一步提高。四是已开展建成区污水处理设施建设的乡镇需进一步完善相应配套设施，确保正常运行，未开展建设的乡镇亟待进一步加快工作进度，尽早开工。

4. 水土流失问题有待解决

由于特殊的地质条件和历史、人为等因素，1980 年，赣州市水土流失面积高达 111.75 万公顷，占全市山地面积的 37%，那时的赣南大地，红土裸露、沟壑纵横。中科院等科研单位的专家、教授组成了联合调研组对赣南地区的水土流失进行了考察，并指出赣南地区的水土流失面积之广、程度之烈、危害之严重，在南方诸省区均属罕见，如不抓紧治理，兴国县和宁都县或将迁址。赣南老区的水土流失问题，引起了从中央到地方各级部门、领导的高度重视。1983 年，国家把兴国县列入全国八片水土保持重点治理区之一。随后，赣南 18 个县（市、区）先后被列为全国水土保持重点治理区。国家的大力支持，为赣州市水土保持生态治理建设注入了强劲动力。2012 年，《国务院关于支持赣南等原中央苏区振兴发展的若干意见》明确提出，将赣州建设成为"我国南方地区重要的生态屏障"，支持赣州加大水土流失综合治理力度，继续实施崩岗侵蚀防治等水土保持重点建设工程，加强赣江、东江源头保护，开展水生态系统的保护与修复治理工作。2014 年 12 月，水利部将赣州列为全国水土保持改革试验区，要求赣州打造水土保持示范样板。2017 年，赣州被列为全国首批山水林田湖草生态保护修复试点，并获得了 20 亿元的中央基础奖补资金（钟瑜，2019）。近年来，赣州市在水土治理方面取得了极大的进展，但是由于治理范围广、重点治理起步晚等原因，仍面临着巨大的挑战。"远看青山在，近看水土流"的现象十分严重，控制面源污染、减少果业开发造成的水土流失是该地区亟待解决的重大问题。

（三）保卫净土面临的问题

土壤与水、空气一样，是构成生态系统的基本要素，同时，土壤也被誉为"生命之基、万物之母"，是人类生存不可离开的物质，是地球上不可或缺的资源。产品生产安全需要以安全的土壤为重要前提，土壤安全是保障人民生活环境安全的重要基础。土壤污染防治攻坚战是污染防治攻坚战的三大战役之一。党中央、国务院高度重视土壤环境保护工作。2016 年 5 月 28 日，国务院制定并印发了《土壤污染防治行动计划》，《土壤污染防治行动计划》是当前和今后一段时期内全国土壤污染防治工作的行动纲领。2018 年 8 月 31 日，第十三届全国人大常委会第五次会议通过了《土壤污染防治法》，同日，习近平总书记签署的第 8 号主席令予以公布，自 2019 年 1 月 1 日起施行，为土壤污染防治工作提供了坚实的法律保障。近年来，赣州市生态环境局在市委、市政府的坚强领导下，多措并举，扎实推进土壤污染防治各项工作，虽然成效显著，但仍面临一些挑战。

1. 土壤污染物

矿产资源的长期、过度、无序开发带来了生态破坏、水土流失和流域污染等诸多环境问题，加之土壤污染防治工作整体起步较晚，与水和大气相比，土壤污染防治工作的前期基础工作比较薄弱，土壤污染历史遗留问题较多，尚未完成土壤的详查工作。土壤重金属的含量状况、主要污染物的类型及分布情况、风险水平等基础信息不清，这在一定程度上制约了土壤污染防治工作的进展。废弃矿体和尾砂中的重金属和有毒有害元素随着降雨淋溶不断扩散至周围的土壤、地下水和地表水环境中，导致个别区域出现重金属污染等问题。

2. 生活垃圾渗滤液

随着城市人口的增加，生活垃圾日益增多，生活垃圾大多在简易堆场露天堆放，产生的垃圾渗滤液污染了周边的河流、地下水及土壤，现实和潜在的危害都很大。危险废物经营单位在经营许可证过期的情况下继续经营、危险废物泄露、工业固体废物堆存不规范等违法事件时有发生。赣州市内工业固体废物的综合利用企业与产生企业之间存在固体废物买卖信息有待畅通、高成本购买原料和高成本委外处置固体废物的现象。

3. 危险废物

危险废物的规范化管理监管力度不大，危险废物的经营单位和固体废物的产生单位责任有待落实到位、环境风险突出，企业管理人员的固体废物污染防治责任意识有待加强，导致赣州市的工业危险废物持续增长。未来，赣州市工业危险废物的防治任务依然十分艰巨。赣州市工业危险废物种类多，占《国家危险废物名录》（2016年新版）中48个类别（除医疗废物）的75%。其利用处置能力总量虽大，但是危险废物的类别与利用处置能力不匹配；钨渣的利用处置能力虽强，但是处理成本较高，企业处理意愿不强。截至2018年，钨渣累计贮存总量接近3.9万吨。工业危险废物跨省（市）转移量大，存在较大的运输、转移风险。现有工业危险废物的统计范围不全，小微企业产生的危险废物因收集成本高等原因未得到有效全面的统计与收集。

（四）保护自然生态面临的问题

1. 低效林地

松材线虫病是松树的毁灭性病害，松材线虫病的发生主要与高温和干旱有关。夏季气温超过 20℃，松材线虫病的发病率增加。松材线虫病被称为松树的癌症，病情传播速度快，危害严重，松树染病后一般会在 1~3 个月内全株枯死，5 年间可造成成片松林死亡，不仅会严重影响森林生态系统的稳定和健康，还会造成巨大的经济损失。据赣州市人民政府的统计，2018 年全市完成的低质低效林改造面积为 113.28 万亩，占计划任务的 102.6%；2019 年低质低效林的改造进展顺利，已完成更替改造、补植改造的面积为 34.39 万亩，占更替改造和补植改造计划任务的 84.32%，虽然低效林地的改造取得了重大成效，但病虫害严重的低效林生态问题仍然面临很大的困境。

2. 矿山开发的历史遗留污染

矿山开发过程中遗留的污染主要包括以下几个方面：一是尾砂尾矿的治理难度大。因此，对重金属污染的河流、农田和工业场地开展修复示范工程、对环保不达标的企业进行技术改造和设备升级是当前面临的重大任务。

二是重金属污染场地的整治任务繁重，废旧矿山的污染依然存在。原赣州钴钨有限公司大余冶炼厂遗留的污染场地，导致地表水、地下水及土壤环境出现不同程度的重金属污染，亟待采取措施进行整治。

三是废弃矿山面积巨大，污染严重。通过初步调查，赣州原有废弃稀土矿山面积达 94.46 平方千米。赣州由于特殊的地质条件、大跃进时期大量砍伐树木以及各种开发建设项目等因素，仍有 278.18 平方千米的水土流失面积，年均土壤侵蚀量达 87.52 万吨，每年被泥沙带走的有机质和氮、磷、钾养分达 5.03 万吨，有崩岗 4598 座，崩岗侵蚀面积达 13.92 平方千米，崩岗侵蚀掩埋农田，抬高河床，毁坏道路和桥梁，已成为影响经济可持续发展的重要因素。为解决这些问题，几代人付出了不懈努力。目前，赣州治理的废弃矿山面积为 34.1 平方千米，占目标任务的 171%；治理的崩岗有 4334 座，占目标任务的 93%；改造的低质低效林面积为 299.25 万亩，占目标任务的 107%；完成土地整治与土壤改良的面积为 7.41 万亩，占目标任务的 165%，矿山治理成效显著。随着发展步伐的加快，对资源环境容量的需求也必然加大，治理与保护的压力与日俱增，加上环保设施相对落后，经过初步治理和保护后，部分区域会出现反弹，环保遗留问题多，新的人为水土流失问题还未完全解决，这在一定程度上影响了发展和保护之间的协调推进。这些问题，既影响全面小康建设，又关乎长远发展大计，我们必须高度重视，拿出过硬措施，加以研究解决。

四是砖厂及非煤矿山的整治力度有待提升，整治工作进度有待加快，尾矿的综合利用开发技术较落后，综合利用方式较低端，矿业的绿色可持续发展步伐有待加快。赣州市一般工业固体废物的产量仍然居高，尤其是钨矿等矿产资源开发所产生的尾矿。据赣州市环保局的统计，全市矿山弃渣场 514 个，矿山尾矿库 187 个，两者累计贮存尾矿达 1.8 亿吨。当前，尾矿综合利用率明显偏低，综合利用率不超过 80%，资源化水平不高。同时，尾矿长期堆存占用了大量土地，破坏了原生态，进一步增加了山体滑坡、塌方、泥石流等安全隐患。赣州市的尾矿资源储量不清、开发利用价值不明，企业自主开展尾矿综合利用的动力不足。以汶龙镇为例，汶龙镇作为一个矿产资源大镇，辖区内矿产资源丰富，采矿经济一度成为汶龙的主导产业，与此相对应的是，农业产业基础较薄弱，土地抛荒现象比较突出。由于稀土矿区各流域的水量、氨氮和总氮等含量受季节、流域特点的影响变化很大，无法采用单一的技术方法来解决治理中出现的实际问题，因此，生产成本、治理单价等无法进行准确预测。

（五）工业污染防治面临的问题

1. 工业废物处置较难

目前，无开发利用价值的工业固体废物的处置去向有限，处置能力不足。根据赣州市的预测，截至 2025 年，赣州市一般工业固体废物可能会超过 1300 万吨，一般工业固体废物的源头减量化压力巨大。以大余县为例，目前，大余县仅有少数企业能进一步综合回收工业固体废物，而且工业废渣综合利用率非常低，大余县在综合利用和治理工业固废方面面临着严峻挑战。

另外，赣南地区对废弃电器等电子废物的回收处置能力不足，收集范围不全，废旧锂电池的回收处置能力不足。随着新能源产业的发展，废旧锂电池的产生量逐年递增，面临的回收利用任务艰巨。目前，工业污泥的年产出总量约为 700 吨，随着赣南各工业园区工业污水处理厂的投产，未来将产生大量的工业污泥。工业污泥的成分往往较为复杂，按照相关规范，需要对其进行固废属性鉴别。目前，全市范围内工业污水处理厂的污泥送检率低，规范化管理水平较低。

2.产业基础较薄弱，产业转型较难

为适应经济发展新常态，寻求更快更好的发展，赣州市正着力推进全域旅游建设，发展绿色工业体系，打造绿色有机农产品品牌，促进产业转型升级。但目前仍处于产业转型升级的阵痛期，产业转型对经济的拉动仍需时间。经济发展与生态保护统筹推进的水平和能力有待提升。资源、能源消耗持续增长，环境约束趋紧，产业层次偏低、产业结构不优和关键领域创新能力偏弱等问题仍待进一步解决。同时，生态优势向发展优势的转化不够到位。以于都县为例，于都作为传统农业大县，土壤、气候条件优越，农产品类型也比较齐全，发展生态农业具有比较优势。但目前，这些资源缺乏科学有效的开发利用，经济效益和生态效益没有发挥出来，产业转型面临以下三点问题：

一是产业基础仍然薄弱。赣南老区第二、第三产业的比重仍然偏小，工业规模以上的企业少，服务业结构有待优化，投入需求大，收效较慢。农产品产业发展不均衡，土地流转困难，技术含量偏低，减工降本难度大。

二是工业化发展程度仍然不高。以泰和县为例，作为泰和县主导产业的电子信息、智能装备制造和绿色食品产业，在三次产业中的比重还很低，对城镇化的带动能力不足，工业聚集效益不高，高新园区企业的亩均产值不高，多数企业的产品技术含量不高，资源消耗型企业较多。制约发展的"瓶颈"依然突出，市场活力仍未充分释放，农业产业转型升级还有较大的提升空间，农村基础设施投入还显得不足，发展不平衡、不充分的问题依然存在。

三是技术创新能力不足。工业技术改造转型升级力度不足，原有的工业企业少，仅有的企业要么产业层次低，属于落后产能；要么企业资金实力较差，没有增产扩能和技术改造的能力，一旦经营不下去，就会变成僵尸企业，结局往往是注销、关停、土地收回。大部分企业的创新能力不足，创新发展能力较弱，新技术缺乏，新模式少，新动能不足。品牌意识不强，生产低端产品，科技含量低，产品附加值低。产能过剩和有效需求不足的矛盾比较突出。环境保护与加快发展的矛盾依然存在。

（六）农业污染防治面临的问题

农业面源污染的治理面广、治理难度大等问题突出。以南丰县为例，南丰地处江西第二大河流——抚河的上游，境内的抚河流域面积达1807.5平方千米，占全县区划面积的94.7%。南丰的蜜桔产业、龟鳖产业均存在农业面

源污染治理面广、治理难度大的问题。随着社会经济的加快发展，资源环境约束日益突出，环保资金投入有限，整治任务艰巨，面源污染治理工作任重道远。

根据 2019 年的统计，会昌县有畜禽养殖小散户 1200 多户，布局面广点多，养殖水平低，设施简陋，大部分的粪污处理配套设施有待完善，粪污资源化综合利用率较低，对小环境具有一定的污染。这方面的监管、治理难度很大。

大余县生态环境破坏加剧的情况具体表现在以下几个方面：①村庄环境卫生问题有待解决。②农药、化肥和农膜等面源污染有待得到有效控制。大量农药和化肥的使用必然会导致一些地区的土质退化、农村和农业内部环境恶化，影响江河水质、饮用水安全及农产品质量与食品安全等。农业面源污染在短期内不可能彻底消除，加之大余县地处章水源头，因此，应用更高标准来要求。③畜禽养殖业带来的污染问题有待解决。畜禽养殖方式仍以散养为主，规模小、数量多，普遍存在污染治理能力弱、缺乏统一规划、布局不合理及"重养殖、轻防治"等问题，污染了农村地区的居住环境，威胁着广大农民群众的生存环境与身体健康。

瑞金市是传统的农业大市，农业占国民经济比重大，农业生产方式相对落后，大部分农民仍然大量使用化肥、农药、农膜和除草剂，造成了面源污染。畜禽养殖、水产养殖等造成的环境面源污染问题日趋加剧。此外，由于农村的环境基础设施建设落后，生活垃圾和生活污水的集中处理率低，绝大部分垃圾和污水未经处理就直接排放至水体，给水体环境带来了沉重压力（谢世斌，2014）。

习近平总书记对赣南老区的振兴发展给予了高度重视，多次强调要加快老区的建设和发展。对于赣南地区来说，良好的生态资源，是最大的财富，务必要提前抓实谋划，认真找差距，找准赣南老区在振兴发展中存在的主要"短板"和面临的"瓶颈"问题。根据习近平总书记提出的"努力在加快革命老区高质量发展上作示范、在推动中部地区崛起上勇争先"等重要要求，分系统、分行业组建工作班子，制定专门方案，责任到人，紧扣新发展理念，扩大视野格局，为谱写赣南老区振兴发展的新篇章奠定了坚实基础。

第二节 基于"生态屏障"视角的
赣南生态定位分析

一、从"江南沙漠"到"生态屏障"

赣南地跨赣、闽、粤三省，全国重要的爱国主义教育基地和红色旅游目的地，具有重要的历史地位。赣南地区是我国重要的有色金属和稀土金属生产地，物种丰富，是南方的生物"宝库区"，赣江是香港同胞饮用水东江的源头，生态战略地位十分重要。建设好赣州的生态屏障，对江西和我国香港十分有利，对改善赣江和东江流域的生态环境具有重要意义，甚至对广东等周边省份都非常有益。

但是几十年前，赣州的森林植被受到了极大的破坏，满目荒凉，曾被称为"江南沙漠"。中华人民共和国成立后，赣州市对林业生产和水土保持采取了一系列的政策措施，投入了大量的资金。1982年，赣州的森林覆盖率仅为43.8%，宜林荒山有1477万亩，水土流失面积达1520万亩，森林资源赤字194万立方米，是全省荒山面积最大、水土流失最严重的地区。1984年，赣州市做出了"十年绿化赣南"的决定。1984~1994年，在赣州市发生了一场"消灭荒山、绿化赣南"的壮举。经过十年的艰苦努力，截至1994年，赣州的森林覆盖率为68.22%，活立木总蓄积量达到7181万立方米。2004年，全市的宜林荒山面积由原来的1477万亩减少到14万亩；林地由原来的2509万亩增加至4069万亩；活立木总蓄积量由原来的6800万立方米增加至9800万立方米；森林覆盖率由原来的43.8%增加至74.2%。2010年，赣州的森林覆盖率达76.2%，活立木总蓄积量为11921.65万立方米（刘华燕、钟清兰，2019）。

党中央极度关注老区人民的发展，保护生态、利用现有优势、振兴赣南对加快全国革命老区发展具有标志性意义和示范作用，也是建设和谐社会的重大举措。2012年国务院印发的《国务院关于支持赣南等原中央苏区振兴发展的若干意见》（以下简称《若干意见》）明确规定，把赣南老区定位为我国南方地区重要的生态屏障，推进南岭、武夷山等重点生态功能区建设，加强江河源头保护和江河综合整治，加强森林植被的保护与恢复，提升生态环境质量，切实保障我国南方地区的生态安全。"南方生态保护屏障"这个战略地位强调要正确处理开发和保护的关系，推进南岭、武夷山等重点生态功能区建设，加强江河源头保护和江河综合整治，要坚持绿色发展，加强森林植被的保护与恢复，提升生态环境质量。因此，赣州围绕保护生态公益林、改造低质低效林和建设水源涵养林，牢固树立"绿水青山就是金山银山"和"绿色发展、循环发展、低碳发展"的理念，全力推进生态屏障建设（刘华燕、钟清兰，2019）。牢固树立"发展为先、生态为重、创新为魂、民生为本"的理念，积极实施发展生态化战略，大力推进生态文明建设，促进生态经济化、经济生态化，推动发展模式向低碳、绿色发展转变，进一步保护赣南的青山绿水，为全市的经济可持续发展提供保障。

"南方地区重要的生态屏障"这是党中央立足全国发展大局确立的战略定位，是赣南地区必须自觉担负起的重大责任。贯彻好、落实好总书记的要求，努力构筑南方生态保护屏障，是赣南地区在全国发展大局中的关键定位。赣南的生态建设和环境保护能有所进展、有所突破、有所改善，是对国家和民族最大、最有意义的贡献。赣南地区要紧紧围绕国家重大决策部署，按照"内强素质、外树形象、振兴环保"的要求，以建设法治型赣州环保为目标，以全面开展"净空、净水、净土"工程为抓手，控制污染排放，加强生态保护，加强环境监管执法，保障环境安全，提升生态水平，为建设生态、幸福的赣州做出了新贡献。要充分利用其生态优势，积极推进绿色生态建设，保护生态环境，实现可持续发展，将资源开发与环境保护放到经济社会发展的战略高度，为赣南地区交出满意的答卷。

二、"南方生态屏障"的定位依据

赣州市位于赣江上游，江西的南部。东邻福建省三明市和龙岩市，南毗广东省梅州市、河源市和韶关市，西接湖南省郴州市，北连江西省吉安市和抚州市。纵距 295 千米，横距 219 千米，全市总面积为 3.94 万平方千米，占江西省总面积的 23.6%，是江西省最大的行政区，是珠江三角洲和闽东南三角区的腹地，是通向东南沿海的重要通道，也是连接长江经济区与华南经济区的纽带（张毓卿、周才云，2016）。该地区拥有武夷山、龙虎山、龟峰、丹霞（泰宁）

和福建土楼等世界自然、文化遗产，资源禀赋良好。赣南老区是赣江、闽江、东江、抚河、信江、九龙江、汀江和梅江等重要河流的源头地区，其中，南岭和罗霄山是山地森林生物多样性生态区，武夷山和戴云山是中亚热带生物多样性宝库。赣南地区是中国商品林基地和重点开发的林区之一。拥有大量的第三纪植物区系，植物非常古老。在动物地理区划上，赣州市属东洋界华中区东部丘陵平原亚区，有较多的森林野生动物（昆虫）种类分布在境内各地。西南部的九连山，是中国中亚热带南缘东端自然生态系统保存最完整的地段，保存着一些野生动植物的活化石和珍贵树种，生态地位极其重要。

绿色生态是赣州最大的财富、最大的优势、最大的品牌，生态资源得天独厚，《若干意见》之所以把赣南定位为"南方生态保护屏障"主要是由于以下四个方面的原因。

（一）山脉

赣州市位于南岭之北，山峰环列，山峦起伏，坡度较陡，一般在 16~45 度。山脉的分布和走向组成地貌骨架。东有武夷山脉盘踞，为赣、闽两省的天然分水岭，东属福建，西属江西；南有大庾岭和九连山横亘，为赣、粤两省的天然屏障，岭南是广东，岭北是江西；西有诸广山脉，将赣、湘两省相连，西麓为湖南，东麓为江西；中东部有雩山山脉贯穿，以宁都肖田为发端，从东北向西南的兴国和于都延伸，延伸至赣县、安远和会昌，坐落在贡江岸边。赣州群山环绕，断陷盆地贯穿于全市，以山地、丘陵为主，占总面积的 80.98%。其中，全市丘陵面积 24053 平方千米，占全市土地总面积的 61%；全市山地总面积 8620 平方千米，占全市土地总面积的 21.89%；有 50 个大小不等的红壤盆地，面积为 6706 平方千米，占全市土地总面积的 17%。全市平均在 300~500 米，海拔在千米以上的山峰有 450 座，崇义、上犹与湖南省桂东三县交界处的齐云山鼎锅寨海拔 2061 米，为最高峰，赣县湖江镇张屋村海拔 82 米，为最低处①。赣州市山脉绵远，峰峦叠嶂，山脉地貌特征如表 2-2 所示，环绕在赣州四周的山脉如表 2-3 所示。

---

① 赣州市人民政府.自然地理［EB/OL］.［2019-05-07］. http：//www.ganzhou.gou.cn/.

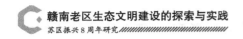

表 2-2 赣州市山脉地貌介绍

地貌名称	分布领域	主要山体	特点
西部中、低山构造剥蚀地貌	主要分布在赣州西部的上犹县崇阳和寺下以西，崇义县西部及大余县内良、河洞、荡坪和左拔一线	主要山体为罗霄山脉南的诸广山脉及南岭山脉的大庾岭	其特点是新构造运动上升强烈，基岩裸露，山坡陡峭，山顶多呈锯状、垄状，局部地方因节理裂隙风化和强烈的流水侵蚀切割，可见锯齿状峰林、石笋和蘑菇山；有"V"形峡谷和嶂谷发育，也有瀑布、温泉分布。境内为赣江支流上犹江、章水等河流的发源地，植被茂密，森林、草场和水利资源丰富
南部低山、丘陵构造剥蚀地貌	主要分布在赣州南部的赣县、于都、会昌、瑞金南部及信丰、安远、寻乌、龙南、全南、定南全境	主要山体为九连山和武夷山南段。其中，上升强烈、侵蚀切割较强的低山地貌分布在中山的山前地带，如会昌北面的武夷山南段，寻乌的中山排和桂竹帽，信丰的金盆山和油山，龙南的九连山	其特点是新构造运动上升较强，山坡陡峭，山脊呈鳍状、垄状、尖峰状，流水切割较强，有"V"形谷发育，境内为赣江支流桃江、湘江、濂水等河的发源地，植被覆盖好，为主要林区，次生林居多，草场、矿产和水利资源丰富；间歇抬升、中等侵蚀和剥蚀丘陵地貌主要分布在低山区的山前地带，其特点是新构造运动缓慢，具有间歇抬升现象，基岩裸露，有薄层风化壳发育，并伴有崩塌、滑坡现象，流水切割中等，山坡较陡，山脊平缓，呈长垣状，植被较稀疏，多河曲和侵蚀小盆地发育
中部丘陵河谷侵蚀堆积地貌	主要分布在赣州中部的于都红色盆地底部及赣江主要支流上犹江、章江、桃江和贡水等河流的中、下游两岸	—	其特点是新构造运动升降缓慢，风化强烈、风化壳厚，沟谷宽广，流水平缓，水土流失严重，有崩塌、滑坡、坳谷和冲沟发育，垄岗多向河谷倾斜，坡度平缓，山脊多呈垄岗状、波浪状，植被稀疏，岗地、阶地自然水源不足，但土壤肥沃，水利设施较好，是重要的农业区
东北部低山、丘陵构造剥蚀地貌	主要分布在赣州东北部的兴国、宁都、石城及于都和瑞金的北部	主要山体为雩山山脉及武夷山脉的北段。其中较强上升中度侵蚀切割低山地貌分布在雩山山脉两侧和武夷山山脉北段	其特点是新构造运动上升较强，流水侵蚀切割中等，山势较陡，山脊呈锯状、垄状，境内为赣江支流平江、梅江和绵江等河流的发源地，植被覆盖较差，森林资源较少，水利资源较丰富，草山、草坡较多；以剥蚀为主，中等侵蚀缓慢抬升的丘陵地貌分布在低山前缘和断陷盆地地区，其特征是新构造运动缓慢抬升，山势平缓，呈缓坡状、垄状、馒头状，风化强烈，境内植被稀疏，森林资源贫乏，水土流失严重

续表

地貌名称	分布领域	主要山体	特点
灰岩组成的岩溶丘陵地貌	主要分布在于都的梓山及银坑、瑞金的云石山和会昌的西江等地	山体多奇峰怪石,为锯状、垄状、面牙式和石林式山脊	其特点是有暗河、溶洞发育
红岩形成的丹霞低丘陵地貌	主要分布在龙南的武当山、宁都的翠微峰、赖村和章贡区的通天岩等地	—	其特点是含钙质的厚层砂砾岩,经流水沿裂隙长期侵蚀,形成了岩壁直立或近似直立的石柱及桌形山、方山、单面山和各种洞穴等

注:"—"表示无资料。

资料来源:赣州市人民政府网。

表 2-3 环绕赣州四周的山脉简介

山脉名称	简介
武夷山山脉	武夷山,又名虎夷山。蜿蜒在石城、瑞金、于都、会昌、寻乌和宁都等县的部分地方,面积 7932.65 平方千米,占全市土地总面积的 20.14%。广义的武夷山,或称武夷山脉,指中国闽赣间纵贯南北的山系,武夷山山体呈北东向沿赣闽省界蜿蜒,东北延展接浙赣间的仙霞岭,西南伸至赣粤边界的九连山。武夷山是江西的信江、吁江、贡水、琴江与福建的闽江、汀江的分水岭。这些河流大都发源于武夷山。武夷山脉发育于武夷山褶皱带中的武夷山隆起之上。山体北段轴向近乎东西,向南逐渐转为北东东—北东向;中段为北东—北北东向;南段轴向大致近南北向,武夷山地势高峻雄伟,层峦叠嶂,许多山峰海拔均在 1000 米以上。地处亚热带季风湿润气候区,山脉所踞平原、丘陵、山地和盆谷等地貌类型俱存,土壤种类多,土质肥沃,雨量充沛,森林和植被茂密
南岭山脉	南岭是山脉,但山不连脉,被分成了五堆:大庾岭、骑田岭、都庞岭、萌渚岭和越城岭,所以南岭又叫"五岭"。南岭地势不高,海拔仅千余米(最高峰是越城岭的猫儿山,海拔 2142 米),地形较破碎。萌渚岭长约 130 千米,宽约 50 千米,最高峰山马塘顶的海拔为 1787 米。都庞岭海拔 800~1800 米,最高峰韭菜岭的海拔为 2009 米。骑田岭最高峰的海拔为 1570 米。南岭山脉(大庾岭和九连山),盘踞在大余、信丰、全南、龙南、定南全境和安远、寻乌、会昌、南康、赣县、于都、章贡区的部分地方,面积 17613.28 平方千米,占全市土地总面积的 44.73%
诸广山山脉	属罗霄山脉南段。位于湘赣两省边境南部的桂东、汝城、崇义和上犹等县之间,北部为万洋山脉(八面山脉),南部与南岭相连(郴州市的东江水库为分界线,其南部属南岭地带)。呈北北东—南南西向,主要由花岗岩等构成。海拔多在 1500 米以上。主峰齐云峰,位于江西崇义与湖南桂东之间,为江西第三高峰。多林木和钨、锡等资源。山脉北缘为遂川汤湖温泉,每秒涌水量约 20 升。诸广山山脉,盘踞在上犹、崇义的全部和大余、南康、赣县、章贡区的部分地方,面积 6707.73 平方千米,占全市土地面积的 17.03%,其东麓主要山峰齐云山海拔 2061.3 米,为赣南境内第一峰

续表

山脉名称	简介
雩山山脉	雩山山脉，位于江西省东部，大致为南北向，位于武夷山的西边，盘踞在抚州市的乐安县、宜黄县及南丰县等县的部分地方和赣州市的宁都、于都、兴国、会昌、安远及赣县等县的部分地方，面积7125.98平方千米，占全市土地总面积的18.1%。乐安雩山老虎脑山峰、宁都县西、北部边界为雩山地势较高点；最高点为南丰县境内的军峰山，海拔1761米；永丰县境内地处吉泰盆地东缘地带，雩山山脉西麓。雩山的文化地理位置处于抚州地区、吉安地区和赣州地区的分界，是江右文化的核心区，客家文化的发源地，赣南客家文化的文化毗邻区

资料来源：赣州市人民政府官网及百度百科等网址汇总。

（二）森林

赣州市位于江西省南部，赣江的源头，俗称赣南，是个"八山半水一分田，半分道路和庄园"的丘陵山区。林业的发展对赣江流域生态环境的改善和全市经济社会的可持续发展具有十分重要的作用。

根据赣州市林业局发布的赣州市"十一五"期间森林资源二类调查统计数据，截至2010年底，全市森林覆盖率76.2%，活立木蓄积量11921.7万立方米，林地面积306.38万公顷，有林地274.52万公顷，具体资料如下。

1. 各类林地面积

赣州市土地总面积393.80万公顷。其中，林业用地面积306.38万公顷（规划林303.91万公顷，非规划林2.47万公顷），非林业用地面积87.42万公顷。林业用地按经营权属进行划分：国有面积37.93万公顷，集体面积25.18万公顷，民营面积237.66万公顷，外资面积3.38万公顷，其他经营类型面积2.23万公顷。林业用地按地类划分：有林地面积274.52万公顷，疏林地面积2.05万公顷，灌木林地面积22.93万公顷，未成林造林地面积3.71万公顷，苗圃地0.01万公顷，无立木林地面积2.70万公顷，宜林地0.44万公顷，辅助生产林地0.02万公顷。

2. 各类林木蓄积

赣州市的活立木总蓄积量为11921.7万立方米。其中，乔木林蓄积量为11344.4万立方米，疏林蓄积量为10.0万立方米，散生木蓄积量为334.1万立方米，四旁树蓄积量为233.2万立方米。

3. 乔木林资源

乔木林按优势树种进行划分：赣州市马尾松的面积为 97.97 万公顷，蓄积量为 3398.9 万立方米；国外松面积 7.59 万公顷，蓄积量 330.0 万立方米；杉木面积 66.47 万公顷，蓄积量 2764.9 万立方米；硬阔类面积 21.41 万公顷，蓄积量 1363.4 万立方米；软阔类面积 7.70 万公顷，蓄积量 150.7 万立方米；混交林类面积 57.41 万公顷，蓄积量 3336.5 万立方米。乔木林按龄组进行划分：幼龄林面积 90.98 万公顷，蓄积量 2508.5 万立方米；中龄林 137.30 万公顷，蓄积量 6771.8 万立方米；近熟林面积 22.11 万公顷，蓄积量 1466.1 万立方米；成熟林面积 7.56 万公顷，蓄积量 544.9 万立方米；过熟林面积 0.60 万公顷，蓄积量 53.1 万立方米。

4. 毛竹资源

赣州市竹林面积 15.97 万公顷，其中，毛竹林面积 15.80 万公顷，杂竹林面积 0.17 万公顷，毛竹总株数 34720.7 万株，其中，林分竹 31913.3 万根，散生竹 2807.4 万株。

5. 经济林资源

赣州市的经济林面积为 21.31 万公顷。其中，果树林面积 11.88 万公顷，食用原料林面积 9.21 万公顷，林化工业园 0.12 万公顷，药用经济林面积 0.09 万公顷，其他经济林面积 0.01 万公顷。

森林内生存着丰富的动植物，森林是动植物的家园，是生物繁衍最活跃的板块。赣南地区加强森林公园投资建设，注重森林效益，赣州市 2011 年国民经济和社会发展统计公报显示，赣州市有森林公园 27 个，面积为 13.91 万公顷。其中，国家森林公园 8 个，面积为 11.14 万公顷；省级森林公园 19 个，面积为 2.77 万公顷。全市有自然保护区 31 处，面积为 26.86 万公顷，占全市国土面积的 6.8%。其中，国家级自然保护区 2 处，面积为 3.05 万公顷。全市森林覆盖率稳步提高，达到了 76.2%。全市创建了 2 个国家级生态乡镇，37 个省级生态乡镇。森林是空气的净化物，是陆地生态系统的主体，生物多样性有赖于森林的滋养，无论在繁华的都市，还是在自然的野外，森林都是得天独厚的景观资源。赣南森林资源丰富，为南方生态提供了保障。

（三）河流

赣州市被称为"千里赣江第一城"，赣州市四周山峦重叠、丘陵起伏，溪水密布，河流纵横。赣江源自然保护区位于石城县与瑞金市的交界处，是江西母亲河赣江的发源地。保护区的总面积为 24 万亩，其中，石城县境内有 16 万亩，占总面积的 2/3。赣州市的地势四周高中间低，南部高北部低，水系呈辐射状向章贡区汇集。赣南老区是赣江、闽江、东江、抚河、信江、九龙江、汀江和梅江等重要河流的源头。千余条支流汇成上犹江、章水、梅江、琴江、绵江、湘江、濂江、平江和桃江 9 条较大支流。其中，上犹江和章水汇成章江；其余 7 条支流汇成贡江；章、贡两江在章贡区汇成赣江，北入鄱阳湖，形成长江流域赣江水系。另有百条支流分别从寻乌、安远、定南和信丰流入珠江流域的东江和北江水系以及韩江流域的梅江水系。区内各支流的上游分布在西、南、东部边缘的山区，河道纵坡陡，落差集中，水流湍急；中游进入丘陵地带，河道纵坡较平坦，河流两岸分布有宽窄不同的冲积平原[①]。

1. 赣江

赣江是鄱阳湖流域内赣江、抚河、信江、饶河和修河五河之首，由南至北纵贯江西全境。赣江因章、贡两江在章贡区汇合而得名，主源为贡水，发源于石城县横江镇洋地石寮崠，为江西省最大的河流。赣州市境内的赣江长 45 千米（自章贡区八境台至赣县尧口），自南向北流。河流落差 11 米，平均坡降 0.24‰。赣州市境内的赣江地处北纬 24° 30′~27° 10′、东经 113° 55′~116° 35′。流域面积为 3.64 万平方千米（包括由湖南、广东、福建流入的流域面积），约占赣江总流域面积的 44.8%，流域形状近似侧面开口的马头形。全区 18 个县（市）基本都属于赣江上游区，赣江一级支流主要有章水和贡水[②]。章江和贡江的基本情况如表 2-4 所示。

赣江二级支流有上犹江、朱坊河、湘水、濂水、小溪水、桃江、绵江、澄江、梅川和平江。赣江二级支流的基本情况如表 2-5 所示。

---

①② 赣州市人民政府. 自然地理［EB/OL］.［2019-05-07］. http：//www.ganzhou.gov.cn/.

表 2-4 赣江一级支流的简介

名称	发源地、流经地	主河长	流域面积	流域形状
章水，古称"豫章水"，章贡区境内称章水为"西河"	发源于崇义县聂都山张柴洞，流经崇义、大余、上犹、南康、赣县，在章贡区八境台汇入赣江	章水主河长199千米，由西向东流，落差861米，平均坡降4.33‰	流域面积7696平方千米（包括从广东、湖南省流入的流域面积）	地势西南高、东北低，流域形状近似四方形
贡水，古称"湖汉水"，又称"雩江""会昌江"，章贡区境内称贡水为"东河"	发源于石城横江镇洋地石寮崬（赣源崬），流经石城、瑞金、会昌、于都、宁都、兴国、全南、龙南、信丰、安远、赣县，于章贡区八境台汇入赣江	贡水主河长278千米，落差309米	流域面积26589平方千米（包括从广东、福建流入的流域面积）	东西狭、南北长，东南高、西北低，流域形状近似倾斜的菱形

资料来源：赣州市人民政府网。

表 2-5 赣江二级支流的简介

名称	发源地、流经地	主河长	流域面积	流域形状
上犹江，原名"豫水"，又名"犹水""北章水"	发源于湖南汝城东岗岭，流经集龙墟后汇入江西，经崇义和上犹，于南康凤岗三江口流入章水	主河长189千米，落差615米，平均坡降3.25‰	流域面积4583平方千米，其中，来自湖南的流域面积有510平方千米	流域形状似梯形
朱坊河，又称"扬眉水""河田水"	发源于崇义宝山癫痫石，经崇义扬眉、南康朱坊，于镜坝流入章水	主河长80千米，自西向东流，落差475米	流域面积367平方千米	—
湘水，又称"雁门水"	发源于寻乌大坳上，流经寻乌罗珊、会昌筠门岭、右水和麻州，于会昌县城与绵江汇合流入贡水	主河长101.34千米，自南向北流，落差743米，平均坡降1.63‰	流域面积2056.2平方千米，其中，有133平方千米来自福建省	流域形状近似长方形
濂水，又称"梅林江""安远江"	发源于安远九龙嶂，流经安远、会昌和于都县，在桑园坝流入贡水	主河长126千米，自西南流向东北，落差508米，平均坡降4.13‰，水流湍急，滩险较多	流域面积2259.4平方千米	流域形状似菱形
小溪水，又称"新陂河"	发源于安远老村耙泥嶂，流经于都祁禄山、小溪和新陂，于小溪口流入贡江	主河长60千米，自南向北流，落差305米，平均坡降3.2‰	流域面积664平方千米	流域形状似柳叶形

名称	发源地、流经地	主河长	流域面积	流域形状
桃江，又名"信丰江"	发源于赣、粤交界的全南县饭池嶂，流经全南、龙南、定南、信丰和赣县，于赣县伏坳村流入贡水	主河长289千米，自西南流向东北，落差558米，平均坡降1.93‰，水流湍急，滩险礁多	流域面积7803.44平方千米，其中，有149.27平方千米来自广东省	流域形似关刀形，地势东、南、西三面高，北面低，成马蹄形
绵江，又称"瑞金河"	发源于石城县鸡公嵊，流经瑞金日东、象湖镇、武阳和谢坊，在会昌县城注入贡水	主河长130千米，自东北流向西南，落差243米，平均坡降2.13‰	流域面积1863平方千米，其中，有135平方千米来自福建	流域形似梯形
澄江，又名"西江河""九堡水"	发源瑞金仙坛脑，流经瑞金九堡、云石山、会昌西江和小密，在于都水口流入贡水	主河长88千米，落差239米	流域面积831平方千米	流域形似"L"字形
梅川，古称"河水"，也称"宁都江""梅江"	发源于宁都与宜黄县交界的王陂嶂，流经宁都吴村、洛口、东山坝、县城、瑞林、曲洋和段屋，于龙舌嘴流入贡水	主河长220千米，自北向南流，过宁都县城后改向西南流，落差528米，平均坡降2.4‰	流域面积6789.12平方千米	东、西、北三面高，南面低，流域形状近似"Y"字形
平江，又称"兴国江""平固江"	发源于宁都猴子嵊，流经兴国陈也、古龙冈、长冈、县城、龙口、赣县南塘和吉埠，于江口塘流入贡水	主河长132千米，自东北流向西南，过兴国县城后改向南流，落差753米，平均坡降5.7‰	流域面积2926平方千米，水土流失面积约占57%	流域形似"T"字形①

注："—"表示无资料。

资料来源：赣州市人民政府网。

2. 东江

东江为珠江水系干流之一，由干流寻乌水（为东源）和支流定南水（为西源）在广东龙川县枫树坝汇合而成。寻乌水的源头为桠髻钵山，流经寻乌县的水源有澄江、吉潭、文峰、南桥、留车和龙廷，在广东兴宁小寨、龙川渡田河和枫树坝水库流入东江。寻乌水的境内长度为106.5千米。2004年6月27日，江西省科技厅组织的专家科考小组认定，东江源为寻乌水三桐河，源头位于桠髻钵山南侧。因此，桠髻钵山为东江发源地有了首次权威认定。2002年8月6日，

---

① 赣州市人民政府.自然地理［EB/OL］.［2019-05-07］.http://www.ganzhou.gov.cn/.

时任国家水利部副部长、首届珠江水利委员会主任、《珠江志》编纂委员会主任刘兆伦挥笔题字"东江源头桠髻钵山"和"东江源头第一乡江西寻乌三标乡"。2002年9月25日，他又题写了"东江源头县——江西寻乌县"。桠髻钵山地处寻乌、会昌和安远三县交界处，是东江水系与赣江水系的分水岭。登上山顶，呈现在眼前的是"一脚踏三县，一眼望两江"的景象。北面与会昌清溪乡半岭村接壤，流经会昌城谷坪至半岭到清溪，流入湘水，注入赣江[①]；北面与安远高云山镇李坑村接壤，流经安远的耙子坜、周尾、会昌晓龙、于都渔翁埠和会昌庄口，注入贡水，流至赣江；南面属寻乌三标乡，溪流从源头流经水源河、澄江河和吉潭河，在文峰石角里接马蹄河后称为寻乌水。桠髻钵山是东江发源地，位于东经115°32′54″，北纬25°12′09″，海拔1101.9米（见表2-6、表2-7）。

表2-6 东江总体情况简介

历史地位	总体情况
赣州不仅是江西母亲河赣江的源头，还是香港同胞饮用水源东江的源头。东江为我国香港提供了70%~80%的淡水，被称为香港的"母亲河"	东江发源于江西省赣州市寻乌县，其干流寻乌水与主要支流定南水在广东省龙川县合河坝汇合，流经寻乌、安远和定南三县。流域近似扇形，东西宽110千米，南北长95.5千米，处于江西和广东接壤的地带。流域地势东北高、西南低，全长562千米，平均年径流量为257亿立方米。东江源区位于江西和广东两省接壤的地带，面积为5093.832平方千米，占东江流域总面积的14.4%。其中，江西境内的东江源区流域面积为3500平方千米，占东江流域面积的9.9%。江源区平均每年流入东江的水资源约为29.2亿立方米，占东江年平均径流量的10.4%。东江流域年均降水量在1500~2400毫米，一般西南多，东北少；年内分配不均，汛期的降水量（4~9月）占全年降水量的80%以上（高丽云，2014）

资料来源：寻乌县人民政府网。

表2-7 东江具体情况简介

所处区段	所处区域	河长（千米）	河道平均降坡（‰）	流域地形	流经区域	主要支流
上游	龙川县梅树塘村西3千米处的枫树坝水库以上，又称"寻乌水"或"寻邬水"	138	2.21	山丘地带，河谷呈"V"字形，水浅河窄	江西省及广东省龙川县	贝岭水、小金水、流田水、沙洲水和黄麻布水

[①] 东江源头——桠髻钵山简介［EB/OL］.［2019–12–11］.http://blog.sina.com.cn/s/blog–4faef377o100gove.html.

续表

所处区段	所处区域	河长（千米）	河道平均降坡（‰）	流域地形	流经区域	主要支流
中游	龙川县枫树坝水库中的原合河坝村至博罗县观音阁	232	0.31	龙川以下地势逐渐降低，在观音阁上游、东江右岸出现平原，左岸仍为丘陵区（丁悦秀，2018）	广东省龙川县、河源市、紫金县、惠城区和博罗县	浰江、新丰江和秋香江
下游	从博罗县观音阁至东莞市石龙	150	0.173	处平原区，河宽增大，流速减慢，河道中多沙洲	—	公庄河、西枝江和石马河等

注："—"表示无资料。

资料来源：龙川县人民政府网。

东江流域内有新丰江水库和枫树坝水库两座大型水库，总库容158.4亿立方米，占全省27座大型水库总库容量的59%，东江分为上游、中游和下游，具体河段情况如表2-8所示。

表2-8 东江支流（集水面积100平方千米以上）情况

所处区段	河名	河长（千米）	集水面积（平方千米）	河道平均降坡（‰）	多年平均径流量（立方米/秒）	发源地	流入地
上游	岭水	140	2364	1.98	—	江西安远县大岽崀	龙川梅树塘村西3千米的枫树坝水库
	小金水	8.9	45.1	—	6.67	江西省寻邬县担竿嶂	本县渡田河
	流田水	31.7	186.5	—	4.8	上坪黄背坳	梅里坝
	沙洲水	25.5	117	—	7.89	上坪野猪嶂	麻布岗赤石渡
	黄麻布水	30	138.8	—	3.58	本县金石嶂	西桥
中游	浰江	102	1677	2.2	—	和平县浰源镇亚婆髻	向东南流至和平县东水镇东江
	新丰江	163	5813	1.29	—	新丰县崖婆石	于河源市区城汇入东江
	秋香江	144	1669	1.11	—	紫金县黎头寨	于惠城区江口汇入东江

续表

所处区段	河名	河长（千米）	集水面积（平方千米）	河道平均降坡（‰）	多年平均径流量（立方米/秒）	发源地	流入地
下游	公庄河	82	1197	0.51	—	博罗县糯斗柏	于博罗县泰美镇沐村汇入东江
	西枝江	176	4120	0.6	—	惠东县乌禽嶂	于惠州市汇入东江
	石马河	88	1249	0.51	—	宝安县大脑壳	于东莞市企石镇建塘村汇入东江

注："—"表示无资料。

资料来源：百度百科。

东江是珠江的一大支流，发源于桠髻钵山，流经广东龙川、河源、东莞和深圳，最后注入我国香港。作为珠江的四大水系之一，东江源区的水生态状况不仅关系到寻乌、定远、定南、香港特别行政区和珠江三角洲的工农业生产和居民的饮水安全，还关系到赣州市的社会经济发展、香港的稳定繁荣以及珠江三角洲的可持续发展。东江源头的水质和水量直接关系着整个东江流域的水生态安全，对珠三角地区和我国香港4000多万人的生产生活用水具有重大影响，被称为珠三角和香港特别行政区的"生命之水"和"经济之水"。东江是珠三角地区以及我国香港4000多万城乡居民的主要饮用水源，源源不断的东江水撑起了整个区域的经济发展（邱天宝等，2018）。

作为我国南方地区重要的生态屏障，赣州身负重担肩负着保护"一湖清水"和打造江西绿色发展先行区的重任。作为香港特别行政区同胞饮用水源地——东江的源头，寻乌水的水源涵养和水质净化功能对珠三角地区有重要的意义（邱天宝等，2018）。东江流域的生态环境保护和建设，直接关系着珠江三角地区和香港同胞的饮水安全。东江水是香港特别行政区的"政治之水""经济之水""生命之水"。香港特别行政区境内长期缺乏淡水，历史上曾多次发生水荒。源区内稀土无序开采和农业快速发展所产生的水土流失、水质污染等水生态问题，导致源区的水源涵养能力降低，河流水质变差，局部河段长时间出现劣 V 类水质。尤其是在一些稀土矿开采的废弃地区和果树大面积种植区，水土流失极为严重，大量有毒有害物质，如选矿废液、农药及化肥的残留物等，进入河流，存在极大的生态风险，威胁着赣州三县、珠江三角洲地区和香港特别行政区的用水安全，影响这些地区的社会稳定、繁荣和发展（高志坚等，2011）。因此，开展东江源区水生态系统的保护与修复对保证粤、港的饮用水安全以及支撑东江源区的经济社会可持续发展意义重大。

自 1963 年底开始，我国政府利用东江丰富的水资源，投资数十亿建设"东深供水工程"，以满足香港特别行政区用水需求。为了保证东江水源的清澈，江西省赣州市会昌县于 2006 年开始了水源地的村落搬迁工作。2008 年 11 月 22 日，由香港地球之友与中国环境文化促进会合办的"上游下游手拉手，绿化东江水源头——饮水思源"东江源项目启动仪式在寻乌县三标乡东江源村举行。该项目将投入首期资金 170 多万元，在十年内通过栽种"香港林"、改造毛竹林、推广沼气、引进国外先进生态农业技术、开展"学习旅游"项目五方面的活动来建立健全源头区的生态保护机制，其目的是使东江上游和下游的人民共同保护东江源，保护东江源的生态环境，走资源共享、责任共担的可持续发展之路。

为了保证我国香港同胞的饮用水质，江西已多次采取生物措施（即发展水保林、经济果木林、种草和封禁治理等）和工程措施（即修建山塘、挖水平沟、截水沟和修筑水平梯田等）治理水土流失。为了保证东江水资源的可持续利用，保障我国香港居民的饮用水安全，寻乌县自 2002 年开始实施全县封山和取消外销商品木材采伐指标政策，以提高水源区的森林覆盖率，并在三标乡实施退果还林工程、造林绿化工程和废弃矿山复垦复绿工程。截至 2012 年，寻乌县已种植国家和地方公益林 106.5 万亩、经济林 180 万亩，基本形成了以东江护源林、珠江防护林、丘陵经济林、果园戴帽林、公路绿化林和农田涵养林为框架的林业生态体系。多年来，赣州市坚持在保护中开发、在开发中保护，围绕"保东江源一方净土，富东江源一方百姓，送粤港两地一江清水"理念，开展以小流域为单元的综合治理，坚持"山、水、田、路、能、居"为一体，治理水土流失，开展水保科技推广试验，取得了较好的效果。

（四）湿地

在世界自然保护大纲中，湿地与森林和海洋一起被列为全球三大生态系统。湿地被誉为"地球之肾"，它与人类的生存、繁衍和发展息息相关，是人类最重要的生存环境之一。湿地是自然界生物多样性最丰富的生态系统，它不仅为人类的生产、生活提供了多种资源，还具有巨大的生态调节功能，在抵御洪水、调节径流、蓄洪防旱、控制污染、调节气候、控制土壤侵蚀、促淤造陆和美化环境等方面具有其他系统不可替代的作用。保护和合理利用湿地资源的观点受到了世界各国的高度重视，成为了国际社会普遍关注的热点①。

赣南地区属中亚热带湿润季风气候，气候温和湿润，雨量充沛，地貌丰富，地质历史古老，丰富的水热资源和特殊的气候条件孕育了丰富的生物多样性，成为同纬度地区森林和湿地生态系统保存完好的极少数区域之一。江西最大的河流赣江发源于赣南，沿途孕育了具有各种功能的湿地。据 2011 年赣州市第二次湿地资源调查，赣州市湿地面积为 108.46 万亩。赣州湿地植物区系有高等植物 450 种，隶属 131 科。湿地植被共有 6 个植被型组，10 个植被型，超过 274 种群系；野生动物种类繁多，有鸟类 65 种、两栖类 26 种、爬行类 43 种、哺乳类 55 种、淡水贝类 17 种、虾类 2 种、蟹类 2 种，湿地资源丰富。

1. 鄱阳湖湿地公园

鄱阳湖国家湿地公园地处江西省鄱阳县境内，位于江西省东北部、鄱阳湖东岸。景区规划面积 365 平方千米，由内珠湖、鄱阳湖湿地科学园、香油洲和龟脑山等主题游览区组成。它汇集了鄱阳湖水、鸟、草、鱼等自然精华，是一片远离都市烦嚣的自然纯净世界。它是世界六大湿地之一、亚洲最大湿地、中国第一大淡水湖，也是全国重要的科普教育以及长江湿地保护网络试点自然学校基地。景区先后荣获"全国科普教育示范基地""世界自然基金会长江湿地保护网络自然学校""国家 AAAA 级旅游景区""2013 美丽中国·魅力湿地特别关注奖"等荣誉。发源于赣州的赣江是鄱阳湖流域的第一大河，占鄱阳湖流域面积的 51.5%，赣江通过鄱阳湖与长江相连。江西鄱阳湖国家自然保护区是国际重要湿地，是世界生命湖泊网成员，是我国十大生态功能保护区之一，也是世界自然基金会划定的全球重要生态区之一。鄱阳湖湿地是我国东部地区最典型的湖泊湿地，是长江干流重要的调蓄性湖泊，具有调蓄洪水和保护生物多样性等特殊生态功能，对维系区域和国家生态安全具有重要作用，对中国乃至全球的湿地环境保护都具有重要的意义②。

由鄱阳湖流入长江的水量超过黄、淮、海三河水量的总和，占长江年径流量的 15.5%，在长江流域中发挥着巨大的调蓄洪水、保护水资源和维护生物多样性的特殊生态功能。每年栖息着 159 种、上百万只水禽候鸟。鄱阳湖还是亚

---

① 德兴市人民政府.谈江西湿地及其保护［EB/OL］.［2014-05-07］. http://www.dxs.gov.on/xxgk-show-66986.html.

② 鄱阳湖湿地［EB/OL］.［2013-06-28］. http://www.fcwlwz.gov.cn/e/cution/Show Info.php?classid=19&id=37760.

洲最大的候鸟越冬地，是国际公认的"珍禽王国"和"候鸟乐园"，每年冬季有上百万只水鸟在此栖息，包括白鹤、白头鹤、白枕鹤、灰鹤、白琵鹭、东方白鹳和黑鹳等珍稀濒危物种，其中白鹤的数量达 4000 余只，东方白鹳的数量达 2800 余只，分别占其全球总数量的 95% 和 85% 以上。

2. 章江湿地公园

赣州章江国家湿地公园（以下简称"湿地公园"）是 2012 年 12 月经国家林业局批准试点建设的国家级湿地公园，由赣州市人民政府投资建设，湿地公园集涵养章江水源、保护湿地生态系统、维护生物多样性、文化资源、市民休闲娱乐和城市生态旅游于一体。赣州章江国家湿地公园地处赣州市中心城区，湿地公园的规划总面积为 1054.8 公顷，湿地面积为 788.2 公顷。该湿地公园河流水域广阔，形成了由河流、洪泛平原湿地、库塘和城市绿地构成的复合湿地生态系统，在我国南岭东北部具有典型性和代表性。章江国家湿地公园的建立对保护赣江上游湿地的生物多样性和保障赣南地区的生态安全具有重要的作用，同时，对保护鄱阳湖的水质也具有重要意义（陈英明，2013）。

湿地素有"地球之肾"之称，是最重要的生态系统之一。它具有丰富的资源和调节环境的能力。湿地在蓄水、调节河川径流、补给地下水和维持区域水平衡方面发挥着重要作用，在控制洪水和调节水流方面的功能也十分显著，是蓄水防洪的天然"海绵"。各类湿地在提供水资源、调节气候、涵养水源、均化洪水、降解污染物、保护生物多样性和为人类提供生产、生活资源方面发挥了重要作用。广阔、多样的湿地，为赣南提供了净化污染、蓄滞洪水、调节气候、供应水资源、输出原材料、支撑生物多样性、维护文化多样性等重要的生态与经济保障。湿地是重要的遗传基因库，对维持野生物种种群的存续、筛选和改良具有商品意义的物种均具有重要意义。

赣南地处南岭、武夷山和罗霄山三大山脉的交汇地带，山脉层峦叠嶂，像屏风一样起着遮蔽保卫的作用。赣南不仅是南岭山地森林及生物多样性生态功能区的重要组成部分，还是赣江、东江和闽江等河流的重要源头，生态资源丰富，生态地位重要，被誉为"南方生态保护屏障"。

第三节 基于生态试验区排头兵视角的赣南生态定位研究

一、勇争生态试验区排头兵，谱写"赣州样板"

党的十九大报告提出了中国发展新的历史方位，即中国特色社会主义进入了新时代，并且将生态文明建设提到了一个新的高度，明确指出建设生态文明是中华民族永续发展的千年大计，这意味着中国生态文明建设也正在迈向新时代。迈向新时代需要有新视角、新思路、新制度以及新行动。良好的生态环境，是赣州的最大优势和财富，也是赣南地区加快振兴发展的潜力所在、后劲所在。赣州市追求绿色的步伐并未就此停歇，2017年赣州市委书记李炳军在中共赣州市委五届七次全体（扩大）会议上指出，要准确把握赣州发展新的历史方位，增强建设革命老区高质量发展示范区的责任感和使命感，要以新姿态、新作为迎接新挑战、解决新问题，奋力开创赣州生态文明新时代。书记指出当前和今后一段时期的首要政治任务，就是深入学习和贯彻落实党的十九大精神，各项工作都要紧紧围绕贯彻学习党的十九大精神来推进和落实，以习近平新时代中国特色社会主义思想统领振兴发展各项工作，深入贯彻习近平总书记对赣州的重要指示批示精神，认真落实省委"创新引领、绿色崛起、担当实干、兴赣富民"的工作方针以及鹿心社书记对赣州工作的指示要求，把打好防范化解重大风险、污染防治攻坚战的部署要求贯穿于赣州六大攻坚战的全过程，大力推动高质量发展。赣南老区严格遵循习近平生态文明思想，提出要高质量推进生态建设，加快构建具有赣州特色、系统完整的生态文明体系，推进生态文明领域治理体系和治理能力现代化，坚决打好污染防治攻坚战，深入推进国家生态文明试验区建设，奋力谱写美丽中国"江西样板"的赣州篇章，成为全省生态文明先行示范区建设的排头兵，走出以生态优先、绿色发展为导向的高质量发展新路子，推行一套可复制、可推广的赣州生态经验。

赣州市提出的争当全省生态文明先行示范区建设排头兵的宏伟目标，表明了全力建设生态文明的决心和气魄，翻开了赣南绿色发展的新篇章。生态兴则文明兴，生态衰则文明衰，生态文明建设是关系永续发展的根本大计。生态文明建设牵动着发展全局，推进绿色发展，建设生态文明先行示范区，既是赣州当前发展的根本要求，又是赣州未来发展的必由之路。争做全省生态文明先行示范区建设排头兵，是推动赣州发挥优势、加快科学发展的需要，是贯彻省委"十六字"方针的需要，也是落实《若干意见》赋予赣南老区振兴发展"五个战略定位"的需要①。建设生态文明试验区、做强做优做大生态长板，既要立足生态抓生态，又要跳出生态抓生态，把"绿色+"理念贯穿于各个方面、融入到所有发展，强化统筹结合，形成试验亮点和特色，持续做好生态环保工作的绿色"加法"、污染"减法"，拿出新做法，找准着力点，加快补齐生态环境"短板"。不断提升环境治理能力和治理水平，加强党对生态环保工作的领导，着力推动生产生活方式"绿色化"。围绕重点方面，不断探索总结生态环保的经验教训，在打造革命老区高质量发展示范区的"绿色样板"上做示范、勇争先。

二、生态试验区排头兵的定位依据

（一）理论依据

赣州市落实党的决策方针，在生态文明建设上持续发力，争做全省生态文明先行示范区建设排头兵，其生态文明建设目标的提出具有深厚的理论依据。

第一，勇争生态试验区排头兵是努力打造革命老区高质量发展示范区的必由之路。2017 年中共中央办公厅、国务院办公厅印发了《国家生态文明试验区（江西）实施方案》（以下简称《江西方案》），提出了"山水林田湖草综合治理样板区""中部地区绿色崛起先行区"和"生态环境保护管理制度创新区"的战略定位，《江西方案》把中央关于生态文明建设的顶层设计与江西省的具体实践相结合，是江西推进生态文明建设和生态文明体制改革的重要行动指南，对于全面提升江西生态文明建设水平具有重大而深远的意义，是江西省生态文明建设的一个重要里程碑。这是对江西生态文明建设的要求，更是赣南新时代生态文明建设的目标和总遵循。为切实推进赣州市生态文明建设，落实省和国家的政策，赣州市深入贯彻落实习近平生态文明思想和习近平总书记视察

---

① 争做全省生态文明先行示范区建设排头兵 三论奋力打造革命老区振兴发展的样板［EB/OL］.［2016-05-27］. http://jx.people.com.cn/n2/2016/0527/c338249-28412214.html.

江西和赣州时的重要讲话精神，坚决整改，务求实效，持续巩固和提升全市的生态环境。根据《江西省绿色发展指标体系》，赣州市统计局、市发改委、市生态环境局出台了《关于印发〈赣州市绿色发展指标体系〉的通知》，做出了全面改造 1000 万亩低质低效林的决策部署，并将其作为争当生态文明试验区排头兵的重要载体列入科学发展考核内容，全力推进生态屏障建设，筑牢绿色崛起的根基。

习近平总书记在江西考察调研时强调，要努力在加快革命老区高质量发展上做示范、在推动中部地区崛起上勇争先，描绘好新时代江西改革发展新画卷。作为全国著名的革命老区，赣州牢记总书记嘱托，奋力攻坚。江西省委书记强卫深入赣州调研时强调，要深入贯彻习近平总书记视察江西和赣州时的重要讲话精神，坚决打好中央的三大攻坚战和赣州市的六大攻坚战，坚持绿色发展，坚守生态红线，增强生态综合效益，努力成为全省生态文明先行示范区建设的排头兵。这是对赣州长期以来保护绿水青山、抓实生态建设的充分肯定，也是对赣州努力实现绿色崛起的殷切勉励①。勇争全省生态文明先行示范区建设的排头兵，是打造革命老区高质量发展示范区的必由之路。

第二，勇争生态试验区排头兵是对"南方生态屏障"定位的升级。赣南具有重要的历史地位。习近平总书记多次强调，要深入推进赣南地区的振兴发展，努力让老区人民过上更加幸福的生活。振兴发展赣南，既是一项重大的经济任务，又是一项重大的政治任务，对全国革命老区加快发展具有标志性意义和示范作用，是促进和谐社会建设的重大举措。

2011 年 12 月 31 日，习近平同志作出重要批示，推动《若干意见》出台实施，翻开了赣南老区发展的历史新篇章。习近平总书记、李克强总理在关于赣南老区振兴发展工作的重要批示中，要求生态环境保护取得新的更大成效。赣州市牢记使命，发展生态，围绕《若干意见》提出构筑"我国南方地区重要生态屏障"的战略定位以及《环保部关于贯彻落实〈国务院关于支持赣南等原中央苏区振兴发展的若干意见〉的实施意见》的有关要求，促进生态经济化、经济生态化，推动发展模式向低碳、绿色发展转变，进一步保护赣南的青山绿水，为全市经济的可持续发展提供保障。赣州市以习近平总书记系列重要讲话精神和治国理政新理念、新思想、新战略为指导，融会贯通了"创新、协调、

---

① 争做全省生态文明先行示范区建设排头兵 三论奋力打造革命老区振兴发展的样板［EB/OL］.［2016-05-27］. http://jx.people.com.cn/n2/2016/0527/c338249-28412214.html.

绿色、开放、共享"五大发展理念，牢牢把握住了发展和生态两条底线的辩证关系，以赣州生态发展为核心，努力做到承担国家任务与彰显赣州特色相结合，落实党的政策方针，牢记使命，推动新时代赣南老区的生态建设更上一层楼，勇争全省生态文明先行示范区建设排头兵，是赣州市生态文明建设上的持续发力，是对"南方生态屏障"定位的升级。

第三，勇争试验区排头兵是为优化营商环境打基础。赣南地区落实《若干意见》部署，在生态文明建设上持续发力，勇争全省生态文明先行示范区建设排头兵。所谓排头兵，就是要立于当下，位次是数一数二的、领头的；要立于全国，是有示范作用的、能当标杆的；要立足于未来，是能够引领、开创的。除了在生态文明建设上做出新成就，把生态的先天优势或发展资源转化为一种新的文明发展形态，成为一种"后发优势"，进而促进经济发展，也有着重要意义。中央政治局委员、上海市委书记李强曾说"哪里有好环境，哪里有好风景，哪里就有新经济。从世界经验来看，凡是生态有优势的地方，往往是后来居上的地区"。生态环境本身就是一种核心竞争力，生态环境是个"后发优势"。生态资源禀赋优良的赣南革命老区，应将生态优势转换为发展优势，把生态环境转化为宜居环境。

营商环境就是竞争力，就是生产力。营商环境是招商引资的生命线。2018年是中国招商引资营商环境升级元年，"营商环境"一时成为热词，以上海、浙江等发达地区为代表，全国各地都把营商环境升级作为当地招商引资的重头任务。当前，招商引资任务艰巨与前景可期并存，挑战与机遇并存，从挑战方面看，世界经济的增长速度变缓，中美贸易摩擦带来的不利影响逐渐增大，因此企业家投资也变得越来越谨慎。由于投资负增长压力加剧，市场投资者多持观望态度，招商引资困难重重。老区要加快发展，需要开放合作，需要内引外联，因此，需要基于我们拥有的自然美景来进一步打造良好的营商环境。

良好的营商环境是发展的重要基础，也是一个地方招商引资的金字招牌。俗话说"栽下梧桐树，引得凤凰来"。营商环境好，现有企业才能留得住、发展得好，招商引资才能有吸引力。从这个意义上说，良好的营商环境，是吸引力、竞争力，更是创造力、驱动力。在打造良好营商环境的大背景下，赣州市生态环境局坚持严于用权、公正执法，杜绝人情执法，依法对权力运行的各方面、各环节进行全面有效的监督制约，统筹兼顾生态环境保护和经济发展，为守法企业创造公平的竞争环境，优化营商发展环境。面对错综复杂的国际国内形势，赣南地区始终坚持党的领导，贯彻落实省里指示，在经济社会发展过程中，坚持生态优先、绿色发展，用优质生态为营商环境护航，将生态美与产业兴有机结合，跑出发展"加速度"。赣州市领导强调，今年是打好污染防治攻坚战的关键年，必须全力以赴，聚焦重点，攻坚突破。环保工作不仅限于做到，更要做好，从细节入手，精益求精。

良好的生态环境是最佳的营商环境，打不得一点折扣，要联防联控、综合施策、致力长效，还老百姓蓝天白云、繁星闪烁。只有环境好了，营商环境好了，我们的经济发展才会进步，才会越走越好。治理环境不但是一场攻坚战，更是一场持久战，借助自然美景进一步打造良好的营商环境，使建立在自然美景基础上的赣南老区的营商环境比一般城市和地区的营商环境更优越、更富有吸引力和竞争力。让丰富的森林资源、优美的生态环境为赣南革命老区加快开放、承接产业转移、建设美丽"大花园"提供良好的基础条件，为革命老区的招商引资、项目落地提供"金字"招牌。争当营商环境"排头兵"，打造好的生产生活环境，吸引外企进入，充分释放生态优势，使生态溢出效益凸显，源源不断地为革命老区的"绿色崛起"发展积蓄新的动能，借力赣南优质的生态，促进营商环境高质量发展，吸引企业入驻，加快振兴革命老区的步伐。

（二）现实依据

第一，勇争生态试验区排头兵是赣南老区民心所向。赣州是东江和赣江的源头，是我国南方地区重要的生态屏障，在全省乃至全国的生态地位都非常重要。《若干意见》明确提出，要牢固树立绿色发展理念，大力推进生态文明建设，坚定不移地加强生态环境保护，争当全国生态文明试验区建设排头兵，以实际行动打造美丽中国的"赣州样板"，致力于实现绿色崛起①。赣南地区在生态文明建设中，发展势头好，目标定位准，干部精神劲头足，各项工作开展得有声有色，很多工作都走在全省前列。赣南的一项项改革举措和攻坚成果，持续改善了民生，进一步增强了人民群众的获得感和幸福感；争当试验区排头兵，有利于增强人民的幸福感；感恩老区人民，是对老区人民的回馈。在赣州调研期间，江西省委书记强卫亲自主持召开座谈会，并发表重要讲话，强调赣州上下要深入贯彻习近平总书记新的希望和"三个着力、四个坚持"的总体要求，主动适应经济新常态，牢固树立新理念，以解放思想为先导，以内外兼修

---

① 争做全省生态文明先行示范区建设排头兵 三论奋力打造革命老区振兴发展的样板［EB/OL］.［2016-05-27］. http:// jx.pcople.com.cn/n2/2016/0527/c338249-28412214.html.

为主线，以改革开放为动力，抢抓大机遇、谋划大事业、推动大发展，奋力打造革命老区振兴发展的样板；特别强调，要进一步解放思想、扩大开放、提升战斗力。这些指示要求，对赣州的发展具有重大的指导意义，必须坚决贯彻执行，并且大力倡导"逢山开路、遇水架桥"的铁军作风，倡导"创新、担当、争先、求实"的新时期赣州经开区精神（李明生，2016）。紧紧围绕《若干意见》确立的战略定位和发展目标，发挥区位优势，因势顺变、创新思维，优化发展思路和工作举措。扎扎实实做好与国家部委和省里的汇报对接工作，争取更多、更好的项目在此地落地生根，实现政策效应最大化。

近年来，赣州秉承"生态为重"的发展理念，在经济社会发展中取得了喜人的成就，与江西省委提出的"绿色崛起"发展思路一脉相承。赣州全市上下在组织学习贯彻省委十三届七次全体（扩大）会议精神的过程中，"绿色崛起"的发展思路引起了广大干部群众的共鸣，大家一致认为，良好的生态环境是赣州的宝贵资源，我们不仅要保护现有的青山绿水，还要将生态文明理念贯彻到经济社会发展的各个领域，以"绿色、循环、安全"为主打品牌，开拓绿色崛起新境界，建设生态赣州。赣南的干部群众对省委提出的"绿色崛起"理念深有感触。大家纷纷表示，要坚决贯彻落实省委的决策部署，凝心聚力，解放思想，奋力迈出"同城发展、绿色赶超"的新步伐。要在党的十八大精神的指引下，凝心聚力、苦干实干，发扬优良传统，抢抓发展机遇，在推进赣南老区振兴发展中争当排头兵，建成示范区，努力建设宜居宜游宜业的新辉煌。因此，勇争试验区排头兵是加快推进赣南老区振兴发展的题中应有之义，是赣南人民的民心所向。

第二，赣南老区的生态建设亟待完善。作为欠发达的革命老区，赣州是江西省生态环境最好的设区市之一，但由于赣南地区承担着保护环境与加快发展的双重责任，生态文明建设的担子依然很重。

自改革开放以来，赣州市先后实施了"十年绿化赣南"、国家林业重点生态工程等一系列生态发展措施，生态环境建设取得了明显成效①。首先，紧紧围绕市委、市政府关于"六大攻坚战"的战略部署，以改善环境质量为目标，深入推进"净空、净水、净土"工程。全市环境质量总体稳定，在全省各设区市中排名前列。2016 年，中心城区的空气质量优良天数为 322 天，优良率为

---

① 争做全省生态文明先行示范区建设排头兵 三论奋力打造革命老区振兴发展的样板 [EB/OL].[2016-05-27]. http:// jx.pcople.com.cn/n2/2016/0527/c338249-28412214.html.

88%，各县（市、区）的空气质量均保持在二级标准以上；地表水断面水质稳中趋好，全市主要河流Ⅰ~Ⅲ类水质断面的比例为 95.8%，国控、省控断面水质均达到或优于Ⅲ类标准，23 个城市的集中式饮用水水源地水质达标率保持在 100%。其次，加快建立东江流域上下游横向生态保护补偿机制。在原环保部、财政部的大力支持下，东江流域上下游横向生态保护补偿取得了重大突破。2016 年 10 月，江西、广东两省政府正式签订了《关于东江流域上下游横向生态补偿的协议》，实行联防联控和流域共治，共同维护东江流域的水环境质量稳定和持续改善。最后，深入推进国家重点生态功能区建设。石城县新列入国家重点生态功能县，赣县区、信丰县和瑞金市等 9 个县（市、区）新列入国家重点生态功能区转移支付范围，全市除章贡区和赣州经济开发区外，其余 17 个县（市、区）全部列入国家重点生态功能区转移支付范围，重点生态功能区的整体生态环境状况稳中趋好，生态环境质量呈逐年上升的趋势。

当前，赣南老区正处于经济发展的爬坡期，生态文明建设的发展提升期，赣州市在生态文明建设的实践中已取得了不少的成绩，为成为试验区排头兵奠定了物质基础。但要明白，如今，全市的经济发展与环境保护的矛盾仍然比较尖锐，在生态治理上仍有较大的改善空间。以前，水土部门只管水土治理，矿山部门只管矿山治理，各部门各吹各的号，各唱各的调，很容易顾此失彼，最终造成生态的系统性破坏。据赣州市村民介绍，以前种地都是靠天吃饭，由于特殊的地势限制和水利设施的老旧，虽然农田附近有河流经过，但龙源坝的灌排并不方便，农民们需要从山沟引水入田，自上而下挖一条水沟到农田处，由于人工挖的水沟狭窄，从山里到农田要经过上千米的路程，等水流到田中，不少水资源已经蒸发或渗透，从而造成了严重的浪费。另外，老旧的水沟损耗较大。

为了防止出现环境保护只与某个部门、某些领导干部有关，而其他官员漠不关心的问题。习近平总书记强调，要按照系统思维，全方位地开展生态环境保护建设。江西省牢记总书记的指示，于 2017 年出台了《国家生态文明试验区（江西）实施方案》，提出打造山水林田湖草治理样板区，并将其作为江西试验区的战略定位之一，要求统筹山江湖的开发、保护与治理，为全国流域保护与科学开发提供示范。赣州市落实省委部署，勇争试验区排头兵，打破体制机制障碍，破解部门藩篱，牢固树立新发展理念，遵循"山水林田湖草是一个生命共同体"的原则，积极实施流域水环境保护与整治、矿山环境修复、水土流失治理、生态系统与生物多样性保护及土地整治与土壤改良五大生态建设工程，纵深推进国家山水林田湖草生态保护修复试点建设。坚持把统筹规划、整体推进作为首要前提，在系统治理的基础上，整合不同部门的力量，全景式策划、全员性参与、全要素保障，攥指成拳，凝聚合力，积极构建"抱团攻坚"与"十指弹琴"协调统一的保护环境格局。加强赣南老区的生态建设，对确保长江中下游地区、珠三角地区的用水安全、增强赣南老区的环境容量具有积极作用。赣南地区承担着老区振兴的使命，必须加快治理步伐，先试先行，坚持生态治理，抓住机遇，勇争试验区排头兵，在生态保护这场"大考"中全力以赴走前列、创经验、做样板。

三、赣州市落实生态试验区排头兵的举措

围绕创建国家生态文明先行示范区、南方地区重要的生态屏障和国家森林城市等目标，近年来，赣州积极实施绿色工程，筑牢生态屏障，以重大生态工程为抓手，不断提升生态环境质量，在"治"上下狠劲、在"管"上出实招、在"改"上求突破，打造出生态环境综合治理的新样板，生态文明建设步履铿然。在习近平生态文明思想的指引下，加快构建生态文明体系，走好新时代生态文明建设之路，这是关乎党的使命宗旨的重大政治问题，也是关乎民生的重大社会问题。赣州正处于推进高质量发展的战略机遇期，高质量发展是振兴赣南老区的必由之路，为革命老区的高质量发展作示范是赣州的光荣使命。赣南地区加快构建具有江西特色、系统完整的生态文明体系，推进治理能力现代化，坚持把生态优势转为经济优势，对实现生态保护，争做国家级生态文明试验区建设的排头兵，打造我国南方地区重要的生态屏障，描绘好新时代美丽中国的赣州画卷具有重要意义。新时代赣州市深入学习贯彻习近平生态文明思想，努力让良好的生态环境成为赣州更加闪亮的名片，成为全市人民追求幸福美好生活的增长点、经济社会持续健康发展的支撑点①，用一系列的成效和经验彰显了习近平生态文明思想的实践伟力，为新时代赣南老区生态文明建设目标的实现做出了巨大努力。

---

① 争做全省生态文明先行示范区建设排头兵 三论奋力打造革命老区振兴发展的样板 [EB/OL]. [2016-05-27]. http://jx.pcople.com.cn/n2/2016/0527/c338249-28412214.html.

（一）绿色发展探前路

赣南老区是"绿色宝库"和"生态王国"，生态是赣州最宝贵的资源、最明显的优势、最美丽的名片。新时代赣南地区大力弘扬绿色政绩观、绿色生产观和绿色消费观，把"生态+"理念融入到产业发展的全过程，努力打通"绿水青山与金山银山"的转换通道，将生态优势转化为经济优势、发展优势和竞争优势，让绿水青山真正成为金山银山。赣州市争做试验区排头兵，加快构建绿色产业体系，大力发展有技术含量、有就业容量、有环境质量的生态产业；加快推动产业转型升级，推动产业发展模式向绿色化、智能化、信息化转变，以绿色技术促进传统优势产业提质增效；不断提高资源的节约集约利用水平，探索静脉产业园，用最少的资源环境代价取得最大的经济社会效益，进一步减少资源开发对生态环境的破坏和影响①；坚持在保护中发展、在发展中保护，主动作为，务实答卷，获得了"绿色生态城市特别保护贡献奖""中国最具生态竞争力城市""中国最佳绿色宜居城市""全国首批创建生态文明典范城市""国家森林城市""全国文明城市"等一系列殊荣，为全市的高质量、跨越式发展提供了良好的生态保障，坚定了决心和信心。赣南地区从守护生态环境，到立足绿色优势产出经济效益，趟出了一条绿色发展的新道路，呈现出了产业结构优化、新动能迸发的良好态势，生态产业日益壮大，走出了一条"绿、富、美"的新路子。

1. 生态 + 农业

"靠山吃山，靠水吃水"追求的不是竭泽而渔式的利用，而是用发展的眼光，把生态作为重要的运营资本，实现经济链和生物链的有机结合，形成功能复合、良性互动的生态农业开发体系，促使农业现代化水平不断提升，最终让手中的"金碗"更加闪亮、更能聚财。赣州市大力发展脐橙、油茶、蔬菜、白莲、花卉苗木、生猪、鳗鱼和养蜂等特色生态农业，先后引进九丰高效农业、中兴现代农业等现代农业产业龙头项目，带动了全市设施农业的融合发展和提档升级。近年来，先后创评"三品一标"的农产品13种，新增的省级以上认证的"无公害农产品"22种、有机食品4种、绿色食品2种、中国驰名商标1

---

① 争做全省生态文明先行示范区建设排头兵 三论奋力打造革命老区振兴发展的样板［EB/OL］.［2016-05-27］. http:// jx.pcople.com.cn/n2/2016/0527/c338249-28412214.html.

个、省著名商标 5 个，其中，瑞金咸鸭蛋被批准为国家地理标志保护产品，成功列为"国家有机产品认证示范创建区"，被评为"国家农业产业化示范基地"和"全省现代农业示范区"。

于都县坚持农业与生态和谐、生活与生产和谐、发展与保护和谐的原则，助推乡村振兴，以梓山万亩富硒蔬菜产业园为抓手，着力创建了一批绿色有机农产品生产基地，真正打造于都绿色农业品牌。目前，已经打造了 1 个万亩富硒蔬菜产业园和 5 个千亩蔬菜基地，全县新增设施蔬菜 1.2 万亩，增幅居全市第一。脐橙和油茶两大农业主导产业迅速发展，扩种脐橙 1.02 万亩、油茶 2.1 万亩，高产油茶种植面积达 26.2 万亩，列全市第一。梾木果油、红心柚、肉牛和肉鸡等特色产业快速发展。新增市级以上农业龙头企业 6 家，新增农民合作社 325 家、家庭农场 49 家。安远县大力建设现代农业示范园区和农产品加工示范基地，集中力量推进生态果业、生态大米、食用菌、高山油茶和金线莲等特色农业发展。安远县依托当地丰富的农产品资源优势，先后引进了养生堂、珊瑚食品等国内外知名的农产品加工企业，形成了食用菌、中药材和果品加工等 5 条产业链，各类农产品加工企业有近 10 家。同时，依托果园、瓜菜基地等农业资源，积极开辟以观光休闲农业为主的第三产业，精心打造了特色农家乐、果蔬采摘和果园观光等乡村旅游景点，逐步形成了"无处不风景、处处皆可游"的农旅融合发展格局，发展乡村旅游景点 126 处，年接待游客 30 万人次。

一是坚持生态开发。定南县坚决落实好油茶开发"四禁止""三不栽""二不求"和"一落实"的政策。"四禁"是指：禁止毁坏天然阔叶树林，禁止毁坏水源涵养林，禁止毁坏风景林，禁止毁坏生态公益林。"三不栽"是指土壤瘠薄、土层厚度小于 60 公分的地区不栽，山顶或海拔超过 500 米的不栽，陡坡不栽。"二不求"是指不求大面积集中连片栽植，连片开发种植面积超过 5000 亩的，要规划建设隔离林带；不求全垦整地造林。"一落实"，即新造油茶林，坚持山顶"戴帽"、山脚"穿靴"，制定切实可行的水土保持方案，落实好水土保持措施，防止过度开发造成新的水土流失。二是科学生态种植。做好油茶发展规划，引导油茶产业健康发展，避免因发展油茶产业破坏生态环境。在坡度大于 15° 的山地和山顶开挖梯带，应做到山顶"戴帽"；在坡度大于 25° 的山地采取修建截水沟、排水沟、水平条带，边坡种草，开挖梯地，修建水平台地等措施来减少水土流失。三是加大油茶开发过程中水土保持监督检查力度。水保部门负责开展油茶开发过程中的水土保持技术指导服务，一方面，要按编印的《赣南山地油茶、脐橙开发水土保持实用技术手册》的要求，帮助业主落实水土保持方案中的各项水保措施；另一方面，要加强开发过程中的监督检查，全面监督各项水保措施的落实，加大对违法行为的查处力度，对不符合开发要求、造成严重水土流失的农产，要责令其落实水土保持措施，切实防止在油茶开发中发生严重水土流失等破坏生态环境的行为，最大限度地保护好原地貌植被。

2. 生态 + 服务业

赣州市立足绿色优势，在打造美好环境的情况下，集红色、绿色和古色为一体，积极开创"回归自然、康养为主"的森林生态融和旅游，打造多元化旅游模式。2012 年，赣州市委、市政府抓住赣南老区振兴发展的历史机遇，以建设我国南方地区重要的生态屏障、保障鄱阳湖经济圈生态和东江饮用水源安全为己任，果断作出创建国家森林城市的战略部署。2013 年，原国家林业局正式同意赣州市实施国家森林城市建设。同时，大力弘扬"尊重自然、保护自然、顺应自然"的生态文明理念，在全市形成了"植绿、爱绿、护绿"的良好风尚。赣南老区坚持把创建国家森林城市作为构筑南方重要生态屏障、改善人居环境、推进生态文明和促进经济社会发展的重要抓手，极大地促进了赣南地区的发展。2015 年，赣州市被授予"全国森林旅游示范市"的称号。赣州市高度重视生态文明建设，把旅游业作为现代服务业的龙头产业加以培育，以国家森林旅游试验示范区建设为重要抓手，着力建设森林公园、湿地公园，加快发展森林旅游，旅游业逐步成为经济新常态下稳增长、调结构、惠民生、优生态的优势产业，森林旅游实现了又好又快发展。为进一步有效保护森林资源，拓展森林的多种功能，丰富旅游业态，加快转变林业供给侧结构性改革，带动农民就业增收，市林业局将全力以赴落实好《赣州市全国森林旅游示范市建设规划（2018—2030）》，同时，抢抓机遇，争取多参加全国性的森林旅游推荐活动，让赣州森林公园随着旅游走出江西、走向全国（肖红缨等，2019）。一项项顶层设计，为赣州市建设生态屏障、推进可持续发展明晰了思路、确立了抓手。2019 年 1~6 月，全市森林旅游总收入为 174.58 亿元，同比增长了 30.58%；旅游总人数为 1720.27 万人次，同比增长了 31.02%，具体情况如表 2-9 所示。

表 2-9　2019 年赣州市旅游收入与人数统计

全市森林旅游		森林旅游外汇收入（万美元）	国内森林旅游收入（亿元）	接待旅游人数		入境旅游人数（万人）	国内旅游人数（万人）
总收入（万元）	增长率（%）			总人数（万人）	增长率（%）		
174.58	30.58	3142.3	172.46	1720.2	31.02	9.7	1710.5

资料来源：中共赣州市委办公室。

一直以来，赣南地区高度重视森林旅游项目的建设，积极申报了"全国森林旅游示范县""省级示范森林公园"和"森林体验基地"等大型森林旅游项目。依托优良的生态环境，瑞金市把生态旅游业作为重要的支柱产业，创建省级以上风景名胜区 2 个，省级 AAAA 级乡村旅游点 3 个，2017 年的旅游人数突破了千万人次，旅游收入达到了 45 亿元。同时，瑞金市还大力发展电子商务，先后与阿里巴巴、京东商城建立了农村电商合作关系，电商产业园被评为"江西省现代服务业集聚区"，电商孵化园入驻的企业达 179 家，建成的电商村级服务站 310 家，覆盖了 223 个行政村，打造了"廖奶奶咸鸭蛋"和"好客山里郎蜂蜜"等知名的电商品牌，被列为"全国首批农村电子商务试点县"和"电子商务进农村综合示范县"。

寻乌县以矿区生态修复为基础，大力加强基础设施建设，改造废弃矿山区，建设自行车赛道、体育健身圣地等，将生态效益与经济效益融为一体。章贡区借助生态保护和修复综合治理工程打造了翡源水土保持示范园、花田小镇生态体验园、水土流失综合治理园、祺顺产业示范园和山水林田湖生态工程博览园，形成了"生态环境修复 + 乡村旅游发展 + 集体经济增收"的可持续发展模式。宁都县结合山水林田湖草生态保护修复工程大力实施农村环境综合整治，打造了集森林氧吧、运动健身、休闲观光和美食采摘于一体的生态体验园，建设了特色运动小镇和 AAAA 级乡村旅游村。

大余县依托丰富的生态旅游资源，突出发展全域旅游，打造了以乡村旅游为重点的多元旅游产品。坚持"一乡一品"、差异开发，全县每个乡镇根据自身的产业特色和资源禀赋，打造了 2~5 个高品位乡村旅游项目，并以路串点、以路联景、整县推进，打造了百里乡村旅游长廊、古文化长廊和章江流域生态旅游长廊三条长廊。该县围绕打造生态文化旅游城市的目标定位，通过产业链、供应链和价值链重塑，组团融合发展，建设了以绿色生态型服务业为重点的现代幸福产业特色小镇，如丫山幸福小镇。其主要做法如下：一是深入实施"旅游 + 文化"战略，建设南方红军三年游击战争纪念馆、牡丹亭公园、道源书院和牡丹画院等文化设施项目，举办中国明史学会王阳明研究分会成立仪式，推进总投资达 30 亿元的阳明心学文化旅游长廊建设，致力于打造"中华心谷"。二是深入实施"旅游＋健康"战略，举办了首届全国百部房车露营大会、江西省群众登山健身大会等活动，并建设了 13 千米环山健康骑行健走步道、10 千米登山道等健身设施。三是深入实施"旅游＋养老"战略，投资 8.76 亿元建设了丫山康养中心、五福居养老康复中心和海欣养老中心等项目，形成了"旅游＋养老"综合产业体系。2016 年，丫山特色小镇作为大余县代表成功申报了省级和市级特色小镇，在其带动下，大余县接待观光人数 580.6 万人次，同比增长了 136.2%；旅游总收入 25.3 亿元，同比增长了 73.8%。大余县坚持"政府引导、企业主体、市场化运作"的运作模式，以县城投公司和旅投公司为运作责任主体，采取 PPP 模式打造特色小镇项目，同时，积极利用电商平台，建设线上全网营销，让游客体验特色小镇的风土人情，在线体验"吃住行、游购娱、疗养健"等项目。目前，该县共打造了 23 个各具特色的乡村旅游点，效果十分喜人，先后获评"中国最美绿色生态旅游名县""中国最美乡村旅游目的地"和"中国美丽乡村建设示范县"等称号，这些乡村旅游项目成为了大余特色小镇建设的基石和关键支撑。

3. 生态＋可持续战略性新兴产业

环保生产力是人们保护生态环境、维护生态健康、实现人类可持续发展的实际能力。环保生产力在自身发展进程中，其价值取向与生态文明建设的本质要求高度一致，是推进生态文明建设的有力抓手。赣南地区一手植绿，一手护绿，立足产业基础，挖掘资源特色，大力推进循环经济产业发展，努力培育新能源等战略性产业。

瑞金坚持发展新兴产业，同时注重利用科技改造和提升传统产业，积极培育新业态，不断优化产业结构。瑞金经济开发区被升级为国家级经济技术开发区，并列为全省循环化改造试点园区，瑞金电线电缆产业基地成为全省首个电线电缆产业基地，近年来，新增国家高新技术企业 12 家，战略新兴产业的比重突破 40%。全南县严格执行"绿色门槛"制度，建立了包括经济发展、资源节约和环境保护的考评体系，在引进江禾田园、广州纯品元和奥立美生物制药等绿色生态高端企业的同时，先后否决了 200 余个污染严重的招商项目，对高污染、不达标的企业进行了整改、关闭。于都县充分利用水、阳光和风等自然资源，发展节能环保新能源产业。在水电站方面，加快对小溪河流域现有水电站、梅江流域现有水电站和濂江流域现有水电站等流域中小水电站的改造。在太阳能方面，规划建设太阳能发电项目占地 75 万平方米，建设可调度式光伏发电和并网系统，设计装机容量 15 兆瓦。在风电方面，总投资 4.25 亿元的于都屏山高山风电项目运营状况良好，每年可为大约 8.5 万户家庭提供清洁电能，每年可节约标准煤 3.43 万吨。宁都县聚焦打造纺织服装时尚新城的目标，全力推进智造基地、面辅料市场、服装学校和水洗产业园等十大平台建设，大力引进纺织服装类企业 62 户，引进国内外自主品牌 89 个、ODM 品牌 76 个，是近 5 年招商项目的总和。纺织服装产业集群被评为"省级重点工业产业集群"，规模以上企业达 53 户，全产业产值超 300 亿元。大力发展绿色建材产业，加快推进于都杭萧钢构件产业基地和工程预制混凝土材料项目建设，完成绿色装配式钢结构标准厂房 102 万平方米，成为全市绿色装配式建筑试点县。大力完善工业固体废弃物处置等环保设施建设，加快对传统产业进行升级改造，加强工业企业的节能减排监管力度，严格排查，切实解决了生态隐患问题。

（二）生态治理当标杆

近年来，赣州市努力开展"治山理水，显山露水"工作，围绕生态文明试验区建设，着力推进山水林田湖草综合治理，努力实现生态与经济融合发展。赣南地区针对生态修复的难题，加大了施工力度。截至 2019 年 3 月底，赣州市山水林田湖草生态保护修复试点已开工的项目有 51 个，已完工的项目有 19 个，累计完成投资 113.87 亿元。截至 2019 年 10 月，赣州市累计投入了 130 亿元用于山水林田湖草生态保护修复，推动开工建设项目 57 个，试点目标任务基本或超额完成，成效显著。目前，赣州市完成的废弃矿山治理面积为 34.1 平方千米，占目标任务的 171%；完成的崩岗治理 4334 座，占目标任务的 93%；完成的低质低效林改造的面积为 299.25 万亩，占目标任务的 107%；完成的土地整治与土壤改良面积为 7.41 万亩，占目标任务的 165%（黄圣峰和刘燕凤，2019）。赣南地区的废弃矿山重披"绿装"，生态环境保护取得了极大的成效，秉承着"共抓大保护、不搞大开发"的原则，用赣南人民的笑脸印证着"绿水青山就是金山银山"的理念，探索出了一条条生态优先、绿色发展的新路子。

1. 废弃土地重披"绿装"

一是赣州市按照"宜林则林、宜耕则耕、宜工则工、宜水则水"的治理原则，统筹矿山治理、土地整治、植被恢复和水域保护四大类工程。市生态局成立专项整治工作领导小组，由市局主要领导任组长，分管领导任副组长，有关人员为成员，对各乡镇的各类生态环境修复工作进行指导、协调、督办。各乡镇应成立相应的整治工作领导小组，负责各类生产建设项目的监督工作，采取建挡土墙、截排水沟、修复边坡和恢复植被等措施，改善土壤质量，提高植被覆盖率；采用高压旋喷桩、建设梯级人工湿地、乔灌草相结合和针阔林相间等措施，削减氨氮含量，提升入河水质，使废弃稀土矿山环境得到全面恢复，曾经的"红色沙漠"都已披上"绿装"（姚健庭等，2019），昔日满目疮痍的废弃矿山现已花草遍地、绿意盎然。

二是探索"三同治"模式。按照系统修复的思维，探索出一套山上山下、地上地下、流域上下游同治的模式。通过种树、植草、固土、定沙、洁水和净流等生态工程和自然恢复措施，使昔日满目疮痍的废弃矿山得到全面恢复[①]。

三是改变单一的修复模式，积极创新全局修复治理模式。首先，与高等科研院所合作，对赣南地区的生态进行勘测和整体设计，探索整体修复、整体治理的生态修复模式。其次，科学划定修复空间；坚持贯彻"山水林田湖生命共同体"的理念与生态系统理念，摸清生态问题各环节之间的联系，并采用高科技分析各片区环境问题之间的联系，找出生态修复和保护的重点区域，突出次重点。最后，系统推进生态修复项目。2017 年，赣州市重点推进的 28 个项目，总投资 77.88 亿元，计划完成低质低效林改造 110 万亩、水土流失治理 718.68 平方千米、崩岗治理 3499 座（处）、废弃矿山治理 17.22 平方千米、土地整治 2.5 万亩、水肥一体化技术推广 2.5 万亩等。赣州市根据崩岗侵蚀的发展过程、规律和崩岗区水沙流动的特点，分别采取自然修复治理模式、生态修复治理模式和生态开发治理模式进行综合治理，发挥了其综合效益。

2."清河行动"治理污水

赣州市开展"清河行动"，采用高科技手段治理稀土尾水，如单双级渗滤耦合技术，为稀土尾水处理积累了经验，水环境得到了大大改善。崇义县财政划拨 5700 万用于污水处理，采用"兼氧 FMBR"膜技术和一体化污水处理设

---

① 奏和谐共鸣曲绘就生态新画卷——赣州市推进山水林田湖生态保护修复试点工作纪实 [EB/OL].[2019-05-23]. http：//www.ganzhou.gov.cn/c100024/2019-05/23/content_ca03235da572440bbb973fd3d0bf000c.shtml.

备,将传统污水处理(生化—沉淀分离—过滤—消毒—污泥脱水干化—污泥处置)的多个环节合并,实现了污水和有机剩余污泥的同步处理(郭小彬等,2018)。根据全省"清河行动"的安排,开展了 17 个专项"清河行动",经过全县人民上下的共同努力,该县的稀土尾水治理及其他水环境治理取得了巨大的成效。

3. 清洁型小流域美化环境

赣南地区积极开展小流域治理,对在河道内乱倒垃圾和渣土、乱采滥挖、违法搭建、非法设置入河排污口和破坏河道工程设施等违法行为展开专项整治,开展综合治理工作,做到治山、治水、治污"三治同步",推进治山保水、疏河理水、产业护水、生态净水、宣传爱水"五水共建",形成了独特的生态清洁小流域治理模式,促进了赣州全市河湖水生态环境状况的改善。生态清洁型小流域在水土保持综合治理的基础上,多措并举、综合施策,实现了小流域的环境改善,赣州市积极先行先试,统筹治山理水,科学推进全国水土保持改革试验区建设,闯出了生态治理的新路。近三年,赣州市累计治理小流域 101条,治理水土流失面积 1801.4 平方千米。治理后的小流域,变成了山清水秀、林茂果丰的生态之源、致富之源。

上犹县通过实施生态治理小流域项目建设,全力改善人居环境。近五年来,累计综合治理水土流失面积 171.8 平方千米,农村生活垃圾无害化处理率达 95.3%,生活污水处理率达 92.6%。同时,上犹县还将水文化融入到了项目建设中,通过设置水土保持文化长廊和水土保持工程示范点,全方位开展水土保持生态户外宣传,使生态清洁小流域建设的每处治理现场都充满了生态气息和水土保持文化氛围。

4. 生态补偿保障水源

建立生态补偿机制是保护环境、保障生态资源安全的必要条件,是破除发展"瓶颈",推进科学发展的有效举措。要建立东江流域生态补偿机制,使之真正实现向可持续发展的转变,就必须用生态理念统领经济社会发展全局,全面落实科学发展观,加快资源节约型和环境友好型社会建设,促进经济社会可持续发展、人与自然和谐发展、经济与生态环境的协调发展。建立生态补偿机制是实现富民安民,促进社会和谐发展的重要途径。由于生态保护区、水源保护区只能适度工业化,不适宜很多产业的发展,因此,迫切需要建立有效的生态补偿机制，让保护区的群众享受到保护环境带来的福利。

近年来，赣南地区积极探索多项生态修复策略，加强生态建设和环境保护，促进人与自然和谐共处。首先，巩固水源地退耕还林成果，推进绿化造林、封山育林和生态公益林建设，重点实施"一大四小"造林绿化工程，抓好交通要道、城区山头植树造林工作，大力发展速生丰产林等林业重点工程；维护林政秩序，加强动植物资源保护，严厉打击乱砍滥伐、非法捕鸟捕鱼等不法行为；坚持以生态为重，从长远发展出发，科学利用矿产资源，从严从快打击破坏生态环境的矿产资源开发行为；大力实施水土保持工程，加强河道采砂管理；全面推行生态环境保护责任制和责任追究制，坚决保护东江流域上游的生态资源。其次，加强基础设施建设，提高城市的污染处理能力，加强农村沼气、太阳能等清洁能源建设；落实节能减排政策措施，淘汰落后产能；严把污染企业准入关，严格控制高污染、高能耗企业的数量；加强对重点企业、重点行业以及农业面源污染的监管，严防环境污染事件发生。最后，保护饮用水源，保障城乡居民的饮水安全；努力发展低碳经济、循环经济和绿色产业；大力削减化学需氧量、二氧化硫排放量，努力形成"三低一高"（低投入、低消耗、低排放、高效益）的经济增长模式；支持工业企业的技术改造升级，努力实现废弃物的综合利用；加快新型建材和环保建材的推广应用。

通过流域生态补偿等措施，全面推进山水林田湖生态修复工作，取得了显著成效。赣州市与全省共建共享省域内生态保护补偿机制，获得东江流域生态补偿资金 13 亿元、省域内流域生态效益补偿补助资金 28.7 亿元，推动了东江和赣江源区的生态修复治理，从源头上保证了流域内的水质。在首轮试点取得良好成效的基础上，江西省与广东省正在协商建立多元化长效补偿机制，为源区开展生态环境保护与修复提供了保障。据统计，2018 年，赣州市已完成 60 个省级以上试点示范平台，全年有 13 个试点成果在省级以上推广。

（三）制度创新上做示范

制度建设是生态文明建设的核心。近年来，江西省委坚持贯彻习近平总书记视察江西时的重要讲话精神，大力推进生态文明建设，认真贯彻省委部署，先试先行。赣州市提出争当生态文明建设的排头兵，新理念、新政策、新举措不断破茧而出，在制度创新的道路上，赣州市先行快跑、大胆探索，闯出了不一样的精彩。赣南地区守护并建设好的绿水青山，筑牢了我国南方地区重要的生态屏障，形成了一批可复制、可借鉴、可推广的"赣州经验"和"赣州样板"。

1. 严格落实生态保护红线制度

江西省于 2015 年启动生态红线划定工作。2016 年 7 月，完成生态红线划定工作，印发了《江西省生态空间保护红线区划》，并向社会发布。全省生态空间保护红线总面积为 55239.1 平方千米，占全省土地面积的 33.09%。赣州市实行全域生态红线管控制度，严格落实生态保护红线制度、水资源红线制度和土地资源红线制度，为推进绿色崛起，赣州市坚守生态底线，确保生态红线划得下、能落地、守得住，红线区域约占全市土地面积的 32.1%。生态保护红线是一条实施严格保护的控制线，没有"浅红""深红"之分，原则上都按照要求进行管控。严格落实生态保护红线制度，是推动生态文明建设的有力保障。落实生态保护红线制度的具体措施如下：

一是严格划定湿地生态保护红线，大力推进湿地保护率逐步提升。2018年，全市湿地保护率增至 57.62%。依托本省重要的湿地及湿地公园、自然保护地和水源保护地等资源，赣州市不断完善湿地资源保护体系。截至目前，全市共建立国家、省级保护区 11 处，总面积 156.22 万亩，对全市的生态文明建设、野生动植物资源和水资源的保护具有重要作用。

二是严格落实耕地保护责任制度。赣州市严守耕地红线，加强"三线一单"环境管控，严把项目入园关，坚决落实环保一票否决制，建立污染企业停产治理、淘汰和退出机制，对不符合要求的坚决取缔。瑞金市立足于巩固和提升生态优势，把生态环境保护放在优先位置，以重大生态工程为抓手，着力加强生态保护和建设，深入推进"净空、净水、净土"行动，已划定的生态保护红线总面积达 977.24 平方千米，占全市土地面积的 39.92%，完成人工造林的面积为 12.6 万亩，完成封山育林面积为 1.35 万亩，森林抚育面积为 11.8 万亩，完成低质低效林改造面积为 5.01 万亩，完成矿山复绿面积为 183 亩，活立木总蓄积量为 697.5 万立方米，成功创建为省级森林城市和绵江国家级湿地公园（试点），赣江源成功列为国家级自然保护区，先后列为国家级水利风景区和国家级风景名胜区，生态优势进一步凸显，全市森林覆盖率达 75.6%。

三是大力加强饮用水的水源的保护管理。发源于安远三百山的安远水及发源于寻乌鸡笼嶂的寻乌水，与定南县的历市河一起，在此汇合后经九曲河流入广东龙川、注入东江贝岭水。为保护这一江清水，近年来，定南县先后投资10 多亿元，组织实施生态林建设、水土保持、生态环境预防监测等十余项工程，同时，实行三个"不批"和污染项目一票否决制度。

以安远县为例，为保护好生态环境，安远县制定了严格的环保政策，严守生态红线，严把企业准入关，拒绝引进有污染、能耗高等不利于环保的项目。企业在立项之前，必须通过环保部门的严格审批。对原来污染环境和资源消耗型企业进行整改或关停处理。同时，安远县还制定实施了最严格的生态环境保护制度，划定东江源生态保护红线，对 631 平方千米的东江源流域区和 292 平方千米的东江源头保护区进行全方位的保护，放弃对东江源区的矿产资源开采，对价值数亿元的森林资源实行全面禁伐。氧离子含量常年在 2 万个以上、最高时达 10 万个。

2. 完善责任体系

一是建立河长制。赣州市深入贯彻习近平总书记系列重要讲话精神，坚持"节水优先、空间均衡、系统治理、两手发力"的治水新思路，全面实行河长制，这是贯彻落实新发展理念的具体行动，是推进国家生态文明试验区建设的创新举措。赣州市政府把握河长制工作的一个核心，增强河长制工作的两项能力，明确河长制工作的三个方向；升级方式方法，建立"一河一档案"，加强"一河一监测"，实行"一河一对策"；升级治理力度，严格执法，加强不达标河流治理、农村垃圾清理、河道综合保护；升级综合保障，强化组织保障、经费保障、督查保障，扎实推进各项工作落实，为加快实现"同步小康、振兴发展"目标提供了优良的生态保障。

二是建立湖长制。赣州市在全面推行河长制的基础上，进一步实施湖长制。2018 年 6 月，赣州市正式印发《赣州市实施湖长制工作方案》，加强湖泊保护管理，实现湖泊功能的永续利用，为赣州争当国家生态文明试验区建设排头兵提供了有力的支持和保障。赣州市把湖长制作为生态建设的有力抓手，落实各级政府的河流管理责任，建立水陆共治、部门联治、全民群治的河湖保护管理长效机制，进而有效遏制了乱占乱建、乱围乱堵、乱采乱挖和乱倒乱排等现象，维护了河湖的生态安全，逐步实现了河畅、水清、岸绿、景美。

三是建立林长制。近年来，赣州市深入贯彻学习习近平新时代中国特色社会主义思想，突出林业特点，全面推行林长制。赣州市以建设全国集体林业综合改革试验示范区为契机，不断深化林业产权制度、国有林场等林业改革，全面推行林长制，持续增强林业发展的内生动力。自 2018 年 11 月《关于全面推行林长制的实施意见》出台以来，全市上下高度重视，主动作为，积极把林长制方案做实落细。方案提出，要结合赣州实际，通过全面实施湖长制，确保湖泊面积不缩减、水质不下降、生态不破坏、功能不退化、管理更有序。紧紧围绕"权责明确、保障有力、监管严格、运行高效"的林长制管理体系，构建了以市委和市政府主要领导担任总林长和副总林长的市级林长体系，县乡村组各级高度重视，层层部署，层层推动，扎实构建起了县乡村组林长体系。赣州市、县相继组建了林长办公室，为全面推行林长制提供了有力保障。据统计，全市共整合基层监管员2213人，聘请护林员12289人，其中，推行林长制后新增1825人，各地护林员的工资待遇普遍有所增加，如章贡区每月增加480元作为护林员绩效考核，初步实现了全覆盖的森林资源网格化管理（林长轩和曹建林，2019）。

3. 攥指成拳，综合治理

围绕解决关乎人民群众切身利益的大气、水、土壤污染及生态破坏等突出环境问题，赣州市建立健全生态环境保护的监测预警、督察执法和司法保障等体制机制，构建城乡一体、气水土统筹的环境监督管理制度体系，在综合治理上取得了极大进展。

一是成立生态综合执法局。2018年9月，江西省出台《关于全面加强生态环境保护坚决打好污染防治攻坚战的实施意见》，在全省大力推行赣州市生态综合执法改革的创新措施。并在赣州市率先设立了生态检察处和环资审判合议庭，而且还成立了生态综合执法局，攥紧了生态执法"铁拳"。截至目前，全市已有安远、大余和会昌等地成立了生态综合执法局，全新的生态综合执法模式在生态环境保护中发挥了积极作用。赣州市生态综合执法体制改革的典型案例值得深入学习。2016年4月，安远县成立了全省首个生态综合执法大队。大队由公安局、水利局、生态环境局、林业局等10个部门单位抽调的24名工作人员组成，与县森林公安局实行集中办公、统一指挥、统一行政、统一管理、综合执法。为了使生态环境保护做到不留死角、不留空白，该县整合了农村生活垃圾保洁员、河道管理员和森林防火员等公益性岗位的工作人员，全部聘为生态环境保护监督员，负责对村组山林、水土和河流等进行巡查，编织了一张村巡查、乡（镇）取证、县执法的"三位一体"生态环境保护网。有了这张网，就等于有了"千里眼"和"顺风耳"，使生态综合执法大队的执法行动又快又准。与此同时，该县出台了严格的生态保护措施——"三禁、三停、三转"，即禁伐、禁渔、禁采；停批、关停、叫停；转产、转型、转变。通过常态化的巡查和严格的"三禁、三停、三转"，有效地提升了生态环境的管护效率。在生态综合执法过程中，该县坚持山水田林湖"五元共连"，把坚持严格管山、坚持依法治水、坚持全面育林、坚持红线护田和坚持综合控湖作为一项连贯性的常规工作来做。安远县生态环境保护取得了明显成效，天蓝、水清、树绿、鸟飞的生态景观随处可见，逐步走出了一条山水相连、花鸟相依、人与自然和谐相处的生态之路①，先后获得了全国生态文明先进县、江西省首批生态文明示范县等荣誉称号。

二是实行严格的监督管理，加大生态执法力度。赣南地区建立了市、县、乡、村"两横一纵"四级网络化监督管理体系，做到横向到边、纵向到底、全面覆盖、责任到人。加强日常监督检查，重点检查未落实水土保持"三同时"制度、未及时缴纳水土保持补偿费等事项，对巡查中发现的问题，限期整改，督促落实。率先推行山地林果开发业主承诺制和部门联合审核验收的监督管理方式，破解山地林果开发的监管难题。通过水土保持社会监督奖励办法，发动群众力量进行监督。2018年两级检察院在生态环境行政执法部门派驻检察室36个，发出生态环境领域公益诉讼诉前检察建议172份。两级法院成立了环资审判合议庭或审判团队，审结环资案件294件。

三是建立联席会议制度。建立市水土保持工作联席会议制度，明确联席会议成员单位及各自的工作职责，形成市分管领导全力调度、各单位部门扎实推进的协同作战工作机制。联席会议实行召集人制度，市水利局负责召集人，根据工作需要召开联席会议，共同研究解决水土保持生态建设中遇到的具体问题。寻乌县将山水林田湖草试点项目列为县委主要领导领衔的重大改革项目，成立废弃稀土矿区治理工作领导小组和废弃矿山治理示范项目建设指挥部，建立联席会议制度，完善相关部门生态环境保护的具体职责，构建起党委领导的、职能部门各司其职的长效工作机制，确保调度有力、协作有序、治理有效。同时，整合执法力量和经费，成立生态综合执法局，有效破解了生态执法的职能交叉、责任交叉、多头执法等问题。

4. 增加领导干部的生态考核指标

2014年，赣州市全面推行科学发展分类考核，领导干部认真履行好保护环境的职责，把生态文明建设作为重要的政治任务，建立生态文明建设考核评

① 陈跃星，汪卫年，赖世春.天蓝地绿水青人和——安远县先行先试推进生态文明建设［EB/OL］.［2017-04-10］.http://jx.people.com.cn/n2/2017/0410/c186330-29993862.html.

价体系。赣州市建立了以"一办法、两体系"为基础的目标评价考核体系，将生态文明建设纳入高质量发展综合考评和市直部门绩效考评，树立了鲜明的绿色发展导向。

一是赣南地区将生态文明建设纳入国民经济和社会发展规划及年度计划，上层机关每年对下层机关定时进行考核，考核结果应当纳入政府绩效考核体系，并向社会公告。

二是强化考核问责责任体系。赣州市在全省率先实施生态文明建设领导干部约谈制度和生态环境损害责任追究制度，创新生态文明建设督查、考核办法，建立领导干部环境损害"一票否决"、约谈问责、终身追究"责任链条"，坚持用最严格的制度保护生态环境，决不以牺牲环境换取发展速度（吉言，2018）。2017年，中共赣州市委办公厅、赣州市人民政府办公厅正式印发了《赣州市生态文明建设领导干部约谈制度（试行）》，明确提出，对因贯彻上级决策部署不力，或违反生态环境和资源保护法律法规与政策，导致生态环境遭受破坏的各级党委和政府及其有关部门的领导干部开展约谈。对发生自然资源严重损毁和重大生态破坏、环境污染事件的地区，取消综合考核评优资格。

三是推进自然资源资产负债表编制。赣州市大力推进自然资源资产负债表编制，在负有自然资源资产管理和生态环境保护责任的负责人离任后出现重大生态环境损害的，根据生态环境损害结果及产生原因，结合自然资源资产的离任审计结果，依法追究责任，实行终身追责。2018年，兴国、于都和崇义等八个县列入自然资源资产负债表编制试点。崇义和安远积极开展领导干部自然资源资产离任审计试点，其他各县（市、区）组织完成乡镇的自然资源资产离任审计工作。强化监督引导，开展农村生活垃圾治理；创新监督方式，引入第三方监督，与新闻媒体合作，采取县县必到、曝光为主的方式，先后四次深入各县（市、区）开展暗访督查，在全市有关会议上播放曝光，形成了强大的警示效应（吉言，2018）。

四、赣州市落实生态试验区排头兵的成效

在市委、市政府的正确领导和省厅的关心支持下，赣南地区深入贯彻学习党的精神和习近平生态文明思想，坚决贯彻落实省委、市委关于生态环境保护的决策部署，以改善环境质量为核心，全力以赴打好污染防治攻坚战，有效保障了全市的生态环境安全，解决了一大批长期想解决而未解决的环境问题，全

市环境质量不断巩固提升，生态环境工作取得了显著成效，为打造美丽中国"赣州样板"做出了积极贡献，在落实生态试验区排头兵方面取得了优异的成绩。赣州市生态环保局先后在全省环境信访培训班、全省三季度大气污染防治工作总结暨秋冬季大气污染防治调度会和全省生态环境宣传工作会议上做典型发言，全省污染源普查和辐射应急演练会在赣州市举行。在 2018 年底召开的中国生态文明论坛南宁年会上，崇义县被生态环境部授予"国家生态文明建设示范县"称号，填补了赣州市空白。在落实生态文明试验区排头兵的过程中取得的成效主要表现在以下几个方面。

（一）环保督察工作成效显著

一是借力中央生态环境保护督察解决了一批难题。困扰赣州近半个世纪的稀土开采污染问题正在逐步解决，累计修复治理废弃稀土矿山 90 余平方千米，建成尾水处理站 5 个，治理成效得到了中央生态环保督察组的肯定。二是全面提升全市环保督察整改工作的水平。市委办、市政府办印发了《关于进一步加大中央环保督察反馈问题整改力度全面提升整改工作水平的通知》，坚持落实问题整改督导调度和销号制度，推进各个问题的整改，对阶段性整改工作进展滞后的县（市、区）和相关企业下发督办函，约谈整改滞后的县（市、区）政府。中央生态环保督察转办信访件 368 件，其中，属实的 297 件，"已解决或基本解决的 219 件，正在解决的 78 件"；反馈问题 17 个，全部制定了整改方案，落实了整改责任，明确了时限要求。特别是瑞金万年青水泥公司和赣县红金工业小区的污染问题整改及稀土尾水站建设的加快推进（张庆云，2018）。三是全面配合省生态环保督察及问题整改。2018 年 11 月 30 日至 12 月 24 日，省第三环境保护督察组进驻赣州，对赣州进行为期一个月的环保督察。市整改办发挥总协调的作用，组织召开了全市省环境保护督察工作调度会，成立了赣州市配合省环境保护督察协调联络组，全力迎接省环保督察工作。在省生态环保督察期间，共收到转办信访件 829 件（其中，重复投诉的有 202 件，合并后为 627 件），均全部办结，其中，责令整改 568 件，关停取缔 27 家，立案处罚 51 件，行政拘留 10 人，约谈 155 人，问责 8 人。

（二）污染防治攻坚初战告捷

一是蓝天保卫战取得阶段性胜利。近几年，蓝天保卫战力度之大、措施之严、投入之多、前所未有，特别是克服了工地多（在全省设区市中最多）、地形不利于污染物扩散等因素的影响。实行中心城区"7×24"全天候巡查，对1000余家建筑工地采取"休克疗法"和开复工验收制度，每月洗城次数达到3次，仅80余万平方米的裸土就投入了2000余万元，餐饮油烟净化设施的安装率超过了80%，章贡区和赣州经开区累计安装的油烟净化设施超过了4200台，中心城区累计处罚混凝土企业、独立水泥粉磨企业和砖瓦窑企业三大行业的大气污染违法行为超过700万元。赣州市严格落实治污法规，加强空气污染治理。依法禁止露天焚烧，加强对秸秆焚烧的管控等。由于一系列措施的实施，截至2018年12月31日，赣州市中心城区的PM2.5和PM10的平均浓度分别为39μg/m³和64μg/m³，比2017年同期下降了17%和12.5%，空气优良天数的比例达87.4%，比上一年同期上升了3.1个百分点，实现了"双降一升"，圆满完成了省政府下达的每立方米PM2.5在43微克以下的任务。二是水环境质量保持全省前列。全力开展水体消劣工作，对列入全省消劣任务的5个断面（瑞金新院、全南上江村、龙南龙头滩电站、定南高车坝、定南志达电站）进行重点治理，共开展治理工程项目22个，目前，5个断面的水质均好于劣Ⅴ类，全面完成了省政府下达的目标。中心城区的5个黑臭水体已全面完成整治工作。对全市县级及以上饮用水源地进行过点式监督检查，自查发现的74个问题已全部完成整改，全市已有的21个城市集中式饮用水源已完成保护区划定和规范化建设。赣州市中心城区、宁都县、安远县、瑞金市、寻乌县和会昌县6个县（市、区）建成应急备用水源。2018年，全市水环境质量保持稳定，纳入国家考核的13个地表水断面水质优良率（达到或优于Ⅲ类）为98.07%，高于国家考核目标（84.62%）13.45%；22个省考断面水质优良率为95.45%，高于省级考核目标（86.36%）9.09%；县级及以上城市集中式饮用水水源的水质达标率为100%。三是土壤和固体废弃物的防治成效显著。布设农用地详查点位2545个，采集土壤样品3909个、泥样品300个，对其进行检测，并编制完成《赣州市土壤和重点流域底泥重金属调查与污染评价报告》。启动全国土壤环境管理信息系统，建立赣州市疑似污染地块名单，确定97家土壤环境重点监管企业，完成土壤重点监管企业用地的监测和16家工业园区周边土壤的监测。全面推广固体废物信息管理系统，建立以库存管理、电子联单为关注节点的危险废物环境监管体系，实现对危险废物的产生、贮存、转移和处置的全过程监管。全市土壤环境质量不断改善，未发生涉及土壤的环境事故。

（三）生态环境建设有序推进

一是切实做好生态补偿试点工作。自补偿机制建立以来，充分运用中央和章贡、粤两省的生态补偿资金，推进东江流域的综合治理，环境效益逐渐显现。2018 年东江流域跨省出境水质 100% 达标，年均值在Ⅲ类以上。

二是生态创建工作取得了较好的成绩。2018 年，崇义县成功创建了国家生态文明建设示范县，全南县成功创建了省级生态县。崇义君子谷野生水果世界成功创建了国家环保科普基地（原国家环保部和科技部联合授牌）。赣州阳明湖水源被授予"中国好水"的荣誉称号。赣州中学荣获"国际生态学校"称号。全市已累计创建国家级生态县 1 个、生态乡镇 11 个、生态村 1 个，省级生态县 1 个、生态乡镇 95 个、生态村 125 个，市级生态村 1519 个，创建的个数和比例均位于全省前列，2018 年新增的森林类荣誉称号如表 2-10 所示。

表 2-10　2018 年赣州市新增森林类荣誉称号

景点或单位	称号
大余县	"全国森林旅游示范县"
崇义阳明山国家森林公园	"中国森林养生基地"、第二批"省级示范森林公园"
龙南县石斛谷	"中国森林养生基地"
崇义县阳明湖国家级森林公园	第二批"省级示范森林公园"
章贡区花田小镇 （赣州市景泰生态农业开发有限公司）	"省级森林体验基地"
大余县丫山 （大余章源生态旅游有限公司）	"省级森林养生基地"

资料来源：赣州市人民政府网。

截至目前，赣州市共建有省级以上的森林公园、风景名胜区和湿地公园 62 个，其中，森林公园 31 个、风景名胜区 11 个、湿地公园 20 个，基本资料如表 2-11 所示。

表 2-11　2019 年赣州市省级以上森林公园、风景名胜区和湿地公园情况

	森林公园	风景名胜区	湿地公园
总数量（个）	31	11	20
总面积（公顷）	149127.92	104147.09	33893.53

续表

	森林公园	风景名胜区	湿地公园
国家级数量（个）	10	3	13
国家级面积（公顷）	121019.08	46617.45	31338.72
省级数量（个）	21	8	7
省级面积（公顷）	28108.84	57529.64	2554.81

资料来源：赣州市人民政府网。

其中，省级以上风景名胜区的情况如表 2-12 所示。

表 2-12　2019 年赣州市省级以上风景名胜区简介

名称	简介
上犹阳明湖	上犹阳明湖，原名陡水湖，是氧气天堂。水域面积 3100 万平方米，蓄水量 8 亿多立方米，森林面积 34 万亩，陡水湖北岸兴建的珍稀树木森林岛——赣南树木园，是世界珍稀濒危保护植物的"呵护岛"。与树木园毗邻的是古木参天的民俗风情岛。上犹阳明湖保存着几百年前的"扇形屋坊""九厅十八井"等大屋大厅，被称为"赣南明珠"
崇义阳明山	崇义阳明山位于崇义县县城南郊，是一座以森林资源为主体的自然景观，公园总面积 6889.8 公顷，森林覆盖率达 96.8%，最高处海拔为 1259.5 米，是中国空气负离子浓度值最高的风景旅游区，空气负离子的平均浓度为 9.6 万个 / 立方厘米，最高值在兰溪瀑布，高达 19 万个 / 立方厘米，是江南面积最大、物种最多、原始生态保护最好，离县城中心最近的生态旅游风景区，有"江南绿色宝库"和"天然氧吧"之称。其主要景点有中华绿谷小广场、阳明湖、兰溪沟谷雨林、兰溪瀑布、十万亩竹海、云隐寺、摩天云梯和阳明山（原名为阳岭）之巅等
上犹五指峰	五指峰位于江西省赣州市上犹五指峰乡，五指峰天造地就，五指矗立，直插云霄，以险、峻、雄而闻名。最高峰海拔 1607 米，境内生态环境良好，土壤肥沃，呈微酸性，通透性好，是种植优质高山生态有机茶的好地方。拥有广阔的次生林区、原生森林区和竹林山地。除森林、竹景外，五指峰有众多奇峰异石，山间云雾飘移，壑谷深幽，状为人之五指，形如天际神柱的五指峰，比海南的五指山更形象、更生动，令人叹为观止。在五指峰四周有鹰盘山、花岗岩石林、奇石怪崖、峡谷漂流、盘古飞石、五奇石和将军石等 50 余处山石景观，这些景观形神兼备、惟妙惟肖。区域内的热水温泉，水温 42 度，宜于理疗沐浴
大余梅关	大余梅关坐落在江西赣州市大余县梅关镇与广东韶关市南雄市区之间的梅岭顶部，顶部距南雄市区 30 千米，两峰夹峙，虎踞梅岭，如同一道城门将广东和江西隔开。梅关的隘口台岭路是唐朝开元四年（公元 716 年）丞相张九龄主持开建的，路基宽约 5 米。大余梅关是"岭南第一关"，也是沟通亚洲内陆"丝绸之路"与海上"丝绸之路"的纽带，"庾岭红梅"——南枝花落、北枝始开的奇景，有"梅国"美称。梅关古道设于秦朝，后来关楼为战争所毁，所以从汉至唐，梅岭只有"岭"之称，而无"关"之名。顺山而行，一道雄关横亘眼前，这就是著名的南粤雄关。这道雄关虎踞梅岭，如同一道山门将广东和江西隔开。南雄的县名也与梅关有关。站在关口，能够俯瞰江西大余县。梅岭诗碑林也是一道亮丽的风景线

续表

名称	简介
龙南九连山	顾名思义，九连山上山峦起伏，连绵不绝，植被覆盖茂密。山上林海莽莽，森林覆盖率达90％，是亚热带低纬度、低海拔常绿阔叶林的天然储藏地。这里不仅是国内外专家关注的地方，也是大众向往的地方。九连山的四季有不同的特色和美丽，春天，山花烂漫，鸟语花香；炎炎夏日，这里又是避暑清凉的圣地；秋天，层林尽染，硕果累累，你可以体会到自然的恩赐，品尝收获的喜悦；冬天，伴随着候鸟的欢歌，给整个冬季带来了生机。踏上弯曲的山路，能尽览两岸的山水长画，享受大自然之美丽。九连山融森林景观、人文景观、客家风情于一体，进入九连山，你就从繁嚣的城市到达了一个安宁、极富特色的"世外桃源"。原生性的常绿阔叶林密布，古老孑遗植物繁多，素有"动物乐园""绿色宝库"和"生物资源基因库"之称，是国内外专家学者考察研究的理想场所，也是人们休闲度假、旅游观光及科普教育的理想之地
宁都翠微峰	翠微峰原名金精山，因翠微主峰名盖旧称，人们便将整个景区称为翠微峰。它形成于7000多万年前的早白垩世中晚期，山峰陡峭，道路崎岖。景区东面是龙虎山风景区和三清山风景区，南面为汉仙岩省级风景名胜区和九连山自然保护区，西边有井冈山国家级风景名胜区和青原省级森林公园，北边是庐山风景区和梅岭国家森林公园。翠微峰位于宁都县城西北5千米处，景区面积20余平方千米，总面积78平方千米，海拔多在250~500米。以"金精十二峰"为中心，集险峰、奇岩、幽洞、秀水于一体。翠微峰，险峻秀丽，仅一石缝供单人攀上山顶，惊险刺激。翠微主峰之所以最具特色，是因为它独特的自然景观，地形险要，登峰只有一条天然裂缝为路，裂缝最窄处仅容一个人攀爬，没有一定胆量的人是不敢轻易攀登的。该地以奇特丹霞红层地貌著称，是道教第三十五福地，集风景、文化、宗教于一体的千古名山
会昌会昌山	会昌山原名明山、南山、岚山，俗称岚山岭。坐落在会昌县城西、贡江北岸，与老城区仅一水相隔，是会昌县城西北隅的天然屏障，海拔400.1米，是周恩来、朱德等老一辈革命家工作和战斗过的地方，在中共军事史上占有重要的地位，被称为"军旗飘扬的地方"
信丰金盆山	江西金盆山国家森林公园位于江西省信丰县境内，森林公园总面积为5981.95公顷，森林覆盖率高达97.1%，大气污染物含量少，优于国家大气一级标准，负氧离子含量高且细菌含量较低，形成了天然的氧吧，全境面积约1.05万公顷。2014年2月10日，由原国家林业局批准设立，并正式定名为"江西金盆山国家森林公园"，金盆山区是赣南客家人较早的聚居地之一，有三月烟笼、五月云带、晓前曙光、暝日夕阳、晴霞五色、夜月双辉、绿海奇峰、玉湖倒影、龙甲生云和飞泉玉液十景。金盆山春夏流泉飞瀑，秋天杜鹃绽放，公园内自然景观优美，山体险峻，溪流密布，是理想的避暑游览胜地，也是自然生态旅游的好去处，有"赣南小庐山"之美誉。公园内野生动植物资源丰富，极具保护价值，被誉为"动植物的天然基因库"
安远三百山	三百山国家风景名胜区是国务院公布的第四批国家级风景名胜区、国家AAAA级旅游景区、三百山国家森林公园和全国保护母亲河生态教育示范基地，也是粤、港居民饮用水东江的源头。三百山规划总面积137.6平方千米，由东风湖、九曲溪、福鳌塘、仰天湖、三叠潭五大景区及虎岗温泉、东生围两大景点共计165处景观组成。安远三百山森林覆盖率达98%，负离子含量最高达7万个单位。源头群瀑、三百群峰、峡谷险滩、高山平湖、原始林海、火山地貌堪称"三百山六绝"，拥有福鳌塘、蝴蝶大峡谷（九曲溪）、东风湖、仰天湖和尖峰笔五大游览区域，由百余处自然和人文景物、景观组成。三百山动植物资源十分丰富，空气中负离子浓度极高，年均气温15.1℃，夏季平均气温23.3℃，被誉为"天然氧吧"和"避暑胜地"

资料来源：百度百科、赣州市人民政府网。

三是农村环境综合整治成效显著。2016~2018 年，充分运用国家支持的中央财政专项资金，在全市开展以生活污水治理、生活垃圾整治、农村饮用水安全为重点的农村环境综合整治。共建设 345 个污水生活处理点，有效缓解了农村污水乱排放的问题；建设 43 个垃圾中转站、1308 个垃圾中转箱，购买 3110 辆垃圾收集车、239 辆垃圾转运车、240438 个垃圾桶，成立了农村保洁队伍，项目实施区域的生活垃圾定点存放清运率基本达到了 100%，无害化处理达到了 80%，农村生活垃圾处理成效明显。

四是"绿盾"专项行动推动有力。扎实开展了"绿盾 2017""绿盾 2018"赣州市自然保护区监督检查专项行动，配合相关部门开展了自然保护区问题大排查、大督察、大整治行动，生态保护重点区域建筑物清理排查工作，多项行动共同推进自然保护区内的问题排查与整改。经排查，赣州市国家级和省级自然保护区共有问题 197 处，已完成整改 123 处，完成率为 62.4%，整改工作取得了阶段性进展。组织人员完成省级以上自然保护区的科学考察和总体规划编制，在保护区内设置界碑、界桩、宣传牌和警示牌等，基本明确了省级以上自然保护区的边界和功能区划。

五是生态红线划定工作顺利完成。根据《关于全面加强生态环境保护坚决打好污染防治攻坚战的实施意见》，赣州市生态红线面积占全市国土面积的 33.2%，占比排江西省第三。

(四) 高质量发展水平进一步提升

一是老区振兴工作再创佳绩。2018 年共争取上级生态环保资金 24 亿元，已连续三年争取到了超过 20 亿的上级资金，其中，省级流域生态补偿资金 12.84 亿元、东江流域生态补偿资金 6 亿元、农村环境综合整治资金 4 亿元，中央下达给江西省的生态环保资金约 70% 落在了赣州。充分利用上级环保资金，加快推进项目建设。2018 年先后开展了 2 次专项督查，给建设滞后的 7 个县（市、区）政府下发了督办函，新增完工项目 75 个，新增投资 16.48 亿元。二是环境准入管理更加严格。实施排污许可制管理，完善排污许可管理体系，对全市的固定污染源开展清理整顿，全面启动了赣州市长江经济带战略环评"三线一单"编制工作，对全市的生态保护红线、资源利用上线、环境质量底线和环境准入清单进行全面调查评估，形成初步编制结果。严格执行项目环评审批制度，从源头上控制环境污染。三是"放管服"改革更加深入。医疗废物处置中心项目、小型有色金属矿产采选项目等一系列建设项目的环评审批权限正在履行下放程序。将省级环评专家纳入赣州市环境影响评价专家库，提升环评审查审批承接能力。推进网上审批备案、预约办理等服务，实现政务服务事项精准化供给，2018年，网上平台共办理2228件环评备案手续，占环评备案总数的72.3%。

（五）环境基础设施建设大大提升

中心城区污泥无害化处置项目和赣州市生活垃圾焚烧发电厂（一期）项目建成并投入运行，建成了12个国家地表水考核断面水质自动监测站，自筹资金建设了13个地表水水质自动监测站。全市113家规模以上入河排污口安装自动监测设备。全市16个省级以上工业集聚区污水处理设施全部建成联网。目前，还有餐厨废弃物资源化利用和处理中心、建筑垃圾资源化利用处理场、瑞金和信丰垃圾焚烧发电厂等一大批环保基础设施项目正在建设。

（六）环境执法监管能力进一步增强

一是环保执法持续保持高压态势。开展了环境监察执法零点行动和十大专项行动，对环境违法行为形成震慑。2018年全市共立案查处环境违法行为520起，处罚金额4840.0494万元，超出上年1313万元，数额为历年最多；办理环保法四个配套办法案件259件，其中，查封扣押182件、限产停产38件、移送行政拘留31件（拘留27人）、移送污染犯罪刑事拘留8件（拘留6人）。二是环保机构垂改有序开展。召开全市环保机构垂直管理制度改革工作动员部署会，成立赣州市环保机构垂改工作领导小组，组织开展全市环保垂改工作情况专题调研，形成全市环保机构及编制情况摸底核实工作台账，完成《江西省环保机构监测监察执法垂直管理制度改革实施意见》《江西省深化生态环境保护综合行政执法改革实施意见》以及市环保机构"三定方案"的起草工作。三是辐射安全监管水平提升。成功举办了"平安赣州—2018"辐射事故联合应急演习，得到了生态环境部核与辐射安全中心、国家核安全局华东核与辐射安全监督站、省厅和市政府的肯定。

五、赣州市落实生态试验区排头兵的启示

为实现赣南老区生态文明建设的目标，赣州市深入贯彻党的十九大和党的十九届二中、三中、四中全会精神，深入推进国家生态文明试验区建设，坚持

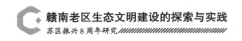

先行先试。

（一）领导重视，定位长远

生态文明建设在"五位一体"战略布局中最特殊，既是一个独立的战略部署，又是与其他各方面建设深度融合的战略抓手，是集发展观、政绩观、价值观于一体的重大战略。赣南地区坚决贯彻落实习近平生态文明思想和中央、省关于生态文明建设的各项决策部署。赣南各部门高度重视，坚持问题导向，坚决打好污染防治攻坚战，深入贯彻党的精神，认真落实党中央、国务院和省委、省政府关于生态保护的决策部署，牢固树立"绿水青山就是金山银山"的理念，站在讲政治、讲大局的高度，深刻领会全面保护湿地对于加快构建生态文明体系、维护区域生态安全、满足人民日益增长的优美生态环境需求的重要意义。赣南地区不断强化责任担当，领导高度重视，各部门坚持守土有责、守土尽责，扛起防范化解重大风险的政治责任，有力地推进国家生态文明试验区建设，进一步筑牢我国南方地区重要的生态屏障，这是实现新时代赣南老区生态文明建设的前提。

（二）科学规划，主动作为

谋定而后动、蹄疾而步稳。生态文明建设是关乎中华民族永续发展的根本大计，是一项系统性工程，因此，必须站在大局、全盘的角度，以长远发展的眼光思考解决当前问题的办法。赣南地区紧紧围绕党的政策方针，坚持生态优先、规划引领，确保生态文明建设不断朝着绿色发展、精细化发展的方向前进。立足实践，做好规划引领，保持定力，既抓住机遇紧密对接，又奋发有为，全面践行"绿水青山就是金山银山"的理念，着眼长远，务实求变、务实求新、务实求进，将规划变为现实，持续加快生态文明建设，主动作为，有效促进了新时代赣南生态文明建设目标的实现。

（三）先试先行，勇于创新

赣南地区在绿色发展道路上勇于创新，将"生态＋"理念融入产业发展的全过程，加速把生态优势转化为经济优势。抢抓机遇，先行先试，争当老区振兴发展排头兵，确保老区人民早日过上更加富裕、幸福的生活。紧紧抓住《若干意见》的有利契机，以更大的决心、更强的力度、更有效的举措，在山水林田湖草综合治理、农村人居环境综合整治、构建生态文明制度上创造经验，努力打造生态文明建设的"赣州样板"。把"绿水青山"转化为"金山银山",走出一条"借绿生金"的绿色发展新路子,这是赣南地区生态建设取得良好成效的关键所在。

赣南老区不忘初心,牢记使命,各县区贯彻落实生态文明建设的各项决策部署,结合自身优势,形成了各具特色的"县区样板",打造出了一系列"赣州经验",为其他地区的生态文明建设提供了借鉴,具体的实践研究将在下一章展开。

第三章

赣南老区生态文明建设的实践研究

第一节　赣南老区生态文明建设的重点领域（工程）分析

习近平总书记指出，绿色生态是江西最大财富、最大优势、最大品牌，一定要保护好，做好治山理水、显山露水的文章，走出一条经济发展和生态文明水平提高相辅相成、相得益彰的路子。

江西是我国著名的革命老区，是我国南方地区重要的生态安全屏障，面临着发展经济和保护环境的双重压力。深入贯彻落实习近平总书记和李克强总理的重要指示批示精神，在江西建设国家生态文明试验区，有利于发挥江西的生态优势，使绿水青山产生巨大的生态效益、经济效益和社会效益，探索中部地区绿色崛起新路径；有利于保护鄱阳湖流域作为独立自然生态系统的完整性，构建山水林田湖草共同体生命，探索大湖流域保护与开发新模式；有利于推动生态文明共建共享，探索人与自然和谐发展的新格局。

生态文明建设是指人类在利用和改造自然的过程中，主动保护自然，积极改善和优化人与自然的关系，建设健康有序的生态运行机制和良好的生态环境。生态文明建设是中国特色社会主义事业的重要内容，关系着人民福祉与民族未来。赣南老区作为革命老区，在一系列国家重大政策的帮扶下，在一些重点领域推动了生态文明建设，取得了重大进展和积极成效，但同时也存在一些问题。生态文明建设具有十分丰富的内容，涵盖生态环境、生态经济、生态文化和生态意识等各个方面。本书结合江西省赣南老区的实际情况，将重点领域划分为构建新型生态经济、构筑宜人居住环境和建设良好生态环境三大领域。

下面将对这三大领域展开分析。

一、贯彻绿色发展理念，构建新型生态经济

"绿色"是五大新发展理念之一，是永续发展的必要条件。绿色发展，就是要解决好人与自然和谐共生的问题，要坚定走生产发展、生活富裕、生态良好的文明发展道路，加快建设资源节约型、环境友好型社会，形成人与自然和谐发展的现代化建设新格局，推进美丽中国建设（屈建国，2012）。因此，将绿色发展理念作为构建生态经济的指导理论，对助力赣南老区早日实现绿色循环低碳发展具有重大意义。赣南老区各县市的发展大多以工业与旅游业为主，推进工业生态化与生态旅游的发展是实现赣南老区工业与旅游业可持续发展的有效途径，更是构建赣南老区新型生态经济的必由之路。

（一）工业生态化项目

自《国务院关于支持赣南等原中央苏区振兴发展的若干意见》（以下简称《若干意见》）实施以来，赣南老区在交通新能源的基础设施建设方面突飞猛进。2015 年赣南老区启动了"主攻工业、三年翻番"工作计划，工业得以迅猛发展，成效显著。随着生态文明建设的不断推进，赣南老区实施了向工业生态化发展的一系列重要举措，主要包括大范围推广节能减排燃料的使用、大力促进废弃电器回收拆解及资源循环利用、积极开发与使用清洁材料和着力打造大型环保产业园区等方面。

1. 大余县的废电器回收拆解及资源循环利用项目

大余县占地面积 75 亩，新建厂房、仓库、办公及生活设施等建筑的面积为 42003 平方米，每年拆解处理以及循环利用的废旧电子电器产品约 55.8 万吨，废金属、废塑料 12 万吨，覆铜板 6 万吨，废钢铁 6 万吨。

该项目的主要原材料为废旧电子电器产品、废金属、废塑料、覆铜板和废钢铁等，可从国内购进，供应有保证。项目选址在工业园，场地平整，具备通水、通电和排水等配套条件。园区位于 323 国道旁，赣韶高速公路已通车，沿高速行驶 3~4 小时可达广州、深圳，1 小时可达赣州。该项目可安排就业 1000人。并且，该项目属于国家发展改革委《产业结构调整指导目录（2011 年本）修正版》鼓励类项目，可以享受国务院振兴扶持政策。

2. 寻乌县的柑橘皮制环保涂料项目

寻乌县建设生产厂房及附属设施，购置所需生产设备，用原材料脐橙蜜桔制作环保涂料。寻乌县全县共拥有脐橙蜜桔 50 多万亩，脐橙产量占赣南地区脐橙总产量的 1/3 左右，能够充分满足项目建设的需要。

项目全部建成后，年销售收入 7.5 亿元，税后年利润为 8589.04 万元，动态投资回收期为 4.34 年（含 1 年建设期）。

3. 定南县的新能源汽车零部件生产线建设项目

定南县在工业园开展新能源汽车零部件生产线建设，全面执行国家西部大开发政策。定南县工业园是省级生态工业园，园区内水、电、路和通信等配套设施完善，县内设有公路口岸作业区；地处珠三角 3 小时经济圈，地理位置优越。定南县建造新能源汽车对绿色发展具有一定的作用。

（二）生态旅游项目

赣南老区有着许多尚未开发的自然风景景观，这些天然资源的保护和利用，将有力地促进赣州市经济社会的可持续发展，成为发展低碳经济的重要途径之一，真正实现富裕一方百姓。要充分发挥赣南老区丰富独特的旅游资源优势，突出红色、生态、山水和"饮水思源"（红色摇篮、三江源头、客家、江南宋城、七里瓷）品牌，推动文化与旅游的深度融合，着力打造色彩飞扬的生态文化休闲旅游目的地，大力发展现代旅游业。以大余县丫山风景区和上犹县梅岭嶂生态休闲农业园项目为例：

1. 大余县的丫山景区建设项目

丫山，地处江西省的西南端，位于大余县城东 10 千米处，因最高峰双秀峰呈"丫"字形而得名。丫山景区占地 30000 余亩，逐步形成了以乡村体验、生态农业、峡谷观光、竹海休闲、佛教朝圣、国学教育、艺术创作和户外运动等为特色的生态度假、健康养生胜地，被冠以"国家 AAAA 级景区""江西省首个 AAAAA 级乡村旅游示范点""国家全民户外活动基地""国家森林公园""中国传统文化养生基地"和"国家登山基地"等称号。

该景点在规划建设中，按照"景区＋党组织＋专业合作社＋基地＋农户"的运作模式，为大龙山村全村 48 户 172 人提供了全新的稳定收入来源，探索出了一条发展乡村旅游、促进群众增收的旅游发展新途径。农户主要从七个方面获得收益：一是土地流转收入。景区建设共流转大龙山村及其周边共 30 户农户的 129 亩农田，每亩年收益 500 元左右，户均年增收 2000 元左右。二是林地流转收入。景区共流转 21 户农户的 926 亩林地，每亩年收益 18 元，户均年收入 1000 元左右。三是建设施工收入。自景区规划建设以来，累计提供了 500 多个施工岗位，吸纳了 200 多人参与建设，每人每天收入不低于 80 元。景区平时还要进行设施维修，年累计提供 50 个施工岗位。四是景区岗位收入。景区吸纳户成为景区的工作人员，人均月收入 2200 元左右。五是农家旅馆收入。农户共计78 户，由丫山景区提供住宿设施，镇政府进行民房装饰，以每间每天 100 元的价格，长年为游客提供整洁干净的农家旅馆，户均年增收在 1 万元以上。六是农家餐馆收入。景区周边有农家乐 11 家，老板均为周边农户，为当地提供了 70 多个就业岗位，人均月收入在 2200 元以上。七是农产品销售收入。景区创造的良好市场，惠及周边 260 多户农户，农户可以在景区售卖青梅、杨梅等特产小吃和竹工艺品及旅游小商品，为度假酒店和农家餐馆提供生猪、鸡、鸭、鹅和青菜等农产品，通过多种途径获得收入。丫山风景区既有力拓展了旅游发展的新途径，又成为了推动乡村生态旅游的标杆，值得其他县市学习。

2. 上犹县的梅岭嶂生态休闲农业园项目

之所以在上犹县油石乡开展梅岭嶂生态休闲农业园项目是由于上犹县休闲农业已经起步。这是旅游业发展的一个新方向，有助于生态保护和环境优化，能加速传统农业向现代新型农业的转变，引导和推动上犹县的农业结构调整。上犹县打造集种植、养殖、展示展销、观光体验、休闲度假、科技支撑、文化挖掘和互联网＋私人订制茶园为一体的新型乡村农旅综合体。园区建成后，每年可接待游客 10 万人次以上，旅游收入超过了 0.2 亿元。同时，园区在建设中将精致农业、生态农业和高效农业的理念和技术融入其中，促使农民增收，减少农业投入品对环境的污染，打造集生产、休闲、观光和旅游为一体的城市后花园。

二、强化城乡环境综合整治，构筑宜居环境

近年来，赣州市把开展城乡环境综合整治作为推进生态文明建设、改善人居环境、决胜全面小康的重要抓手，经过几年的综合整治，城乡环境得到了

明显改观。近年来，赣州市出台了《赣州市城镇园林绿化提升专项行动工作方案》《赣州市第一批新型城镇化示范乡镇建设实施方案》《赣州市推进城镇老旧小区改造实施方案》等一系列政策，积极开展城乡环境综合整治工作，不断加强力度、拓展广度、丰富内容，始终坚持问题导向，以整治城乡环境"脏、乱、差、堵、污"问题为重点，坚持广泛动员，全民参与，全力推进，以"钉钉子"的精神，纵深推进赣州市城乡环境综合整治工作，构筑宜居环境。

（一）农村环境综合治理项目

为加快推进农村环境连片综合整治工作，赣州市编制了《赣州市农村环境连片综合整治实施方案》（2015—2020 年），在"十三五"期间分批实施，实现县域全覆盖，重点解决农村生活污水、生活垃圾和畜禽养殖污染等问题，最大程度地发挥项目的生态环境效益、经济效益和社会效益。赣州市也将加快农村环境整治步伐，改变农村环境的落后面貌，推动乡村振兴发展（刘姗、郭东阳，2019）。

（二）农村水电增效扩容改造项目

农村水电是农村经济发展的重要基础设施，是山区生态建设和环境保护的重要手段。实施农村水电增效扩容改造工程有利于提升水电站的发电能力，促进节能减排；有利于消除水电站的安全隐患，提升安全生产水平；有利于充分利用水资源，改善河流生态。农村水电增效扩容改造项目来之不易，既是国家水利发展顶层设计创下的机遇，又是赣南老区振兴发展结下的硕果。

1. 项目实施地点

加大水能资源开发力度，全面完成 72 个农村水电增效扩容改造项目，大力推进安远、崇义、定南、兴国、会昌和上犹 6 个全国新农村电气化县建设，以及崇义、全南和定南的小水电代燃料项目建设。

2. 项目的目标任务及时间节点

从 2013~2015 年底，中央财政补助和省级财政配套为 1.77 亿元，带动项目单位筹资达 0.76 亿元，完成全市 63 座老旧农村水电站增效扩容改造任务，实现装机容量从 7.4635 万千瓦增加到 8.899 万千瓦、多年平均发电量从 2.3777 亿千瓦时增加到 3.4244 亿千瓦时的目标。

3. 项目要求

一要加强管理，切实提高财政补助资金的使用效益，及时拨付财政补助资金，积极落实项目的自筹资金，切实加强项目的资金监管，实行补助资金奖优罚劣。

二要抓住矛盾，成立组织机构，落实工作责任，制定实施方案，组建项目法人，落实自筹资金，搞好设备采购，择优队伍安装，强化质量安全，确保工期进度、及时组织验收，全力推进增效扩容改造工作。

三要完善机制，努力做到"四个强化"（即强化项目服务指导、项目监督检查、项目协调配合和配套机制建设），扎实做好增效扩容改造工作。

四要理清思路，妥善处理好增效扩容改造中的四种关系，即在指导思想上，处理好实现增效扩容改造与加强生态环境保护的关系；在资金筹措上，处理好上级补助与项目单位自筹的关系；在项目实施上，处理好工程进度与安全生产的关系；在组织管理上，处理好政府与市场、部门之间的关系。

（三）农村危旧"空心房"拆除项目

"空心房"是指农村长期闲置、无人居住的危旧土坯房。此次项目需要拆除的是农村D级危房，即依据住建部制定的《农村危险房屋鉴定技术导则（试行）》，承重结构的承载力已不能满足正常的使用要求，房屋整体出现险情的危房。

1. 拆除原因

农村"空心房"影响村容村貌，存在安全隐患，浪费土地资源，阻碍乡村建设发展。开展农村"空心房"整治，有利于优化农村土地开发利用布局，整治农村居住环境，提升村庄建设管理水平，彰显秀美生态，传承乡村文脉，有利于将农村打造成"产业发展、环境整洁、功能完备、生态宜居"的美丽家园，推进新农村建设发展升级。

2. 整治目标

按照规范有序、干净整洁、和谐宜居的要求，对闲置、废弃、具有安全隐患的"空心房"进行拆除。对已是或正在申报的中国传统村落、历史文化名村保护区内的"空心房"进行修缮维护；对以祠堂或其他保护性建筑为中心的成片传统建筑群内的"空心房"，及零星散落但能彰显特色、传承文脉、融入乡村旅游的"空心房"进行修缮维护。

3. 政策依据

一是根据《土地管理法》第六十二条规定，农村村民一户只能拥有一处宅基地，其宅基地的面积不得超过省、自治区、直辖市规定的标准。二是根据《国土资源部印发〈关于加强农村宅基地管理意见〉的通知》的要求，各地要因地制宜地组织开展"空心房"、闲置宅基地、空置住宅和"一户多宅"的调查清理工作。三是根据《江西省人民政府办公厅关于切实加强农村住房建设管理的通知》的要求，严格执行"一户一宅"制度，建新必须拆旧（经核定的不可移动文物和历史建筑除外），鼓励按规划要求在原址拆旧房建新房。

4. 拆除对象

第一，长期闲置、废弃、具有安全隐患、危及人民生命财产安全的危旧"空心房"必须拆除。

第二，在新农村建设或危旧土坯房改造中建了新房，签订了拆除旧房协议，或做出了建新拆旧书面承诺的老房屋必须拆除。

第三，已建新房并已入住，不符合"一户一宅"政策的老房屋必须拆除。

第四，残垣断壁、破烂不堪、墙体裂缝严重等存在安全隐患的房屋及附属房必须拆除。

第五，"空心房"拆除后，土地必须按要求平整到位，木料、瓦片、砖头必须堆放有序。

第六，必须对"老人住危房、小孩住新房"的所涉房屋及行为进行整治。

赣南老区属于丘陵地貌，农村耕地少、山林多，宅基地稀缺。因为宅基地稀缺而引发的村民占用基本农田建房的事件时有发生。对空心房予以拆除，有以下几点好处：其一，可以集约利用土地，对农村宅基地储备具有一定作用。其二，能够消除危旧"空心房"倒塌所带来的安全隐患，保证村民的人身安全。其三，有助于美化村容村貌，改善乡村人居环境。

（四）污水处理项目

城镇及工业园区的污水处理设施建设对于加强污水处理具有重要意义。鉴于生态功能的特殊地位和作用，各县高度重视城乡污水处理设施建设如表3-1所示。

表 3-1 部分地区的污水处理项目

地区	建设地点	建设内容
石城县	城镇	石城县新增日处理能力为 0.75 万吨的污水设处理设备，新建 90 千米污水管网；建设一期处理能力为 0.5 万吨 / 天的建设工程，远期目标为建设处理能力为 5 万吨 / 天的工业园区污水处理设施；敷设污水管网 45 千米
定南县	城镇	建设污水管网 40.5 千米
宁都县	城镇	污水厂处理规模为 2 万吨 / 日，主要建设内容包括新建污水处理厂 1 座，铺设 DN400–DN800 污水管网 68782 米
信丰县	城区工业园	在信丰县城区、工业园区铺设污水管网 91.04 千米，2017 年实施了城区污水支管改造打包项目，改建污水管网约 15 千米，有效提升了污水处理厂的进水浓度
龙南县	技术开发园区	铺设 DN300–DN1200 污水管网 46800 米，建设污水检查站及提升泵站；建设污水处理厂；建设园区雨污分离排水系统和再生水回用系统；建设厂房性屋顶光伏发电系统；建设工业垃圾分类转运处理系统；完善园区道路工程；建设循环产业创业服务中心
大余县	城区	开展清污分流工作，采取山泉水导排的方式，引入雨水管或附近的自然水体
定南县	城区	建设饮用水水源地垃圾收集处理工程；饮用水水源地雨水、污水导排及处理工程；水源保护区污染源整治工程；饮用水水源保护区面源治理工程；饮用水水源保护区生态修复与建设工程；饮用水水源地预警监控体系建设工程；饮用水水源地围栏隔离、警示标志工程；饮用水水源地保护宣传教育等八个工程

资料来源：赣州市人民政府网。

三、加强环境污染防治，建设良好的生态环境

习近平总书记多次强调，不破不立，破立并举。污染防治是当前必须打赢也有条件、有能力打赢的一场硬仗，推进生态文明建设，打好污染防治攻坚战是重点任务。

（一）矿山治理项目

1. 寻乌县的废弃稀土矿山综合治理示范工程

寻乌是东江源头，生态保护红线面积达 1445.97 平方千米，占国土面积的 61.46%。20 世纪七八十年代，寻乌县稀土矿的探明储量为 50 万吨。由于重开采、轻保护，稀土矿山满目疮痍，水土流失极为严重，昔日的"稀土王国"变

成了今日的新"南方沙漠"。截至2018年底，寻乌县稀土矿山的历史破坏面积约为14平方千米，占矿山总面积的34.8%；县内废石堆放量高达3.3万吨，占全县矿石总量的4.34%，生态治理包袱沉重。作为全省生态文明示范县，寻乌县先后推进了文峰乡石排、柯树塘和涵水片区三个废弃矿山的综合治理与生态修复工程。大力实施废弃矿山治理工程，坚持统筹规划、整体推进，抓实全景谋划、全员参与、全要素保障，构建起"抱团攻坚、十指弹琴、协调统一推进"的治理格局，实施总投资近5亿元的石排废弃稀土矿山综合治理示范工程，对满目疮痍的废弃稀土矿区进行复绿或平整，治理废弃稀土矿山面积为1.44万公顷，共增加工业用地5700亩，取得了良好的政治效益、经济效益和社会效益；实施总投资2.98亿元的文峰乡柯树塘废弃矿山环境综合治理与生态修复工程，规划治理面积达17.86平方千米，全力打造山水林田湖草生命共同体，探索出山上山下、地上地下、流域上下游"三同治"的治理模式，实现废弃矿山变绿水青山。

2. 定南县的富田工业园废弃稀土矿山综合治理项目

定南县富田废弃稀土矿山治理项目是第一批获得市政府山水林田湖生态保护修复试点中央奖补资金的项目。项目采取的地形整治、截排水沟和坡面绿化的措施既起到了固土的作用，又美化了治理环境。将近千亩的废弃稀土矿山治理为工业用地，有效改善了矿区环境，促进了东江源头的水质治理，生态效益和社会效益相当明显。定南县富田工业园废弃稀土矿山综合治理项目的主体工程目前已经完工，项目建成后，矿区生态环境将会明显改观，能为该县新增近2000亩的工业用地，不仅缓解了工业园用地不足的矛盾，还减少了对东江源水质的影响，确保了下游群众的饮水安全。

（二）水土保持与修复项目

1. 兴国县的崩岗侵蚀防治和水土保持生态修复工程

崩岗是兴国县水土流失的一大顽症，一直以来，由于投入少，始终没有得到治理，水土流失严重。据不完全统计，2017年，全县共有3209处60平方米以上的崩岗。为此，兴国县启动了山水林田湖生态保护修复工程崩岗综合治理项目，项目规划治理崩岗2000处，建设点覆盖全县25个乡镇，项目内容包括治理水土流失面积32.3平方千米，建设谷坊6000座，建设拦沙坝500座，修建截流沟 215 千米，修建挡土墙 60 千米。项目总投资 2.69 亿元，一场崩岗治理歼灭战正在拉开序幕。

2. 赣县区山水林田湖生态保护修复工程崩岗治理项目

赣县区水保局山水林田湖生态保护修复工程金钩形项目区崩岗治理项目，科技创新，标本兼治。通过近一年的努力，项目区 700 处崩岗得到了有效整治，建立了截排、拦挡和植被恢复立体防护系统，生态环境明显好转，水土流失得到了有效控制，蓄水保土能力明显增强，每年可保水 2320 万立方米，保土 16.33 万吨。将崩岗整治成标准的水平梯田用于种植经果林，其中，种植脐橙 500 亩、杨梅 1500 亩，正常发挥效益后，每年将产生直接经济效益 3600 万元。项目区采取多种模式治理崩岗，为全省乃至全国的山水林田湖项目试点积累了经验，探索出了一套可复制推广的治理模式，成为了全省崩岗治理的示范典型。

3. 上犹县的柏水寨水土保持项目

自 2014 年 12 月赣州市被列为全国水土保持改革试验区以来，赣州水土保持人担当务实、勇于创新，在统筹推进水土保持工作、科学治理提质提效、建立相关长效机制上下了功夫，取得了显著成效。

上犹县柏水寨的巨大变化是赣州市近年来坚持生态环保与开发建设良性互动、创新推进水土保持改革工作的一个缩影。曾几何时，由于地形、地质和土壤等自然原因，加上人为破坏的历史原因，赣州市水土流失面积占全市土地面积的 28.37%，许多丘陵山岗红壤裸露。自《国务院关于支持赣南等原中央苏区振兴发展的若干意见》明确提出将赣州市建设成为我国南方地区重要的生态屏障以来，党中央和国务院加大对赣州市生态建设和水土流失综合治理的力度。水利部在 2014 年 12 月将赣州市列为全国水土保持改革试验区。试验区工作启动的这几年来，赣州市累计完成水土流失治理和生态修复面积达 1924.08 平方千米，完成低质低效林改造面积达 102.5 万亩，完成废弃矿山恢复治理面积达 2.5 万亩，森林覆盖率稳定在 76.2%，主要河流交界断面的水质达标率在 98% 以上，城市集中式饮用水源地的水质达标率保持在 100%，生态环境质量优良（邱烨、帅筠，2017）。

4.赣州市被列为全国水土保持改革试验区

2014年12月，赣州市被列为全国水土保持改革试验区，成为全国水土保持典型与模板。

历届赣州市委、市政府高度重视水土保持工作，把水土保持生态建设纳入全市国民经济和社会发展规划，提上各级党委、政府的重要议事日程，市县两级有水土保持委员会，设立了水保局，专门负责水土保持工作。

赣州市被列为全国水土保持改革试验区后，赣州市将水土保持改革创新纳入全市生态文明试验区建设体系，作为全面深化改革重点协调推进事项，纳入各县（市、区）的年度综合考评中。赣州市通过在重点区域撤办工业园区、退果还林、关停或封存矿产资源等措施，统筹推进水土保持生态建设，形成了多领域防治水土流失、全方位建设生态文明的良好局面。

赣州市还把建章立制贯穿于水土保持改革试验区建设的始终，努力构建科学管用的水土保持生态文明制度体系，制定了目标责任制考核办法、生产建设项目水土保持方案编报审批等十余项制度，建立了全市水土保持工作联席会议制度，实现了水土保持工作制度化、常态化、长效化。

赣州市大力推进水土保持生态示范园区建设，出台了建设规划和实施方案，积极探索出了生态产业型、生态清洁型和生态观光型等多种治理模式。由于政府的资金和力量有限，赣州市积极推动社会力量参与水土保持工程建设，赣县等8个县（市、区）先后出台了政策措施，鼓励和引导民间资本参与水土流失治理。着力优化施工组织方式，积极推行直接聘用当地群众管护、治理大户以奖代补、村民理事会自建和招投标选择专业队伍等方式，加快工程建设（邱烨和帅筠，2017）。

（三）低质低效林改造项目

为建设好我国南方地区重要的生态屏障，赣州市大力推进长珠防林、退化林修复和退耕还林等重点生态工程建设，并以低质低效林改造为重点，扎实推进森林质量精准提升。2012~2019年，赣州市累计完成的人工造林面积270万亩、森林抚育面积1008万亩、封山育林面积200万亩。已实施低质低效林改造的区域林分树种结构趋于合理，阔叶树比重大大提升，原来的纯针叶林变成了针阔混交林，森林防灾控灾能力大幅增强，森林的质量和生态功能明显提高。

1. 政策依据

为贯彻落实《江西省人民政府办公厅关于实施低产低效林改造提升森林资源质量的意见》、市委市政府《关于构筑生态屏障建设生态赣州加快林业振兴发展的意见》精神，加快改造低质低效林，提升森林资源的质量，着力推进生态文明先行示范区建设，构筑我国南方地区重要的生态屏障，推动赣州市林业提速、提质、提效，实现林业振兴发展，制定有关实施意见。

2. 目标任务

到 2020 年，全市完成的低质低效林改造面积为 700 万亩（其中，乔木低质低效林 450 万亩，油茶低产林 130 万亩，毛竹低产林 120 万亩）。2015~2016 年完成改造的林地面积为 200 万亩，2017~2020 年完成改造的林地面积为 500 万亩。到 2020 年，全市森林覆盖率稳定在 76.4% 以上；活立木蓄积量达到 1.6 亿立方米；林分亩均蓄积量达到 4 立方米以上；生态功能好的阔叶林和针阔混交林的面积比例达到 40% 以上；森林的生态功能显著增强，南方地区重要的生态屏障基本建成；用材林亩年均生长量提高 25% 以上；老油茶林亩年均产油 15 公斤以上；毛竹林亩年均产竹 25 根、产笋 25 公斤以上；山区农民人均年增收 600 元以上。

3. 改造对象

铁路、高速公路、国省干道 1 千米范围可视山的低质低效林，按照多补阔叶树、多栽彩叶树、多造景观林和建设通道生态风景林的要求进行重点改造。城镇和村庄周边的低质低效林，按照省林业厅乡村风景林建设的要求进行重点改造。江河源头及两岸的低质低效林，按照水源涵养林的建设要求进行重点改造。

4. 改造方式

改造方式主要有：更新改造、补植补造、抚育改造和封育改造，如表 3-2 所示。在具体操作过程中，要因地制宜、因林而异，选用一种或多种改造方式。

表 3-2　低质低效林的四种改造方式

改造方式	主要内容
更新改造	被火烧、采伐后的稀疏残次林（含未及时更新的火烧迹地、采伐迹地），以及因盗伐滥伐、病虫害等原因造成的低质低效林，主要采取更新重造的方式，以恢复和增加森林的植被，提高林木的生长量
补植补造	在长势差、郁闭度小、生态功能弱的马尾松低质低效林，特别是水土流失严重的山地，适合在林中空地补植补造乡土阔叶树，以优化树种结构，培育针阔混交林，改良土壤结构，提高森林的生态效益
抚育改造	密度过大、林木分化严重、生长量明显下降的林地，以及油茶低产林、毛竹低产林，主要采取抚育（包括砍杂、间伐、垦复、施肥等措施）改造的方式，以调整林分密度和结构，改善生长环境，促进林木生长和果实发育，提高林产品的产量
封育改造	对自然条件及天然更新条件较好、可以通过封山育林达到改造目的的低质低效林，则采取封山育林或辅以人工促进更新的措施。特别是生态公益林，适合采取封育改造的措施[①]

资料来源：赣州市人民政府官网。

（四）垃圾处理项目

石城是江西的母亲河——赣江的发源地，是省级重点生态功能区，是武夷山脉生态屏障中连通南北的重要环节，生态环境功能地位突出。鉴于生态功能的特殊地位和作用，石城县高度重视城乡垃圾处理设施建设，近年来，石城县强力推进旅游强县建设，提出建设"精致县城、秀美乡村、特色景区、产业集群"四位一体的"全域旅游"目标，继续对城乡各类生活垃圾、建筑垃圾和工业垃圾等进行综合处理；引进有实力的公司，打造"村收集、镇转运、县处理"的城乡环卫一体化处理体系；采用三化仿生适时处理技术（IS 技术）对城乡生活垃圾进行资源化综合处理。

在会昌县城区、18 个乡镇集镇区以及 243 个行政村进行城乡垃圾处理"一体化"工程项目。该项目的总处理能力为 400 吨／日，主要建设内容包括新建 2 个区域性垃圾无害化处理场、18 个垃圾转运站、243 个垃圾收集站以及配套垃圾清运、转运设施设备。

---

① 赣州市人民政府官网.关于开展低质低效林改造提升森林质量的实施意见［EB/OL］.［2015-06-19］.http：//www.ganzhou.gov.cn/c101854/2015-06/19/content_f683409fbff5440bbf8aa2e604d3f0a0.shtml.

（五）污染防治项目

1. 定南县的畜禽养殖废弃物综合利用及污染防治项目

近年来，我国养殖业迅速发展，但是，伴随而来的养殖业废弃物的环境污染问题也日益严重。虽然禽畜粪便是相当严重的污染源，但同时也是一种可开发的宝贵资源，值得合理开发与利用。该项目的实施是发展生态农业、保障农业可持续发展的需要，是养殖场自身长远发展的要求。定南县生猪养殖场在建设初期就重视环保工作，多年来一直在摸索生态养猪场的建设模式，十分重视粪污处理，但由于缺乏科学合理的规划设计，资源的再生利用效果不明显。[①] 定南县进行了生猪养殖场的猪粪固液分离、重轻液分离、废水处理站建设及猪舍清粪系统改造。该项目改善了当地的环境质量，防止了疾病的传播，化解了由于环境污染而造成的政府、企业和居民的矛盾，促进了社会的安定团结，为企业提供了更多的社会就业机会，创造了更多的社会财富。项目的完工将进一步改善当地的经济投资环境，促进定南县的经济腾飞，使之大力发展经济的同时，又能保持优美和谐的自然环境。

2. 定南县的城区大气污染综合防治项目

定南县城区大气污染综合防治项目是利国、利县、利民的可持续发展项目，该项目的实施对提升城市形象、完善城市功能、改善城市大气环境具有十分重要的意义。定南县制定并实施区域大气污染防治对策，以改善大气环境质量为目的，严格环境准入，推进能源清洁利用，加快淘汰落后产能，多污染物协同控制，大幅削减污染物排放量，形成了环境优化、经济发展的倒逼传导机制，促进了经济发展方式转变，推动了区域经济与环境协调发展。[②] 该项目的建成促进了定南县生态环境建设，带动了区域的经济发展，其经济效益和社会效益远大于环境污染所造成的损失。

---

① 李红毅. 让养殖业"绿"意盎然［N］. 赣南日报，2019-02-13.
② 环境保护部. 关于印发《重点区域大气污染防治"十二五"规划》的通知［EB/OL］.［2012-10-29］. http://www.mee.gov.cn/gkml/hbb/bwj/201212/t20121205_243271.htm.

3. 重金属污染防治

中央财政下达赣州市2015年重金属污染防治重点区域示范中央补助资金2.8亿元，用于崇义县、大余县和赣县章贡区三个重点区域的重金属污染防治，集中解决危害群众身体健康和破坏生态环境的突出问题，促进区域生态环境质量好转。

第二节　赣南老区生态文明制度建设研究

党的十九届四中全会第一次系统描述了中国特色社会主义制度的宏伟"图谱"，并将坚持和完善生态文明制度体系作为其重要的组成部分，开启了生态文明建设的新篇章。近年来，江西省坚持以习近平生态文明思想为指引，以环境质量改善为核心，将保护生态环境和促进经济社会发展作为制度设计的指导思想，不断加强生态文明制度建设。

从示范区到试验区，五年来，江西省按照"江西样板"的要求，先行先试，勇于开拓创新，生态文明建设取得了众多"全国率先""全国领先"的成果。江西省的林长制经验将在全国推广，这是国家对江西生态文明试验区建设成果的又一肯定。除此之外，江西省陆续出台了一批制度成果，如《生态文明建设目标评价考核办法（试行）》《生态文明建设考核目标体系》《自然资源资产负债表编制制度（试行）》《生态环境损害赔偿制度改革实施方案》和《党政领导干部生态环境损害责任追究实施细则（试行）》等。

赣南是江西人口最多、面积最大的行政区，也是江西的母亲河赣江和香港同胞的饮用水源东江的源头，是我国南方地区重要的生态屏障，在保护生态环境与发展经济的双重压力下，赣州市部分县市在积极落实江西省生态文明制度的同时，积极进行制度创新，如赣州市的安远县、大余县和会昌县积极开展生态综合执法，率先建立了畅通高效的联动机制，有效解决了生态环保部门"多头执法""顾此失彼"和"各自为战"的问题，为深入推进国家生态文明试验区建设保驾护航。

本节以江西省生态文明制度建设为出发点，由上至下分析了江西省赣州市各县的生态文明制度特色，深入聚焦赣南老区的生态文明制度建设。进而横向分析了生态基础较好、资源环境承载力较强的江西省、福建省和贵州省三大国家生态文明试验区的生态文明制度建设，对江西省与其他两省的优点及不足进行了比较。对对比结果进行综合分析，总结经验，为各地生态文明制度建设提供借鉴。

一、省、市、县三级生态文明制度的分析

（一）江西省制度探索

制度建设是生态文明从理念向实践转化的关键一步，生态文明制度可分为政府性监管制度、以市场为主体交易形式的制度和救济性制度三大类（顾钰民，2013），具体分类情况如表3–3所示。

表3–3 生态文明制度分类

制度类型	定义	内容
政府监管性制度	通过政府监管来达到保护自然和生态的目标。政治性制度用于解决整个社会内、外宏观领域的问题，从内部来看，随着"绿色政绩观"的逐渐深入人心，政府积极建立考核与评价体系，引导各级领导干部牢固树立和践行绿色发展理念	编制自然资源资产负债表，出台自然资源资产离任审计制度，构建绿色指标体系等
以市场为主体交易形式的制度	鼓励市场主体通过交易活动来达到保护环境和生态的目标，市场中的企业作为重要的社会主体之一，其行为将影响社会中的更多个体，实施以市场为主体交易形式的制度不仅可以充分调动企业主动保护生态环境的积极性，还能促进当前污染排放下的经济成果转化，使生态环境保护的成本最小化	通过建立包含一定资源占用权和污染排放权的交易制度，使企业与企业之间能进行资源占用权与污染排放权的交易
救济性制度	主要通过事后救济和赔偿来维护各主体的合法权益以达到保护自然和生态的目标。这种制度用于解决微观领域和局部范围内的责任追究和赔偿问题，也是对监管的补充与保证	主要包括生态环境保护和责任追究制度、环境损害赔偿制度等

资料来源：顾钰民.论生态文明制度建设［J］.福建论坛（人文社会科学版），2013（6）：165–169.

2018年以来，江西省在生态环境保护、循环经济、气候变化等方面出台了十余项专项规划；加强了立法保障，出台了《江西省大气污染防治条例》《江西省水资源条例》和《江西省农业生态环境保护条例》等十余项地方性法规；加强了政策供给，制定了创新林业体制机制、促进新能源汽车发展和完善

司法服务保障等 40 余个政策文件。全流域生态补偿机制、"五级"河长制和生态司法体制改革等走在全国前列，制度改革创新亮点纷呈，全省上下参与生态文明建设的自觉性、主动性显著增强，"绿水青山就是金山银山"的理念深入人心。

从这三大类制度来看，近年来，江西省在推进生态文明制度建设方面主要做了以下探索。

1. 坚持"山水林田湖是一个生命共同体"，出台生态功能区保护政策

推进鄱阳湖流域的山水林田湖草系统治理，深入贯彻习近平新时代中国特色社会主义思想，坚持"山水林田湖草是一个生命共同体"的理念，按照生态系统的整体性、系统性以及内在规律，系统推进鄱阳湖流域的生态环境建设，为打造美丽中国"江西样板"提供坚实的基础支撑。

江西省正式印发《江西省关于推进生态鄱阳湖流域建设行动计划的实施意见》，明确提出到 2020 年，基本建立鄱阳湖流域山水林田湖草系统保护与综合治理制度体系；到 2035 年，全面建成鄱阳湖流域山水林田湖草系统保护与综合治理制度体系。

鄱阳湖流域作为一个大湖流域，是由自然生态系统和社会经济系统组成的复合生态系统，流域不仅涉及湖泊、河流等水域空间，还涉及森林等陆地空间。此外，流域的跨区域、跨领域等复杂关系，导致流域的污染治理与生态修复、治理和管控的难度比较大。鄱阳湖流域在综合治理体系方面，存在法律法规制度还不够完善、流域综合性管理有待加强、环境管理方式有待改进及多主体参与有待突破等问题。

因此，鄱阳湖流域的系统治理，应按照党的十九大提出的"统筹山水林田湖草系统治理"新要求，将流域的自然资源、生态环境和社会经济作为完整的系统，强化流域的综合治理。流域治理和管控必须从全流域的视角出发，注重生态系统的完整性，实施流域一体化和综合性的管理模式。流域管控目标不能仅局限于污染控制和水质保护，还应包括整个流域生态系统服务功能的提升。流域的治理应建立以政府为主体，企业、社会组织和个人共同参与的良好治理机制，通过政策、法规、监督和市场调控等多种手段来解决流域内的生态环境等问题，以保障流域内水资源的可持续利用，保持流域生态功能的完整，促进生态与经济的协调发展，实现人与自然的和谐相处，最终促进流域的可持续发

展。当前，要着重构建和完善以下六个方面的制度：第一，完善流域政策法规和保障制度，加快建立跨区域的鄱阳湖流域管理机构；第二，构建多方协同治理制度，加强流域治理主体之间的合作；第三，构建流域生态资本运营制度，流域生态服务价值合理开发；第四，健全流域监督评估制度，推进流域信息监测现代化；第五，完善流域生态补偿制度，最大程度地兼顾不同区域、不同利益相关者的利益；第六，建立科学考核评价制度，严格落实环境保护追责制度（何雄伟，2019）。

2. 坚持五级河长制、湖长制和林长制多制并行

第一，河长制、湖长制。2019 年 1 月 1 日，《江西省实施河长制湖长制条例》（以下简称《条例》）开始施行。《条例》明确指出，在江河水域设立河长，由河长和湖长对责任水域的水资源保护、水域岸线管理、水污染防治和水环境治理等工作予以监督和协调，督促或者建议政府及相关部门履行法定职责，解决突出问题。按行政区域设立省级和市级、县级和乡级总河长及副总河长；按流域设立河流河长；跨省和跨设区的市重要河流设立省级河长；各河流所在设区的市、县（市、区）、乡（镇、街道）、村（居委会）分级分段设立河长。

《条例》还明确了五级河长和湖长应履行的各项职责，如村级河长和湖长负责责任水域的巡查，督促落实责任水域的日常保洁和堤岸日常维养等工作；县级以上的河长和湖长应当围绕水资源保护、河湖岸线管理、水污染防治、水环境治理、水生态修复和执法监管等事项组织巡查。

《条例》还规定，各级河长和湖长的履职情况必须纳入干部的年度考核中。造成水体污染、水生态遭受破坏等严重后果的，对直接负责的主管人员和其他直接责任人员依法给予处分。

2015 年 11 月底，江西省率先在全国全面启动河长制。目前，已在全境构建起区域与流域相结合的五级河长组织体系。经过三年的实践，全省河湖的水质和水环境得到了明显改善，全省地表水质的优良率由 2015 年的 81.4% 提升至 2017 年的 88.5%，重要水功能区的水质达标率由 2015 年的 93.8% 提升至 2017 年的 99.1%，江西的生态优势更为突出。

这是继浙江省和海南省之后，全国第三个出台河长制的省份。江西省河长制的出台标志着江西省全面推行的河长制、深入实施的湖长制正式步入法制化的轨道，真正实现了从"有章可循"到"有法可依"的转变，对进一步保护、管理、治理好全省的河流湖泊具有巨大的推动作用（罗娜、毛思远，2018）。

第二，林长制。全面推行林长制是深入贯彻落实习近平生态文明思想的具体实践，是打造美丽中国"江西样板"的现实需要，是有效解决森林资源保护发展问题的重要抓手。要着力健全组织体系、加强森林资源管理、提升森林资源质量，以"林长制"实现"林长治"，让绿水青山变成金山银山。各级党委和政府是全面推行林长制的责任主体，要把林长制摆在突出位置，加强组织领导，压紧压实责任，加快工作进度，确保林长制的各项工作落实（刘奇，2018）。

2018年，江西省按照"党政同责、分级负责"的原则，设立省、市、县、乡、村五级林长，加强部门协作，明确责任区域，通过五级联动，构建统筹在省、组织在市、责任在县、运行在乡、管理在村的森林资源管理机制，形成责任到人、分工明确、一级抓一级、层层抓落实的森林资源保护格局（刘奇，2018）。

以强化监督管理为重点，坚决守住生态保护红线，严格保护森林资源。在行政村构建林长、监管员和护林员"一长两员"的源头管理架构，不断提升森林资源的监管保护水平，确保资源不受损、生态不破坏、效益不降低（刘奇，2018）。

按照"只能增绿，不能减绿"的要求，全面实施森林质量精准提升工程，因地制宜地加快重点区域森林的绿化、美化、彩化、珍贵化，实现从"绿化江西"到"美化江西"的转变，进一步把森林资源的总量做大、质量做优、环境做美。

以生态产业为抓手，全力助推绿色崛起，着力提升林业的综合效益，让更多的农户依靠森林致富；助推农村产业兴旺，带动乡村振兴，走出一条生态保护与产业发展相互融合的新路。

2017年10月，江西省被确立为国家首批生态文明试验区之一。森林覆盖率为63.1%，位居全国第二，在生态环境质量处于全国前列的情况下，江西全面推行"一把手"负责的林长制，对森林生态环境损害责任进行终身追究。

3. 坚持正向引领、客观公正，构建生态环保考核评价体系

第一，构建生态文明建设考核目标体系。2017年6月，江西省出台了《江西省生态文明建设目标评价考核办法（试行）》（以下简称《办法》），进一步推动了绿色发展和生态文明建设。《办法》适用于江西全省11个设区市和100个县（市、区）党委和政府生态文明建设目标的评价考核。生态文明建设目标评价考核实行"党政同责"，市、县（市、区）党委和政府领导成员生态文明建

设"一岗双责"。①

生态文明建设目标评价考核采取评价和考核相结合的方式，实行年度评价、两年考核。评价重点为市、县（市、区）上一年度生态文明建设的总体情况，引导市、县（市、区）落实生态文明建设相关工作，每年开展一次；主要考察市、县（市、区）生态文明建设重点目标任务的完成情况，强化市、县（市、区）党委和政府生态文明建设的主体责任，督促自觉推进生态文明建设，每两年开展一次。

各设区市的年度评价工作由省统计局、省发改委和省生态环境厅等有关部门组织实施。各县（市、区）年度评价工作由各设区市组织实施，经各设区市生态文明建设领导小组同意后，将结果上报省统计局、省发改委和省生态环境厅。

年度评价按照江西省绿色发展指标体系实施，主要包含地方资源利用（权数 29.3%）、环境治理（权数 16.5%）、环境质量（权数 19.3%）、生态保护（权数 16.5%）、增长质量（权数 9.2%）、绿色生活（权数 9.2%）和公众满意程度七个方面的变化趋势和动态进展，生成绿色发展指数。年度评价应当在每年 8 月底前完成，结果应当向社会公布，并纳入生态文明建设目标考核。

目标考核工作由省发改委、省生态环境厅、省委组织部牵头，同省财政厅、省自然资源厅等部门组织实施。考核内容主要包括国民经济和社会发展规划纲要中确定的资源环境约束性指标，以及省委、省政府部署的生态文明建设重大目标任务的完成情况，突出公众的获得感。

《办法》明确规定，目标考核年为 2018 年和 2020 年，在考核年的 9 月底前完成对前两年的目标考核。各县（市、区）党委和政府应在考核年开展自查，由各设区市党委和政府汇总本辖区各县（市、区）的自查报告，形成本设区市生态文明建设目标任务完成情况的自查报告，于当年 6 月底前报送省委、省政府，并抄送考核牵头部门。目标考核按照江西省生态文明建设考核目标体系实施，具体包含：资源利用、生态环境保护、年度评价结果、公众满意度和生态文明制度改革创新情况等内容，生态环境事件为扣分项，美丽中国"江西样板"建设情况为加分项。

考核结果分为优秀、良好、合格和不合格四个等次。年度考核中有考核得分低于 60 分、未完成约束性目标达三项及以上以及篡改、伪造或指使篡改、伪

---

① 中共中央办公厅，国务院办公厅.江西省生态文明建设目标评价考核办法（试行）[N].人民日报，2016-12-23.

造相关统计或监测资料并被查实三种情形任意一种的确定为不合格。考核牵头部门汇总资源环境生态领域有关专项考核实施部门提供的考核实际得分以及有关情况，提出考核结果及处理建议等，并结合领导干部自然资源资产离任审计、环境保护督察等结果，形成考核报告，经省委、省政府审定后向社会公布，考核结果作为地方党政领导班子和领导干部综合考核评价和干部奖惩任免的重要依据。

第二，发布江西绿色发展指数绿皮书。2017年12月，江西省在全国首次发布《江西绿色发展指数绿皮书》，标志着江西省的青山绿水将有"护航"保障，这一研究成果成为全国首创，填补了此类研究的空白。江西财经大学生态文明研究院院长、江西省生态文明制度建设协同创新中心主任谢花林教授认为，江西既是我国著名的革命老区，又是我国南方地区重要的生态安全屏障，面临着发展经济和保护环境的双重压力。谢花林表示，《江西绿色发展指数绿皮书（2014—2016）》根据绿色发展的相关理论和实践，结合江西的实际特点，依据因地制宜、与时俱进、可测度、可比较、科学性和可操作性相结合等原则，构建了一套涵盖绿色环境、绿色生产、绿色生活和绿色政策等内容的可靠和有特色的区域绿色发展监测指标体系和指数测算体系，优选了绿色发展指数测算方法，凸显了绿色发展，实现了绿色生产方式转变和绿色生活方式转变，加大了绿色政策的支持力度，对于深入推进绿色发展、提高绿色发展水平、完善绿色发展制度体系具有重要意义。

《江西绿色发展指数绿皮书（2014—2016）》从省域、市域和城市三个尺度对中部六省及江西省11个设区市和21个城市的绿色发展指数进行了测度，并进行了对比分析。其中，中部六省的绿色发展指数由绿色环境、绿色生产、绿色生活、绿色政策4个一级指标、11个二级指标及46个三级指标构成。江西省11个设区市绿色发展指数由绿色环境、绿色生产、绿色生活、绿色政策4个一级指标、11个二级指标及49个三级指标构成。江西省21个城市的绿色发展指数由绿色环境、绿色生产、绿色生活、绿色政策4个一级指标、11个二级指标及39个三级指标构成。

《江西绿色发展指数绿皮书（2014—2016）》关于江西省11个设区市绿色发展指数的测算结果显示：2013年绿色发展指数排名前五的地级市依次为吉安市、南昌市、上饶市、抚州市、鹰潭市；2014年绿色发展指数排名前五依次为吉安市、抚州市、上饶市、南昌市、赣州市；2015年绿色发展指数排名前五的地级市依次为吉安市、抚州市、九江市、鹰潭市、南昌市。

《江西绿色发展指数绿皮书（2014—2016）》关于江西省21个城市绿色发

展指数的测算结果显示：2013 年绿色发展指数排名前十的城市依次是井冈山、吉安、抚州、鹰潭、德兴、南昌、樟树、上饶、宜春、赣州；2014 年绿色发展指数排名前十的城市依次是抚州、井冈山、鹰潭、德兴、吉安、贵溪、上饶、宜春、樟树、南昌；2015 年绿色发展指数排名前十的城市依次是鹰潭、井冈山、德兴、抚州、吉安、南昌、赣州、瑞金、樟树、贵溪。

第三，编制自然资源资产负债表。为扎实推进生态文明试验区建设，有效保护和永续利用自然资源提供的信息基础、监测预警和决策支持，摸清江西省自然资源资产"家底"及其变动情况，江西省积极开展自然资源资产负债表编制工作。

自然资源资产负债表反映了自然资源在核算期初和期末的存量水平以及核算期间的变化量。核算期为每个公历年的 1 月 1 日至 12 月 31 日。将自然资源资产负债表编制纳入生态文明制度体系，与资源环境生态红线管控、自然资源资产产权和用途管制、领导干部自然资源资产离任审计及生态环境损害责任追究等重大制度相衔接（张铭贤，2016）。编制自然资源资产负债表试点的核算内容主要包括土地资源、林木资源和水资源。试点编制工作至 12 月底结束。根据试点经验，江西省有关部门将研究扩大自然资源资产负债的核算范围。

2016 年 4 月，江西省启动了编制自然资产负债表试点工作，选取宜春市、抚州市、兴国县和安福县开展编制自然资源资产负债表试点工作。从 2018 年开始，在省、市开展自然资源资产负债表试编工作，加强江西省自然资源的统计调查和监测，为具有江西特色的生态文明先行示范区建设提供有力支撑。

4. 坚持"横向到边，纵向到底"，率先实施生态环保责任规定与督查办法

为规范全省生态环境保护督察工作、压实生态环境保护责任、大力推动全省污染防治攻坚战向纵深发展，江西省委、省政府印发了《江西省生态环境保护工作责任规定》（以下简称《责任规定》）和《江西省生态环境保护督察工作实施办法》（以下简称《督察办法》）两项制度。江西省是继浙江省之后，全国第二个出台《责任规定》的省份，《督察办法》是全国第一个出台的地方性生态环境保护督察制度。

《责任规定》的出台实现了生态环境保护工作职责"纵向到底""横向到边"的突破。首先，突出生态环境保护"党政同责、一岗双责"，针对目前全省乡镇（街道）生态环境监管薄弱现象，将生态环境保护工作职责一直延伸到各乡

镇（街道），实现了"纵向到底"，并按照"属地管理、分级负责""谁决策、谁负责""谁主管、谁负责"和"管发展必须管环保、管行业必须管环保、管生产必须管环保"的要求，全面厘清了各级各部门的生态环境保护工作职责，同时做到了"横向到边"。

其次，强化生态环境保护监督职能，在各级人大、政协、法院、检察院，以及省委组织部、省委政法委等部门职责中，强化监督职能，督促生态环境保护工作职责的落实。另外，《责任规定》的出台使各部门的生态环境保护职责更加清晰、更加明确，使各部门守土有责、守土负责、守土尽责。

《督察办法》分别对制度框架、指导思想、基本要求、督察类型、督察管理，以及组织机构和人员、督察对象和内容、督察程序和权限、督察纪律和责任等内容进行了明确。《督察办法》严格参照《中央生态环境保护督察工作规定》，既与中央规定保持一致，又彰显地方特色，对于涉及督察的重大原则，如督察体制、程序、权限和责任等内容，做到不放宽、不超越中央规定；同时对江西省的督察工作进行严格要求，做到不失严，执行中央标准，并结合江西省的实际，对江西省的生态环境保护督察体制、职责、督察对象和督察内容等进行细化补充，对派驻监察的组织形式、内容和方式进行明确和规范。《督察办法》还将中央生态环境保护督察问题整改的落实情况纳入江西省生态环境保护督察内容，进一步强化省级生态环境保护督察与中央生态环境保护督察的互补，形成督察合力。《江西省生态环境保护督察工作实施办法》是全国第一个出台的地方性生态环境保护督察制度。

5. 坚持"互联互通"，加快健全环境权益交易与联席会制度

第一，环境权益交易制度。江西省加快健全环境权益交易制度，建立实现环境权益交易的市场化机制，力争在用能权、排污权和水权交易等方面取得实质性进展，促成示范性交易，并逐步扩大交易规模，加快绿色产业发展，拓宽绿色企业融资渠道（郑荣林，2020）。

建立环境权益交易制度是江西省推进市场化、多元化生态保护补偿机制建设的重要组成部分，《国家生态文明试验区（江西）实施方案》明确提出，要依托省级公共资源交易平台，推动环境权益统一交易、信息共享，探索环境权益抵质押融资模式。江西省将积极推进排污权交易。完善碳排放权交易制度，开展江西省碳市场配额政策研究，进行碳排放配额试分配，组织企业参与全国碳市场测试运行（郑荣林，2020）。

完善用能权交易制度，逐步建立企业能耗资料报送和核查、初始用能权核定与分配及用能权有偿使用和交易制度体系，依托省产权交易所搭建交易平台。推进用能权有偿使用和交易制度改革，将江西省水泥、钢铁、陶瓷行业和具有代表性的萍乡市、新余市、鹰潭市等设区市全域的年综合耗能在 5000 吨标准煤以上的工业企业纳入用能权交易试点。省产交所将在用能权交易系统建设的基础上进行扩建，开展综合环境能源交易系统建设，搭建林业碳汇交易模块、碳中和模块，并与排污权、水权交易系统互联互通，推动环境权益统一交易、信息共享（郑荣林，2020）。

第二，联席会制度。江西省生态环境厅与江西省工信厅建立战略性新兴产业重点项目审批工作联席会制度。为切实加快战略性新兴产业重点项目的审批工作，促进战略性新兴产业的发展，省生态环境厅和省工信委协商建立旨在加快战略性新型产业重点项目审批工作的联席会议制度。两部门通报有关项目和工作的进展情况，分析存在的问题，协商解决工作中的难点问题，提出完善工作的措施和意见。这一制度的出台，对于加快战略性新兴产业项目的前期审批工作、促进江西省新型产业的健康快速发展，具有很大的推动作用。

6. 坚持"反向倒逼"，构建生态环保责任体系

第一，建立领导干部自然资源资产离任审计制度。2016 年，党中央、国务院确定江西省为首批国家生态文明试验区的三个省份之一。为全力配合省委、省政府做好国家生态文明试验区建设的各项工作，充分发挥审计监督职能，江西省审计厅在制度机制方面积极探索，创新具有江西特色的审计思路，扎实推进领导干部自然资源资产离任审计，取得了较好成效。

由于自然资源资产涉及面广，环境问题复杂，行业专业性极强，为争取地方政府及有关部门的理解和支持，江西省审计厅积极对接省政府办公厅、省委改革办、省生态环境厅等部门，创新审计工作制度和沟通协调机制。

2017 年 1 月和 2018 年 5 月，江西省委、省政府分别出台了《关于开展领导干部自然资源资产离任审计的实施意见》《关于进一步加强领导干部自然资源资产离任审计的意见》，为在全省范围内全面、深入、持续地推进领导干部自然资源资产离任审计提供了制度保障。

2019 年 1 月，江西省成立领导干部自然资源资产离任审计工作领导小组，省长任组长、常务副省长及 3 名副省长任副组长，12 个相关省级主管部门任成员单位。领导小组成立后，各成员单位积极配合，及时向审计部门开放相关

业务资料，组成专家团队，提供技术、设备支持和政策咨询，推动地方政府加强日常监管和事后整改。审计机制制度的创新，为顺畅开展领导干部自然资源资产离任审计工作提供了保障。

第二，建立党政领导干部生态环境损害责任追究制度。为了保护生态环境，给子孙后代留下绿水青山，2017年，江西省出台了《江西省党政领导干部生态环境损害责任追究实施细则（试行）》，明确规定对损害生态环境的领导干部进行终身追责。

党政领导干部生态环境损害责任是指党政领导干部不履行或者不正确履行职责，造成或者可能造成生态环境损害，或者造成因生态环境损害导致的群体性事件，或者未完成中央和上级党委、政府下达的生态环境和资源保护约束性目标任务。生态环境损害是指因污染环境、破坏生态导致的大气、水、土壤等环境要素与植物、动物、微生物等生物要素的不利改变和上述要素构成的生态系统功能的退化，以及由此造成的人身伤害和财产损失。[①]

各级党委和政府对本地的生态环境和资源保护负总责，党委和政府主要领导成员承担主要责任，其他有关领导成员在职责范围内承担相应责任。各级党委和政府有关工作部门及其所属机构的领导人员按照职责分别承担相应的责任。党政领导干部生态环境损害责任追究，坚持"党政同责、一岗双责、联动追责、主体追责、终身追究"和"依法依规、客观公正、科学认定、权责一致"的原则。党委和政府及有关部门要严格履行生态环境和资源保护工作职责。[②]

7. 坚持"谁污染谁买单，谁受益谁补偿"，构建全流域生态补偿制度

江西省生态补偿制度如表3-4所示。

表3-4　江西省生态补偿制度

	内容
一套制度	2018年5月，江西省委、省政府正式出台了《江西省生态环境损害赔偿制度改革实施方案》（以下简称《实施方案》），明确指出2018年在全省范围内试行生态环境损害赔偿制度，明确了生态环境损害的赔偿范围、赔偿权利人、赔偿义务人和赔偿途径等，初步建立了生态环境损害赔偿制度，组建了相应的鉴定评估专业机构，同步开展了案例实践

---

①② 江西省党政领导干部生态环境损害责任追究实施细则（试行）[N].江西日报，2017-03-30.

续表

	内容
一套 制度	凡因污染环境、破坏生态造成大气、地表水、地下水、土壤、森林等环境要素和植物、动物、微生物等生物要素发生不利改变，以及上述要素导致的生态系统功能退化，都适用这一方案。江西省结合实际，构建了途径畅通的索赔制度体系。综合考虑环境污染、生态破坏程度以及社会影响等因素，明确了具体情形，为便于索赔，特别制定了《较大以上生态环境损害分级标准》，该标准具有以下优势： 适用范围和赔偿范围更细、更精准。《实施方案》明确指出，江西省的生态环境损害赔偿范围以实际损失为基础，包括生态环境损害应急费用、生态环境损害调查评估费用、生态环境损害损失费用和生态环境修复费用四个项目，并对需要具体细化的项目进行了列举说明 职责分工明确，为探索途径畅通的索赔制度体系保驾护航。《实施方案》根据江西省的实际，明确了省环保厅、原农业厅、原林业厅、水利厅、原国土资源厅、住房城乡建设厅等负有生态环境保护监管职责的工作部门，具体负责各自职责范围内的生态环境损害赔偿工作。设区市政府根据本地的实际，参照省级赔偿权利人指定的部门，指定本级政府有关部门负责本地区的生态环境损害赔偿具体工作
四个 办法	针对索赔工作的实际，《实施方案》规定要制定符合江西特点的一系列索赔配套制度，包括《生态环境损害调查办法》《生态环境损害赔偿磋商办法》《生态环境损害修复监督管理办法》和《生态环境损害赔偿资金管理办法试行》四个办法，为索赔工作提供更多制度保障 试行分期赔付，探索多样化的责任承担方式。根据《实施方案》的附件《较大以上生态环境损害分级标准》，生态环境损害共分三级，Ⅰ级为特别重大生态环境损害，Ⅱ级为重大生态环境损害，Ⅲ级为较大生态环境损害。生态环境损害分级实现了与《江西省党政领导干部生态环境损害责任追究实施细则（试行）》附件《生态环境损害分级标准》的对接 《实施方案》规定，发生重大或特别重大生态环境损害事件的；在国家和省级主体功能区规划中划定的重点生态功能区、禁止开发区发生环境污染、生态破坏事件的；被依法追究刑事责任的生态环境资源类案件中，存在生态环境损害的；其他造成生态环境损害、具有较大社会影响的，均将依法追究生态环境损害赔偿责任 对于赔偿诉讼规则，《实施方案》表示，各级人民法院要按照有关法律法规，依托现有资源，由环境资源审判庭或指定的专门法庭审理生态环境损害赔偿民事案件；根据赔偿义务人的主观过错、经营状况等因素试行分期赔付，探索多样化的责任承担方式。鼓励、支持符合条件的社会组织依法开展生态环境损害赔偿公益诉讼 对于赔偿义务人自行修复或委托修复的，赔偿权利人在前期开展生态环境损害调查、鉴定评估和修复效果评估等产生的费用由赔偿义务人承担。对于赔偿义务人造成生态环境损害无法修复的，其赔偿资金作为政府的非税收入，全额上缴同级国库，纳入预算管理
三步 走路线	确立生态环境损害赔偿法制化三步走路线。《实施方案》将江西省生态环境损害赔偿工作分为三步：提出2018年在全省范围内试行生态环境损害赔偿制度，组建相应的鉴定评估专业机构，同步开展案例实践；2019年，通过案例实践进一步完善生态环境损害赔偿制度体系，持续做好生态环境损害赔偿各项工作，不断完善鉴定评估机制和赔偿工作机制，大幅度提高违法成本，形成环境有价、损害担责的社会氛围；2020年，在全省范围内初步构建责任明确、途径畅通、机制完善、技术规范、保障有力、赔偿到位、修复有效、公开透明的生态环境损害赔偿制度，积极推动生态环境损害赔偿制度法制化

资料来源：张林霞.江西生态环境损害赔偿有章可循［N］.中国环境报，2018-07-10.

近年来，江西省多地开始通过司法手段来解决生态环境损害赔偿相关的案例问题，取得了良好效果。

案例一：2017年1月，武宁人滕某在未办理林木采伐许可证的情况下，携带油锯擅自采伐自己栽种于武宁县杨洲乡界牌村"茶籽坪"山场的杉树84棵。被公安传唤到案后，滕某认错态度诚恳，并与武宁县国有林场签订了委托造林合同书，委托书规定由武宁县国有林场提供3亩林地以恢复被破坏的生态，获法院判处缓刑。

案例二：2020年2月8日，抚州市中级人民法院对检察机关提起的环境民事公益诉讼案作出一审判决，被告人时某、黄某被判共同承担生态环境修复费8万元，另在焚烧危险废物的现场和周边40余亩土地上进行植树造林，养护3年。对涉案全部危险废物及其残渣依法进行无害化处置，并承担已经发生的鉴定费、危险废物处理费等。

推行生态环境损害赔偿制度改革，是党中央、国务院在生态环境保护领域做出的一项重大决策。《实施方案》的出台，对全面贯彻落实《改革方案》，构建江西省生态环境损害赔偿制度，加快推进江西省国家生态文明试验区建设，打造美丽中国"江西样板"，全面推进富裕美丽幸福现代化江西建设具有重要意义。

8. 坚持"绿水青山就是金山银山"，探索生态治理新模式

2017年10月12日，省发改委等出台了《江西省推进生态保护扶贫实施方案》，通过加大生态系统保护与修复、推进环境综合治理等手段，进一步提升欠发达地区的生态质量，加大生态补偿力度，探索生态价值转换新模式，让欠发达地区和困难群众得到更多的"绿色红利"（郑荣林，2017）。

江西省加大生态系统，特别是生态脆弱地区的生态修复力度，着力解决城乡大气、水、土壤污染问题，加强生态功能重要区域的保护，不断提高欠发达地区的生态环境容量。在加大生态系统保护与修复、推进环境综合治理等方面，江西省出台了一系列政策。江西省在推进生态扶贫的过程中，坚持生态惠民，按照"谁受益、谁补偿"的原则，加大各类生态补偿投入，各类生态环境保护项目资金要优先向欠发达地区倾斜，加大重点生态功能区的转移支付力度，生态公益性岗位优先安排有劳动能力的经济不富裕的群众，确保这些群体在生态扶贫中得到更大的支持（郑荣林，2017）。

2020年，江西省生态补偿制度全面实施，对欠发达地区的补助比例进一

步提高。加大重点生态功能区的转移支付力度，在流域生态补偿资金分配上，提高 25 个欠发达县的分配系数。

绿水青山就是金山银山。江西省将有效挖掘生态资源，促进生态价值转换，2020 年，生态价值评估试点形成成果，初步探索出多种生态价值转换的模式。依托当地的资源禀赋和发展条件，因地制宜地发展高效特色种植业，推进特色产业与休闲旅游、健康养生等产业深入融合，使旅游接待人数达到 4.4 亿人次，旅游总收入超过 5000 亿元。

（二）赣州市的制度探索

赣州市率先在全省实施领导干部约谈、离任审计、责任追究、生态综合执法、自然资源负债表编制及"多规合一"等制度建设。在打造生态秀美乡村样板过程中，实施农村人居环境整治三年行动计划，实施"厕所革命"，抓好 5000 个左右村点的整治，积极推进田园综合体建设试点，大约建设 20 个农企带动、农业为本、农旅结合、农民共享的赣南特色田园乡村。实施农村人居环境整治三年行动计划。

赣州市深入推进自然资源资产负债表编制试点，组建国有自然资源资产管理和自然生态监管机构，落实生态环境损害赔偿制度，加快建立市县乡村四级网络化环境监管体系，研究生态文明建设管理办法，全面推广安远县生态综合执法经验，建立生态综合执法体制，全面完成县级生态综合执法机构组建，打造生态综合执法体制"赣州模式"。

1. 围绕"警示告诫、督促整改"，完善领导干部约谈问责制度

为推动会昌县各级领导干部牢固树立生态文明理念、切实履行生态文明建设责任，加快生态文明制度建设步伐，2017 年 10 月，会昌县印发了《会昌县生态文明建设领导干部约谈制度（试行）》（以下简称《约谈制度》）。

该《约谈制度》围绕县生态文明先行示范区建设领导小组约见未履行生态文明建设职责或履行职责不到位的领导干部，进行告诫谈话，指出相关问题，提出整改要求，并督促整改。它适用于各乡（镇）党委、人民政府，县委各部门和县直（驻县）各单位、人民团体及县属企业的领导干部。

该《约谈制度》明确了约谈情形，对存在贯彻上级决策部署不力；违反生态环境和资源保护法律法规与政策；因不履行或不正确履行职责，导致生态环境遭受破坏，造成重大影响但未达到生态环境损害Ⅵ标准；存在问题整改不到

位或整改到位后又出现反弹；挂牌督办或区域内党政领导和有关工作部门存在严重生态环境问题隐患，可能造成突发环境事件，威胁公众健康、生态环境安全或引起（可能引起）环境纠纷、群体上访的情形进行约谈。

约谈由县生态文明先行示范区建设领导小组成员单位或县环境保护委员会成员单位具体实施，采取个别谈话或集体谈话的方式进行，主持约谈部门负责督促被约谈人将约谈要求落实到位，及时将约谈要求的落实情况报送县生态文明先行示范区建设领导小组办公室，并存档备案。

约谈纪要及整改落实情况由县生态文明先行示范区建设领导小组办公室统一抄送县委组织部，作为对各级党政部门负责人和领导班子综合考核评价的重要依据。

2. 围绕"科学合理、实事求是"，出台自然保护地整合优化和生态保护红线评估方案

2020年4月3日，赣州市政府办公室印发了《自然保护地整合优化和生态保护红线评估调整工作方案》（以下简称《方案》），明确了自然保护地调整的总体目标、基本原则、科学调整范围、工作步骤和保障措施。

《方案》指出，自然保护地整合优化要坚持科学评估、合理调整，应划尽划、应保尽保，实事求是、简便易行，统筹协调、联动衔接的原则，通过调整优化，科学界定各类自然保护地范围，优化功能分区，细化管控措施，确保重要生态系统、自然遗迹、自然景观、生物多样性得到有效保护，夯实南方地区的重要生态屏障基础。

《方案》明确，要科学调整范围，解决交叉重叠问题，合理归并重组，准确把握调出调入，坚持稳妥有序退出，因地制宜地完善功能分区。要做好部门资料衔接，与国土三调资料、林业二调资料、永久基本农田整改核实工作等做好衔接，确保不再产生新的矛盾和问题。要充分融入生态红线优化成果，在国土空间规划中落实落细。

《方案》指出，成立由市政府分管领导任组长，市政府对口副秘书长、市林业局、市自然资源局主要负责同志任副组长，相关部门负责同志为成员的市自然保护地整合优化和生态保护红线评估调整工作领导小组。全市自然保护地整合优化工作于3月启动，5月中旬上报成果，分调查摸底、调研指导、编制预案（县级预案编制、市级审核完善、市级预案编制）和上报成果四个阶段进行。

《方案》指出，自然保护地整合优化工作时间紧、任务重、技术要求高，各县（市、区）财政要足额安排工作经费，切实保障工作的顺利开展。各级林业部门要充分发挥林业调查规划专业队伍优势，同时要聘请专业技术团队，组建技术支撑组，为整合优化提供强有力的技术支撑。市政府将自然保护地整合优化工作作为全市高质量发展考核、林长制工作考评的重要内容进行考核。

3. 围绕"协作共享"，实行市县政府机构联席会制度

第一，原赣州市环保局与原龙岩市环保局签订区域大气污染防治联防联控合作协议（赣龙区域大气污染联防联控联席会议制度）。2016 年 11 月，原赣州市环保局与原龙岩市环保局签订了区域大气污染防治联防联控合作协议。根据协议，两部门就建立大气污染防治联防联控达成了一致，建立赣龙区域大气污染联防联控联席会议制度，由原赣州市环保局、原龙岩市环保局联合主持召开，实行集体讨论重大问题会议制度；建立环境信息共享机制，建立健全两市环境监测监控资料信息共享制度；开展大气污染防治联防联控机制，集中开展调整能源机构、工业废气治理和移动污染源治理等领域的大气污染防治联防联控合作机制；开展跨境环境监察、监测预警和应急管理合作；建立会商制度，解决未尽事宜。

第二，大余县环境保护局与大余县检察院共建职务犯罪专题预防工作联席会议制度。2016 年 7 月，大余县环境保护局与大余县检察院共同建立职务犯罪专题预防工作联席会议制度。联席会议实行例会制，定期或不定期召开，保障和服务江西省生态文明先行示范区建设，切实加强环保工作人员的法制观念和廉洁意识，着力推动环保领域管理次序规范化和环境保护制度化，共同做好预防职务犯罪工作。通过联席会议，县环境保护局与县人民检察院建立协作配合、情况通报、信息共享的工作机制，共同开展专题预防活动。

4. 围绕"生态经济化、经济生态化"，探索全国碳排交易新模式

2015 年 12 月，会昌县绿源林业投资有限责任公司与北京盛达汇通碳资产管理有限公司签约林业碳汇合作开发项目，会昌成为全省少数几个开发林业碳汇项目的县。近年来，会昌县强力推进护林护绿行动，并通过一系列改革措施，提升山林的价值。目前，该县的森林覆盖率达 79.84%，有林地总面积为 333.3 万亩，活立木蓄积量为 845.2 万立方米（许远生和刘德周，2016）。

碳汇是指森林吸收、储存二氧化碳的能力。森林通过光合作用吸收空气中

的二氧化碳，释放氧气，形成碳汇。将其按规则进行交易，则可实现森林的生态价值补偿，俗称"卖空气"。林业碳汇项目使会昌县林农"靠山吃山"的传统林业生产方式不知不觉发生了改变。会昌县积极鼓励参与碳汇项目的林农开展多种经营，发展林下经济。

先有绿水青山，后有金山银山。近年来，会昌县把封山育林和造林绿化结合起来，编制省级森林城市创建规划，实行五年全封山，全面禁伐阔叶林，暂停下达经营性商品材采伐指标；严禁用木柴烤制烟叶；规范山地开发行为，禁止挖机上山开挖条带整地，大力开展一系列林业专项整治行动，严厉打击各种涉林违法犯罪活动。在这一年多的时间内，绿源林投公司投入资金近200万元，实施高标准造林近万亩，超过了改革前林场十年的造林总量。凤凰岽林场大力开展速生用材林新造、低效林改造和幼林抚育等活动，积极推进森林旅游项目开发，森林科考探险、野外宿营和农家乐体验等项目成为了生态经济增长的新亮点（许远生和刘德周，2016）。

这些年，赣州一直在积极探索实施节能量、碳排放权、排污权、水权交易试点，探索全国低碳城市试点，促进生态经济化、经济生态化。当前，赣州市正在努力争取与江西省碳排放交易中心的合作，力争探索出碳排放权、碳汇交易的新模式。

5. 围绕流域"成本共担、效益共享、合作共治"，率先建立跨省横向生态补偿机制

东江是珠三角地区的重要水源。2016年，江西和广东两省政府签署了《东江流域上下游横向生态补偿协议》，建立了东江流域上下游横向水环境补偿机制，中央、江西省级财政已累计下达东江流域生态补偿资金8亿元，支持赣州市东江源区推动首批33个生态环保项目建设，总投资7.65亿元。试点实施一年多来，东江水质稳中向好，源区环境得到了综合治理，体制机制不断创新，跨区域合作有了新的突破。

生态补偿达成共识后，赣州把东江流域生态补偿工作作为赣南老区振兴发展的重大政治责任和重要民生工程来抓，将东江流域生态补偿项目纳入国家山水林田湖生态保护修复试点统一调度，并将其列入2017年度市委书记领衔推进落实的重大改革项目（曹建林、邱天宝，2018）。在开展生态环境现状调查和评估的基础上，组织编制了《东江流域生态环境保护和治理实施方案》，针对东江源水质维稳压力较大、生态环境较为脆弱、环境保护基础设施落后及流

域环境监管能力不足等问题，规划实施污染治理工程、生态修复工程、水源地保护工程、水土流失治理工程和环境监管能力建设工程五个方面的 79 个重点项目，总投资 18.88 亿元。

赣州市出台了《赣州市东江流域生态补偿资金暂行办法》，在规范资金管理的同时，创新性地提出了新的资金分配方式，将补偿资金分为三部分：第一部分（80%）作为基本补偿资金，按因素法分配给各流域县；第二部分（不超过 2%）作为机制奖励资金，用于奖励上下游达标流域上游县；第三部分（不超过 18%）作为绩效奖励资金，根据各流域县的水质达标情况进行分配，形成"能奖能扣、奖优罚劣"的奖惩机制。

赣州市还出台了《赣州市东江流域生态补偿项目管理暂行办法》，明确了项目范围、建设管理、竣工验收和考核程序等，有效保证了生态补偿项目的建设质量和进度，严格各个项目管理，加强各县的水质考核。为确保过境断面水质达标，研究制定了《东江流域水质考核断面监测方案》，在东江流域布设了 10 个监测断面，每月对 pH 值、高锰酸盐指数和氨氮等 23 个指标进行监测。

试点项目实施以来，东江跨省界断面水质均达到或优于Ⅲ类水质标准，氨氮、总磷等主要污染物指标逐步下降，东江源水质明显改善。今后，赣州将进一步健全体制机制，加强资金绩效考核，强化治理措施，加强交流沟通，切实保护好东江源头（曹建林、邱天宝，2018）。

6. 围绕"整合职能、协调联动、无缝链接"，率先实施三县生态综合执法制度

作为国家层面的一项重大改革举措，开展生态综合执法是守护绿水青山的重要一招。近年来，赣州市安远县、大余县和会昌县率先开展生态综合执法模式的探索，安远县积极整合职能，明确生态综合执法的主体及其法律地位。不仅在全省率先组建了生态综合执法机构和生态综合执法队伍，还依法授予了生态综合执法机构相对集中的行政处罚权。大余县通过构建生态环境综合执法联合体、建立区域分片联合执法工作机制及生态执法与检察监督联动机制等举措，实现生态综合执法一体化。会昌县将生态环境行政执法与刑事司法有机衔接，在生态环境综合执法大队中设立检察官办公室，生态环境监督和执法管理双管齐下，协同推进生态综合执法。三县分别在"整合职能""协调联动"和"无缝衔接"上做文章，率先建立了畅通高效的联动机制，有效解决了"多头执法""顾此失彼"和"各自为战"的问题，为深入推进国家生态文明试验区

建设保驾护航（见表 3-5）。

表 3-5　安远县、会昌县和大余县的综合执法对比

地区	组建时间及名称	执法内容
安远县	2016 年 4 月，安远县组建起全省首支专门针对生态环境的综合执法队伍 2017 年 10 月，成立生态综合执法局	截至目前，累计开展执法巡查 642 次，制止破坏生态环境行为 512 起，刑事立案 9 起，受理行政案件 43 起，行政处罚 14 人，协助森林公安局办理刑事案件 2 起，取保候审 3 人，移送起诉 2 起
会昌县	2017 年 3 月，会昌县生态环境综合执法大队成立	将全县划分为 3 个执法片区，坚持日常巡查，全面掌握全县河流、库区、矿山、畜禽养殖和主要污染源的分布情况，围绕城乡饮用水源保护、畜禽养殖关停拆迁整治、渔业资源保护和河流生态环境综合执法、破坏矿产资源行为、污染生态环境行为等开展专项行动
大余县	2017 年 8 月，大余县组建生态综合执法局	对乱砍滥伐、污染河流水库等水体、无证采砂、破坏渔业资源、畜禽养殖污染、水土流失、非法占用农用地及非法采矿等行为进行查处

资料来源：曹建林，邱天宝.完善体制机制　守护绿水青山［EB/OL］.［2018-06-13］. http://www. ganzhou.gov.cn/zfxxgk/c100449r/2018-06/13/content_154e5ede035a4a8caf42d48726232fe9.shtml.

　　赣州创新了生态综合执法模式，破解了生态执法领域职能交叉的难题，在全省率先设立了生态检察处、成立了环资审判合议庭，加快探索"三合一"审理模式：自生态综合执法队伍组建以来，累计开展执法巡查 1387 多车 / 次，制止破坏生态环境行为 754 起，受理、查处行政案件 274 起，受法律法规惩处 80 多人（曹建林、邱天宝，2018）。

7. 围绕"行为后果双追责"，实施生态环保损害责任追究细则

　　2017 年 12 月，《会昌县党政领导干部生态环境损害责任追究实施细则（试行）》（以下简称《细则》）印发并施行，旨在加快推进生态文明建设，健全生态文明制度体系，强化党政领导干部的生态环境和资源保护职责。《细则》指示，各级党委和政府对本地的生态环境和资源保护负总责，党委和政府主要领导成员承担主要责任，其他有关领导成员在职责范围内承担相应责任。各级党委和政府有关工作部门及其所属机构的领导人员按照职责分别承担相应责任。

　　根据《细则》，党政领导干部生态环境损害责任追究坚持党政同责、一岗双责、联动追责、主体追责、终身追究和依法依规、客观公正、科学认定、权责一致的原则。追责情形既包括发生环境污染和生态破坏的"后果追责"，也

包括违背中央有关生态环境政策和法律法规的"行为追责"。例如，地方党委和政府主要领导做出的决策严重违反城乡土地利用、生态环境保护等规划，及政府有关工作部门领导违反生态环境和资源方面政策、法律法规，批准开发利用规划或进行项目审批（核准）的情况，都要受到责任追究。①

《细则》指出，要实行生态环境损害责任终身追究制，同时规定对生态环境和资源遭受严重破坏负有责任的干部不得提拔任用或者转任重要职务。

二、赣闽黔三省生态文明制度的比较分析

2016年8月，中共中央办公厅、国务院办公厅印发了《关于设立统一规范的国家生态文明试验区的意见》及《国家生态文明试验区（福建）实施方案》，并发出通知，福建省、江西省和贵州省作为具有代表性的地区率先开展国家生态文明试验区建设。

《关于设立统一规范的国家生态文明试验区的意见》提出，设立若干试验区，形成生态文明体制改革的国家级综合试验平台。通过试验探索，到2017年，推动生态文明体制改革总体方案中的重点改革任务取得重要进展，形成若干可操作、有效管用的生态文明制度成果；到2020年，试验区率先建成较为完善的生态文明制度体系，形成一批可在全国复制推广的重大制度成果，资源利用水平大幅提高，生态环境质量持续改善，发展质量和效益明显提升，实现经济社会发展和生态环境保护双赢，形成人与自然和谐发展的现代化建设新格局，为加快生态文明建设、实现绿色发展、建设美丽中国提供有力制度保障。

（一）福建省生态文明制度成果

福建省加快创新生态文明制度体系，一批改革经验和制度成果在全国交流推广，主要表现在有效运用市场机制、大力加强管控力度和促进共享改革红利三大方面。

---

① 宁都县人民政府.中共江西省委办公厅、江西省人民政府办公厅关于印发《江西省党政领导干部生态环境损害责任追究实施细则（试行）》的通知［EB/OL］. http://xxgk.ningdu.gov.cn/jxnd/bmgkxx/xhjbhj/fgwj/fg/201703/t20170331-278015.htm.

1. 有效运用市场机制

第一，大力推进功能区建设。在生态省建设方面，福建省委省政府明确提出"百姓富、生态美"目标，围绕"生态省"推进功能区建设是一大举措。

福建把全省划分成四大功能区（重点、优化、限制和禁止开发区域），布局比较清楚，并区别对待，在细则上让沿海、主城区、农业主产区和自然森林保护区各归其位。把现有重点生态区位内禁止采伐的商品林通过赎买等方式保护起来，化解生态保护和林农利益之间的矛盾。

第二，最早探索碳排交易。福建是最早探索碳排交易的省份，在加大环境保护力度和建设力度方面取得了显著成效。

2016年12月22日，在福建省碳排放权交易启动仪式上，南平市顺昌县国有林场与罗源闽光钢铁公司达成全省首笔林业碳减排量交易。当天，林场推出的首期15.55万吨碳减排量在海峡股权交易中心全部售出，成交金额288.3万元。这说明，林业碳汇项目既可促进森林质量提高，又可使林区生态优势转化为经济优势，实现社会得绿、企业得利、农民增收。

第三，率先创新林业金融。自2016年以来，福建省围绕深化集体林权制度改革，在全国率先试点把现有重点生态区位内禁止采伐的商品林通过赎买等方式保护起来，化解生态保护和林农利益之间的矛盾。

作为全国重点林区，三明市森林面积为2646万亩，覆盖率76.8%。林改后，三明市农民人均分到的林子不足10亩，每户在30~50亩，而且不是集中连片的。小额林权处置困难，金融部门想贷却不敢贷，广大林农需要贷款却贷不到。2016年底，三明市林业局与三明农商银行合作，率先推出普惠林业金融新产品"福林贷"（秀英，2019）。"福林贷"是由村委会牵头设立的村级林业担保基金，贷款林农按一定比例交缴保证金，由林业合作社为林农提供贷款担保，林农以其同等价值的林业资产作为反担保来申请贷款。贷款额度按林农出资担保基金最高10倍放大，最高可获得20万元的贷款，一次授信，期限3年（秀英，2019）。用市场活水换更多的青山绿水，通过在全国率先创新林业金融，目前，福建省涉林贷款金额为251亿元，总量位居全国前列。

2. 大力加强管控力度

第一，建立党政领导生态环保目标责任制。实施地方党政领导生态环保目标责任制，形成纵向到底、横向到边、上下联动的工作格局和全链条、多层次、广覆盖的责任体系。

第二，构建目标考核体系。福建省发改委有关负责人表示，要强化绿色发展导向，必须推动生态环保重心由"末端治理"向"全程管控"转变，避免出现"先污染后治理、边污染边治理"的局面。为此，福建省建立了涵盖8个方面、49项指标的考核体系，突出绿色发展指标。

第三，建立领导干部自然资源资产离任审计制度。推行领导干部自然资源资产离任审计制度后，各级领导干部对环境保护更加重视，这是积极践行"绿水青山就是金山银山"理念的表现，生态环境好了，才能提升对外的吸引力和承接力，从而推动经济快速发展。

第四，建立生态环境损害赔偿制度。2018年11月，福建省在全省试行生态环境损害赔偿制度，推动各级各有关部门切实履行生态环境保护监管职责，严格追究生态环境损害责任者责任，治理修复受损生态环境。

根据《福建省生态环境损害赔偿制度改革实施方案》，福建将以生态环境损害者承担应有责任为核心，以及时修复受损生态环境为重点，同时结合福建省情，在赔偿范围、职责分工和实施程序等方面进行细化和创新，增强可操作性。

在赔偿适用范围方面，除中央规定的情形外，福建还增加了陆域生态保护红线范围内发生的损害事件，以及直接造成区域环境质量等级下降或耕地、林地、绿地、湿地和饮用水水源地等功能性退化的损害事件两类情形。据了解，自2016年起，福建主动探索生态环境损害赔偿试点改革，并研究制定了通则和大气、地表水、土壤及森林等方面的鉴定评估技术规范，逐步建立起生态环境损害赔偿技术体系，为本次全面试行夯实了基础。

第五，推行生态环境准入清单管理。自2018年以来，厦门市建设高素质创新创业之城、高颜值生态花园之城的目标稳步落实，越来越多的创新创业项目选择栖息鹭岛。鹭岛在焕发欣欣向荣生命力的同时，引发了厦门市对新生态空间布局和新发展理念的思考。随着《厦门市生态环境准入清单》的编制完成和落地实施，厦门初步构思出了答题纲要。

为贯彻落实党中央、国务院推进生态文明体制改革和全面加强生态环境保护坚决打好污染防治攻坚战的决策部署，在厦门市委、市政府和福建省生态环境厅的领导下，厦门市生态环境局统筹协调、先行先试，结合城市发展定位、空间规划和保护格局，主动对接福建省生态环境厅"三线一单"（生态保护红线、环境质量底线、资源利用上线和生态环境准入清单）实施方案框架，在全省率先参与编制工作，并于 2019 年 11 月 12 日印发了《厦门市生态环境准入清单》（以下简称《准入清单》）。

《准入清单》融入了厦门市的"多规合一"体系，完善了"一张蓝图"生态环境管控要素和机制，在规划策划、项目生成、选址布局、土地出让、行政审批和事中事后监管等过程中发挥了生态空间导向、告知和约束作用。

该《准入清单》建立起了一套以"三线"为基础、覆盖厦门全市域的生态环境分区管控体系和衔接共享信息的管理系统。

《准入清单》明确指出了厦门市不得准入的高污染、高耗能等严重影响生态环境的建设项目，从项目的生成到项目环评文件的审查审批，层层把关，坚决禁止不符合准入要求的建设项目落地，对符合准入要求的建设项目，引导到相应的功能区域进行落地，实现产业项目和生态空间的有机融合。作为一张"生态绿网"，该准入清单在生态保护红线和生态控制线的基础上，能够识别红线之外、生态控制线之内需要加强保护的生态空间，既确立了环境质量底线，又对接了资源利用上线。

3. 促进共享改革红利

福建国家生态文明试验区改革任务的重中之重是要把有利于增强基层和群众获得感的改革摆在优先位置，努力以改革红利造福群众。

第一，制定农村污水垃圾整治提升三年工作方案。福建省把农村人居环境整治作为重点方向，尽最大可能为百姓提供优质的生态产品。为此，福建省制定了农村污水垃圾整治提升三年工作方案、培育发展农村污水垃圾处理市场主体方案等政策，建立了垃圾治理长效机制。截至 2017 年底，福建省所有乡镇建成生活垃圾转运系统，75% 的乡镇建成污水处理设施，84 条黑臭水体完成整治，1126 千米河道完成生态治理（薛志伟，2019）。

第二，构建流域生态补偿机制。为改变"上游污水直排，下游淘米做饭"的状况，福建在全省 12 条主要流域建立了资金筹措与地方财力、保护责任、受益程度挂钩，资金分配以水环境质量为主要依据，统一规范的流域生态补偿机制，近三年累计投入补偿资金近 35 亿元，大部分补偿到了流域上游欠发达地区和生态保护地区，让绿水青山的守护者有了更多的获得感。由省级政府牵头推动，责任共担、稳定增长的补偿资金筹集机制，以及奖惩分明、规范运作的补偿资金分配机制，较好地解决了"钱怎么筹"和"钱怎么分"两大难题，有效促进了流域上下游关系的协调和水环境质量的改善（薛志伟，2019）。

（二）贵州省生态文明制度成果

贵州省目前作为省级空间规划、自然资源统一确权登记、自然资源资产负债表编制、领导干部自然资源资产离任审计、生态环境损害赔偿、环境监察执法机构垂直管理、国家自然资源资产管理、绿色金融、生态环境大资料和生态产品价值实现机制十个国家级试点，探索出了可复制、可推广的成功经验。

从法规方面来看，贵州省率先颁布了市级和省级层面的生态文明建设地方性法规，颁布了大气污染防治和水资源保护条例等 30 余部配套法规，率先设置了环保法庭并推动公检法配套的环境资源专门机构实现全覆盖，率先开展了由检察机关提起的环境行政公益诉讼，率先实施了生态司法修复，率先成立了生态文明律师服务团和生态环境保护人民调解委员会，率先发布了全国首份生态环境损害赔偿司法确认书。[①]

近年来，贵州省在推进生态文明制度建设上主要做了以下探索。

第一，在生态补偿上共建共治，黔滇川三省签订了赤水河流域横向生态保护补偿协议。2013 年，贵州、四川和云南共同签订了《川滇黔三省交界区域环境联合执法协议》，建立了"信息互通、资料共享、联防联治"的环境联合执法体系。

2016 年 11 月 25 日，为贯彻落实《国务院办公厅关于健全生态保护补偿机制的意见》（国办发〔2016〕31 号）精神，加大云南、贵州和四川三省共同保护赤水河流域的力度，拟在赤水河流域建立三省生态补偿机制，原省环境保护厅在贵阳召开了赤水河流域滇黔川三省生态补偿方案技术讨论会，原环境保护规划财务司及云南省和四川省原环境保护厅有关负责同志参加了会议。会议研究讨论了生态补偿方案，并就共同保护赤水河达成了一致意见，为推动三省赤水河流域生态补偿机制工作奠定了基础。

2018 年签订的《赤水河流域横向生态保护补偿协议》，进一步健全了赤水河流域跨省生态补偿机制，推动了生态环境保护联动发展。

第二，在水资源保护上先试先行，将河长制纳入水资源保护条例等地方性法规。从 2017 年 1 月 1 日起，《贵州省水资源保护条例》（以下简称《条例》）正式施行，为保护贵州水资源保驾护航。《条例》有许多改革创新的亮点，其中有三个是全国率先。

---

① 省政协十二届二次会议大会发言摘登（二）[N].贵州政协报，2019-01-31.

作为全国率先在地方法规中全面推行"河长制"的省份，贵州在治理赤水河等流域方面已取得了先进经验。流经贵州且流域面积达到 50 平方千米的河流共有 1059 条，此次《条例》的施行，保护了全省年均径流量为 1062 亿立方米的主要水资源。

《条例》最大的亮点是加大了违法行为的惩处力度。《条例》明确指出，擅自在江河、湖泊新建、改建或者扩大排污口的，由县级人民政府水行政主管部门责令限期拆除，并处以 2 万元以上 10 万元以下罚款；逾期不拆除的，强制拆除，所需费用由违法者承担，并处以 10 万元以上 50 万元以下的罚款。入河（湖）排污口设置单位拒报或者谎报入河排污情况的，由县级人民政府水行政主管部门责令限期改正；逾期不改正的，处以 1 万元以上 3 万元以下罚款（李坚和杨兴波，2016）。《条例》的处罚力度空前增大，被称为贵州史上最严格的水资源保护条例。

贵州作为全国年平均径流量排名第九的水资源大省，在多年来的生态文明建设实践中探索出了成功经验和典型模式，并将其转换为法规条文固化了下来。

此次修订水资源保护条例，把贵州省最近几年取得的"治水新经"都写进了法规中，特别是在全国范围内都属于改革创新的三条新举措，这些举措在全国范围内实现了三个率先：率先在地方性法规中提出全面推行河长制；率先在地方性法规中要求提高中水回用率；率先要求行政主管部门确定河流的合理流量、湖泊水库的合理水位。

"十三五"期间，贵州继续狠抓骨干水源工程建设，新建设了福泉凤山、遵义观音、都匀石龙和威宁玉龙等一批大型水库，建设了 100 余座中型水库、100 余座小型水库，水利工程设计供水能力可达 150 亿立方米以上，力争实现"市市（州）有大型、县县有中型、乡乡有稳定水源"的目标，基本解决了工程性缺水问题。2016 年，国家部委初步同意将福泉凤山等 14 座大型水库、129 座中型水库及 366 座小型水库纳入全国水利建设"十三五"规划中。

第三，在污染治理上以渣定产，倒逼磷化工企业加快磷石膏资源综合利用。按照国际惯例，磷化工生产过程中产生的磷石膏主要进行堆存处理。但是，作为全国磷矿主产区之一的贵州不走寻常路，利用科技创新率先在全国"以渣定产"，倒逼磷化工企业走上了绿色转型和综合利用之路。[①] 在贵州省两

---

① 贵州"以渣定产"破解磷化工难题［N］.科技日报，2020-01-20.

会期间，省政协委员、贵州开磷建设集团有限公司总会计师于桂琴透露，"以渣定产"催生了新型建筑材料等新产业，磷石膏在贵州正"变废为宝"。贵州省内磷石膏的堆存量已经达到了1亿多吨。

2018年，贵州省政府出台了磷化工企业"以渣定产"的政策，按照"谁排渣谁治理，谁利用谁受益"的原则，将磷石膏产生企业消纳磷石膏情况与磷酸等产品生产挂钩，倒逼企业加快磷石膏资源综合利用。①"以渣定产"在中国乃至世界上都是首创。2019年，贵州瓮福与开磷两大磷肥巨头，战略性地成立了贵州磷化集团，把"高端化、精细化、绿色化、国际化"作为发展方向。在实现绿色转型发展中，公司加大了磷石膏资源综合利用技术研发、产品研发、成果转化和市场开拓的力度，将磷石膏"变废为宝"，在对磷石膏的利用途径上，增加了轻质抹灰砂浆、喷筑砂浆、石膏条板和渣场生态环保工程项目利用，使得磷石膏的年利用率大幅提升。②2019年，磷化集团磷石膏利用总量达到656.17万吨。目前，已形成了充填材料类产品、建筑材料类产品、装饰家居材料类产品三大类十多个产品。

从2019年贵州省政府工作报告来看，磷化工企业"以渣定产"持续推进，完成营造林520万亩，治理石漠化1006平方千米、水土流失2720平方千米。

第四，在生态扶贫上实现双赢，出台生态扶贫专项制度，实施十大工程。为深入贯彻落实江西省深度贫困地区脱贫攻坚行动方案，切实发挥生态扶贫的重要作用，助力脱贫攻坚、决胜同步小康，特制定《贵州省生态扶贫实施方案（2017—2020年）》。

深入贯彻落实中央和省委、省政府关于脱贫攻坚的决策部署，大力实施生态战略行动，坚持生态优先、绿色发展，坚持"绿水青山就是金山银山"，与建设国家生态文明试验区紧密结合，通过实施生态扶贫十大工程，进一步加大生态建设保护和修复力度，促进困难人口在生态建设保护修复中增收、致富，不断增强保护生态、爱护环境的自觉性和主动性，实现百姓富和生态美的有机统一。

第五，在赤水河流域创改革先河，实行多方位生态文明制度改革。地处中国西南腹地的贵州长期发展滞后，特殊的地理位置及薄弱的经济基础，决定了贵州的改革开放程度不深、力度不够，但也让贵州保留了青山绿水。贵州一直在积极探索欠发达地区立足自身优势实现跨越发展的新模式。党的十八大提出

---

① ② 贵州"以渣定产"破解磷化工难题［N］.科技日报，2020-01-20.

要建设生态文明。贵州以此为机遇，确立"生态优先、绿色发展"战略，志在通过生态文明改革实现科学发展、后发赶超。

赤水河流域（贵州段）承担了贵州1/9的国民经济总量，是贵州的生态河、美景河、美酒河和英雄河。2014年，贵州省委、省政府将赤水河作为贵州首个生态文明改革实践示范点，发布了《贵州省赤水河流域生态文明制度改革试点工作方案》，启动了流域生态补偿制度、生态环境保护监管和行政执法体制改革、生态环境保护司法保障制度和环境保护河长制等12项生态文明改革措施。

通过制度改革，赤水河流域的水环境质量得到了大幅改善，自2016年以来，全流域基本能够维持在Ⅰ类、Ⅱ类水质。2018年，在"寻找中国好水"暨第二届"中国好水"水源地发布会上，贵州赤水河荣获"中国好水"优质水源称号。

三、制度建设分析

生态文明建设必须观念先行，制度建设是生态文明建设的内容之一，统领和制约着生态文明建设的方向和步伐。福建、江西和贵州作为国家生态文明试验区，近几年来，积累了不少的制度建设经验，但也存在一些不足之处，本书对横向对比分析结果进行了归纳总结，得出了以下结论：

通过三省的横向分析可以发现，江西省紧紧围绕"建设美丽中国'江西样板'，建成山水林田湖草综合治理样板区、中部地区绿色崛起先行区、生态环境保护管理制度创新区、生态扶贫共享发展实验区"这一战略定位，制定了针对鄱阳湖流域等特色领域的生态文明制度。在生态环保制度方面，赣州市先试先行，三县的生态综合执法走在全国前列，各县针对地方的生态资源积极响应省市政策号召，取得了以下制度成果（见表3-6、表3-7）：

表3-6 赣州市生态文明建设政策汇总

年份	文件名称
2016	《2016年县（市、区）环保工作包干督查、挂点帮扶的实施方案》
2016	《赣州市环境影响评价机构监督检查实施细则（试行）》
2016	《赣州市环保局关于打好提升空气质量硬仗专项实施方案》等10个专项实施方案

年份	文件名称
2016	《关于建立环境污染治理技术 信息共享服务平台及其推广运用实施方案》
2017	《赣州市环境保护局危险化学品环境管理 专项整治实施方案》
2017	《赣州市火电、造纸行业排污许可证核发 工作实施方案》
2018	《赣州市第二次全国污染源普查实施方案》
2018	《"绿盾 2018"赣州市自然保护区监督检查专项行动实施方案》
2018	《赣州市环境保护局例行新闻发布制度》
2018	《赣州市生态环保基础设施建设 三年行动计划（2018—2020 年）》
2019	《赣州市乡镇生态环境质量自动监测网络建设方案》
2020	《赣州市中心城区声环境功能区划分方案》

资料来源：赣州市人民政府官网。

表 3-7 赣南老区各县（市、区）生态文明建设政策汇总

县（市、区）	年份	文件名称
章贡区	2016	《章贡区进一步提升中心城区环境空气质量工作实施方案》
	2016	《章贡区 2016 年公共机构节约能源资源工作实施方案》
	2016	《全区主要交通沿线和城镇周边山地生态环境突出问题集中整治实施方案》
	2017	《关于加快推进章贡区绿色建筑发展的实施方案》
	2017	《章贡区创建国家森林城市宣传工作方案》
	2017	《章贡区河流断面水质提升实施方案》
	2017	《章贡区构建水土保持"三横一纵"监管网络实施方案》
	2017	《章贡区河长制区级会议制度》《章贡区河长制信息工作制度》《章贡区河长工作制度（试行）》《章贡区河长制工作督办制度》《章贡区河长制工作考核问责办法》《章贡区河长制工作督察制度》《章贡区河长制升级版示范工程实施方案》
赣县区	2017	《赣州市赣县区天然林保护实施方案》
	2018	《赣州市赣县区办理中央环保督察"回头看"关于工业废气污染信访问题专项整治实施方案》

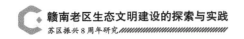

续表

县（市、区）	年份	文件名称
于都县	2016	《于都县水污染防治工作实施方案》
	2017	《于都县生态红线校核调整完善工作方案》
	2017	《于都县环境保护网格化监管工作实施方案》
	2017	《于都县迎接长江经济带生态环境保护专项审计工作方案》
	2018	《于都县推进绿色经济发展实施方案》
	2018	《2018 年于都县水污染防治工作计划》
	2018	《于都县煤矸石矿山开采秩序专项整顿工作方案》
	2018	《于都县 2018 年国家重点生态功能区县域生态环境质量考核自查工作实施方案》
	2019	《于都县 2019 年林长制工作要点》《2019 年林长制县级工作考核评分办法》
	2019	《2019 年于都县河长制工作要点》《2019 年于都县河长制考核方案》
	2019	《于都县国土空间总体规划（2020—2035 年）编制工作方案》
兴国县	2016	《兴国县环境保护监管网格工作方案》
	2016	《兴国县长冈水库饮用水源保护区环境综合整治工作方案》
	2016	《兴国县开展山地开发项目水土流失集中整治工作方案》
	2016	《兴国县打造绿色矿业发展示范区工作方案》
	2016	《兴国县 2016 年大气污染防治实施计划》
	2016	《兴国县主要交通沿线和城镇周边山地生态环境突出问题集中整治实施方案》
	2016	《兴国县水污染防治工作方案》
	2017	《兴国县 2017 年打造河长制示范点工作实施方案》
	2017	《兴国县土壤污染防治工作方案暨土壤环境保护方案》
	2018	《兴国县第二次全国污染源普查实施方案》
	2018	《兴国县 2018 年大气污染防治攻坚实施方案》
	2018	《2018 年兴国县水污染防治工作计划》
	2018	《兴国县秸秆综合利用和禁烧行动工作方案》
	2018	《兴国县环境保护监管网格工作方案》
	2018	《兴国县水土保持工程建设以奖代补试点工作方案》
	2018	《兴国县打赢蓝天保卫战三年行动计划（2018—2020 年）》
	2018	《兴国县城乡环境综合整治百日攻坚"净化"行动实施方案》
	2018	《兴国县地表水考核断面水质超标（降类）问题整改工作方案》

续表

县（市、区）	年份	文件名称
兴国县	2018	《兴国县 2018—2019 年度低质低效林改造实施方案》
	2019	《兴国县林长制县级会议制度》《兴国县林长制信息通报制度》《兴国县林长制县级督办制度》《兴国县林长制工作考核办法（试行）》
	2020	《兴国县国土空间总体规划（2020—2035 年）编制工作方案》
	2020	《兴国县矿山地质环境恢复和综合治理规划（2019—2025 年）》
信丰县	2017	《信丰县建立以绿色生态为导向的农业补贴制度改革实施方案》
	2018	《信丰县第二次全国污染源普查实施方案》
	2019	《信丰桃江省级湿地公园管理办法》
	2019	《信丰县打赢蓝天保卫战三年行动计划（2018—2020 年）》
	2019	《信丰县固体废物非法倾倒和堆存整治工作方案》
	2019	《信丰县环评审批改革实施方案》
	2019	《信丰县国土空间总体规划（2020—2035 年）编制工作方案》
	2019	《信丰县 2019—2020 年度低质低效林改造实施方案》
会昌县	2017	《会昌县工业园区环境综合整治专项行动工作方案》
	2017	《会昌县生态文明建设领导干部约谈制度（试行）》
	2017	《会昌县党政领导干部生态环境损害责任追究实施细则（试行）》
	2017	《领导干部自然资源资产离任审计制度》
安远县	2016	《安远县加快推进公共机构节约能源资源促进生态文明建设实施方案》
	2017	《安远县环境保护监管网格划分工作实施方案》
	2017	《安远县天然林保护工作实施方案》
	2017	《关于做好安远县东江流域生态环境保护和治理项目推进工作的通知》
	2017	《安远县 2017-2018 年度低质低效林改造实施方案》
	2017	《安远县河长制县级会议制度》《安远县河长制信息工作制度》《安远县河长工作制度》《安远县河长制工作督办制度》《安远县河长制工作考核问责办法》《安远县河长制工作督察制度》《安远县河长制体系建立验收评估办法》
	2018	《安远县矿山复绿整治工作方案》
	2018	《安远县第二次全国污染源普查实施方案》
	2018	《安远县大气污染防治攻坚实施方案》
	2018	《安远县网格化环境监管工作实施方案》
	2018	《进一步加大中央环保督察反馈问题整改力度全面提升整改工作水平的通知》

续表

县（市、区）	年份	文件名称
安远县	2019	《安远县 2018—2019 年度低质低效林改造实施方案》
	2019	《安远县重点区域森林绿化美化彩化珍贵化建设实施方案》
	2019	《安远县国土空间总体规划（2020—2035 年）编制工作方案》
	2020	《安远县 2019—2020 年度低质低效林改造实施方案》
寻乌县	2017	《寻乌县天然林保护工作实施方案》
	2017	《寻乌县 2017 年度东江流域生态环境保护和治理实施方案》
	2017	《寻乌县"城乡环境整治年"活动实施方案》
	2017	《寻乌县中心城区"四尘三烟三气"综合整治实施方案》
	2018	《寻乌县河长制专项资金筹集使用管理办法》
	2018	《寻乌县 2018 年大气污染防治专项行动实施方案》
	2018	《寻乌县生态环境保护集中宣传活动方案》
	2018	《寻乌县"路长制"实施方案》
	2018	《2018 年寻乌县水污染防治工作计划》
	2018	《寻乌县水体浑浊专项治理方案》
	2019	《寻乌县 2019 年林长制工作要点》《寻乌县 2019 年林长制县级工作考核评分办法》
	2019	《寻乌县环评审批提质增效改革实施方案》
定南县	2016	《定南县实施"河长制"管理工作方案》
	2017	《定南县全面推行河长制工作方案（修订）》
	2018	《定南县实施湖长制工作方案》
	2018	《定南县长江经济带"共抓大保护"攻坚行动工作方案》
	2018	《定南县 2018—2019 年度低质低效林改造实施方案》
	2018	《定南县绿色矿山建设方案》
	2019	《定南县政策性商品林综合保险实施方案》
	2019	《定南县松材线虫病生态灾害追责办法》
全南县	2016	《龙兴水库饮用水源保护区环境综合整治方案》
	2016	《全南县河长制县级会议制度（试行）》《全南县河长制信息通报制度（试行）》《全南县河长工作制度（试行）》《全南县河长制工作督办制度（试行）》《全南县河长制工作考核办法（试行）》
	2017	《全南县集中开展山林权属纠纷调处工作方案》
	2017	《全南县天然林保护工作实施方案》

县（市、区）	年份	文件名称
全南县	2017	《全南县2017年度主要污染物总量减排计划》
	2018	《全南县土壤污染防治工作方案暨土壤环境保护方案》
	2018	《全南县第二次全国污染源普查实施方案》
	2018	《全南县龙兴水库饮用水水源地 水污染隐患问题整治工作方案》
	2018	《全南县环境违法行为"利剑行动"工作方案》
	2018	《全南县工业企业排污治理"零点行动"工作方案》
	2018	《2018年全南县河长制湖长制工作要点》《2018年全南县河长制湖长制考核方案》
	2018	《全南桃江国家湿地公园试点建设实施方案》
	2018	《全南县加快林下经济发展的实施方案》
	2018	《全南县国家重点生态功能区县域生态环境质量2018年度考核工作实施方案》
	2018	《全南县市容环境综合整治百日攻坚行动实施方案》
	2018	《全南县河长制湖长制县级会议制度》《全南县河长制湖长制信息工作制度》《全南县河长制湖长制工作制度》《全南县河长制湖长制工作督办制度》《全南县河长制湖长制工作考核问责办法》《全南县河长制湖长制工作督察制度》《全南县河长制湖长制巡河制度》
	2019	《全南县水库水质保护办法（试行）》
大余县	2017	《大余县水土保持工作联席会议制度》
	2017	《大余县2017年度国家水土保持重点建设工程双龙项目区实施方案的通知》
	2017	《大余县绿色矿山建设工作推进方案》
	2017	《2017年大余县建档立卡贫困人口生态护林员选聘工作方案》
	2017	《大余县环境保护税征管协作机制》
	2017	《大余县构建水土保持"三横一纵"监管网络实施方案》
	2018	《大余县绿色矿山建设三年计划工作方案》
	2018	《大余县生态环境保护集中宣传活动方案》
	2018	《大余县闲置土地和低效用地清查处置工作方案》
	2018	《2018年国家水土保持重点建设资金整合实施方案》
	2018	《关于大力推进林下经济发展的实施方案》
	2019	《大余县"绿色机关"创建活动实施方案》
	2019	《大余县2019—2020年度低质低效林改造实施方案》
	2019	《大余县生活污水处理提质增效三年行动实施方案（2019-2021年）》

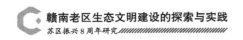

续表

县（市、区）	年份	文件名称
上犹县	2018	《上犹县集中式饮用水水源地环境问题整治方案》
	2018	《上犹县第二次全国污染源普查实施方案》
	2018	《上犹县闲置土地和低效用地清查处置工作方案》
	2018	《2018年上犹县水污染防治工作计划》
	2018	《上犹县打赢蓝天保卫战三年行动计划（2018—2020年）》
	2018	《上犹县水土保持工程建设以奖代补试点工作方案》
	2019	《上犹县赣南等原中央苏区农村土地整治重大工程实施方案》
	2019	《上犹县2018—2019年度低质低效林改造工作方案》
	2019	《上犹县林长制县级会议制度》《上犹县林长制县级督办制度》《上犹县林长制信息通报制度》《上犹县林长制工作考核办法（试行）》
	2019	《上犹县赣南等原中央苏区农村土地整治重大工程实施方案》
	2019	《上犹县2018—2019年度低质低效林改造工作方案》
	2019	《上犹县护林员队伍和管护资金整合方案》
	2019	《上犹县矿山地质环境恢复和综合治理规划（2019—2025年）》
崇义县	2016	《崇义县环保违法违规建设项目整改工作方案》
	2016	《崇义县"河长制"县级会议制度（试行）》《崇义县"河长制"信息通报制度（试行）》《崇义县"河长"工作制度（试行）》《崇义县"河长制"工作督办制度（试行）》《崇义县"河长制"工作考核办法（试行）》
	2016	《崇义县2017年国家重点生态功能区县域生态环境质量考核工作实施方案》
	2017	《崇义县矿山企业勘查开采生态行为准则（试行）》
	2017	《崇义县矿产资源总体规划（2016—2020年）》
	2018	《崇义县第二次全国污染源普查实施方案》
	2018	《崇义县生态环境保护集中宣传活动方案》
	2018	《崇义县创建国家森林城市宣传工作方案》
	2018	《崇义县2018年创建国家森林城市工作推进方案》
	2018	《2018年崇义县创建江西省文明城市工作方案》
	2018	《崇义县生态环境振兴三年推进计划（2018—2020年）》
	2019	《崇义县城乡环境综合整治百日攻坚"净化"行动实施方案》
	2019	《崇义县美丽生态文明农村路建设推进工作实施方案》
	2019	《崇义县国土空间总体规划（2020—2035）编制工作方案》

县（市、区）	年份	文件名称
南康区	2017	《南康区 2016—2017 年度低质低效林改造实施方案》
	2017	《南康区灌渠河长制管理名单》
	2019	《赣州市南康区 2019 年大气污染防治工作要点》
	2019	《赣州市南康区乡重点生态功能区产业准入负面清单（第一批）》
宁都县	2018	《宁都县 2017—2018 年度低质低效林改造实施方案》
	2018	《宁都县第二次全国污染源普查实施方案》
	2018	《宁都县批而未用土地处置整改工作方案》
	2019	《宁都县自然保护区问题专项整治方案》
瑞金市	2016	《日东、陈石水库库区环境专项整治实施方案》
	2016	《瑞金市加快林业改革发展推进生态文明先行示范区建设九条措施》
	2017	《瑞金市 2017 年环境保护工作要点》
	2017	《瑞金市含炭页岩开采秩序专项整治行动实施方案》
	2017	《瑞金市绵江河新院断面水环境质量下降问题整改工作方案》
	2017	《环境保护大检查"回头看"工作方案》
	2017	《瑞金市局部水环境质量下降问题整改工作方案》
	2017	《瑞金市山地林果开发管理办法》
	2017	《瑞金市天然林保护工作实施方案》
	2018	《瑞金市第二次全国污染源普查实施方案》
	2018	《打造河长制升级版加强河库管理提高水环境质量的实施意见》
	2018	《瑞金市闲置土地和低效用地清查处置专项整治工作方案》
	2018	《瑞金市赣江流域生态环境专项整治工作方案》
	2018	《瑞金市环境保护监督管理工作职责暂行规定》
	2018	《瑞金市打赢蓝天保卫战三年行动计划（2018—2020 年）》
	2019	《瑞金市土地整治与村庄环境综合治理项目实施方案》
	2019	《瑞金市土地整治与村庄环境综合治理项目实施方案》

资料来源：根据赣州市各县（市、区）历年政府工作报告整理。

通过纵向对比可以看出，首先，从制度内容来看，三省的生态文明制度基本集中在生态环境监管、生态保护补偿和责任追究制度等方面，围绕各省的战略定位制定和完善制度（见表 3-8、表 3-9）。区别在于福建省在绿色金融方面已有不少经验，而其他两省才刚开始进行探索，贵州省围绕自己的大资料产业和生态论坛制定了特色领域的生态文明制度，江西省的生态环保制度已比较严格和完善，可作为其他两省的借鉴。其次，从制度制定对象来看，这些制度建设主要针对政府和企业，大多采用的是环境污染一票否决制、环境损害终身追责制等强制性制度，除贵州省近年开展的环境信用评价及修复制度有一定弹性外，其余两省相对缺乏针对生态市县、绿色企业等的引领性制度，在引导公众进行生态参与方面，三省都值得进一步探索。最后，福建省绿色金融步伐明显走在江西省和贵州省的前面，相比福建，江西省的财政实力弱，也没有形成福州水治理 PPP 模式；相比贵州，江西欠缺后发潜力和社会治理共享平台。因此，对江西来说，资金短缺的"瓶颈"更加凸显，江西更需要大力创新绿色金融，强化生态文明建设的投融资供给。

表 3-8　闽赣黔三大生态文明试验区战略定位

省份	战略定位
福建省	空间科学开发的先导区、生态产品价值实现的先行区、环境治理体系改革的试验区、绿色发展评价导向的实践区
江西省	美丽中国"江西样板"建成山水林田湖草综合治理样板区、中部地区绿色崛起先行区、生态环境保护管理制度创新区
贵州省	长江珠江上游绿色屏障建设试验区、西部地区绿色发展实验区、生态文明法治建设试验区、生态文明国际交流合作试验区

资料来源：人民网。

表 3-9　闽赣黔三大生态文明试验区建设文件

省份	年份	文件名称
福建省	2016	《福建省市县空间规划编制办法》
	2016	《福建省培育环境治理和生态保护市场主体实施意见》
	2017	《福建省建设用地总量控制和减量化管理方案》
	2017	《福建省用能权有偿使用和交易制度试点方案》
	2017	《福建省建立绿色金融制度体系建设实施方案》
	2017	《福建省重点流域生态保护补偿管理办法》
	2017	《福建省培育发展农业面源污染治理、农村污水垃圾处理市场主体方案》
	2017	《福建省生态文明建设目标评价考核办法》
	2017	《福建省党政领导干部生态环境损害责任追究办法》
	2018	《福建省自然资源产权制度改革实施方案》
	2019	《福建省省级湿地公园管理办法》

续表

省份	年份	文件名称
江西省	2017	《江西省自然资源资产管理体制试点实施方案》
	2017	《江西省空间规划》
	2017	《江西省关于划定并严守生态保护红线的若干意见》
	2017	《江西省生态文明建设目标评价考核办法》
	2017	《江西省党政领导干部生态环境损害责任追究办法实施细则（试行）》
	2017	《江西省企业环境信用评价及信用管理暂行办法》
	2018	《关于加强鄱阳湖流域生态系统保护与修复的政策文件》
	2018	《江西省流域生态保护补偿办法》
	2019	《江西省自然生态空间用途管制实施细则》
	2019	《江西省排污许可管理办法（试行）》
贵州省	2016	《贵州省环境保护厅环境质量会商制度（试行）》
	2017	《关于培育环境治理和生态保护市场主体的实施意见》
	2017	《贵州省培育发展农业面源污染治理、农村污水垃圾处理市场主体方案》
	2018	《贵州省生态环境资料资源管理办法》
	2018	《生态环境损害赔偿制度改革实施方案》
	2018	《贵州省企业环境信用评价指标体系及评价方法（试行）》
	2018	《贵州省建设项目环境准入清单管理办法（试行）》
	2019	《贵州省饮用水水源环境保护办法》
	2019	《贵州省生态环境保护失信黑名单管理办法》
	2019	《贵州省企业环境信用评价指标体系及评价方法》《企业环保信用评价结果等级描述》《贵州省企业环境信用评价工作指南》
	2019	《贵州省生态环境损害修复办法（试行）》
	2020	《贵州省环境影响评价条例》

资料来源：根据福建省、江西省、贵州省历年政府工作报告整理。

第三节　赣南老区生态文明建设主要成效分析

2020 年，赣州成为江西省生态文明建设排头兵，在全省生态文明建设征途中先试先行，为全国革命老区、全省走生产发展、生活富裕、生态良好的文明发展道路，提供了可复制、可推广、可借鉴的生态文明建设经验。

从 2016 年生态文明建设年度评价来看，赣州市绿色发展指数为 81.18，在参评的 11 个设区市中排名第二，其中，生态保护指数和增长质量指数分别为 81.85 和 81.91，都处于第二的位置，由此可以看出，赣州市生态文明建设的总体水平在全省处于领先位置，生态文明建设成效显著（见表 3–10、表 3–11）。

表 3–10　2016 年江西省各设区市生态文明建设年度评价结果

地区	绿色发展指数	资源利用指数	环境治理指数	环境质量指数	生态保护指数	增长质量指数	绿色生活指数	公众满意程度（%）
上饶	1	2	7	4	3	8	10	5
赣州	2	3	10	7	2	2	11	4
九江	3	1	4	10	5	3	8	3
鹰潭	4	7	2	1	10	7	9	10
景德镇	5	11	11	2	1	6	1	7
萍乡	6	4	3	8	9	10	6	8
新余	7	6	1	11	11	4	2	9
吉安	8	5	8	5	8	5	7	2
南昌	9	10	6	6	7	1	3	11
抚州	10	9	2	3	4	11	4	1
宜春	10	8	5	9	6	9	5	6

注：本表中各设区市按照绿色发展指数值从高到低排序。

资料来源：江西省统计局 2016 年设区市生态文明建设年度评价结果公报。

表 3–11　2016 年江西省各设区市生态文明建设年度评价指数

地区	绿色发展指数	资源利用指数	环境治理指数	环境质量指数	生态保护指数	增长质量指数	绿色生活指数	公众满意程度（%）
南昌	79.36	73.43	80.32	87.39	75.24	86.15	80.42	82.62
景德镇	80.52	73.11	75.85	93.85	83.58	77.30	82.40	86.22
萍乡	80.39	82.46	84.83	85.85	72.74	76.21	72.24	85.87
九江	81.09	85.28	82.75	80.63	77.54	81.15	71.95	88.96

续表

地区	绿色发展指数	资源利用指数	环境治理指数	环境质量指数	生态保护指数	增长质量指数	绿色生活指数	公众满意程度（%）
新余	80.24	81.69	91.13	77.86	69.24	80.22	80.78	85.18
鹰潭	81.00	78.86	89.37	94.84	70.29	77.18	66.86	82.70
赣州	81.18	83.93	77.00	87.15	81.85	81.91	65.45	88.81
吉安	80.23	82.42	78.41	88.74	74.31	77.77	72.06	89.76
宜春	78.84	77.78	80.50	85.03	76.81	76.33	72.40	86.73
抚州	79.10	76.82	77.75	89.60	78.87	73.24	73.00	89.87
上饶	81.74	83.94	80.24	89.47	81.55	77.03	66.18	88.21

资料来源：江西省统计局 2016 年设区市生态文明建设年度评价结果公报。

从生态示范创建来看，赣南老区在全省表现卓越。如表 3-12 所示：

表 3-12　赣南老区国家级生态平台创建

序号	类别	评选名单
1	国家生态文明建设示范县	崇义县
2	国家级生态村	安远县三百山镇梅屋村 吉安市青原区文陂镇渼陂村
3	国家级生态示范区	信丰县、宁都县 崇义县、大余县
4	国家级生态乡（镇）名单	崇义县铅厂镇 安远县三百山镇 定南县历市镇 兴国县高兴镇 全南县城厢镇、南迳镇 瑞金市叶坪乡 安远县版石镇 信丰县大塘埠镇 全南县陂头镇 上犹县梅水乡
5	国家级生态工业园	赣州高新技术开发区 赣州经济技术开发区
6	国家级自然保护区	赣江源国家级自然保护区（位于石城县和瑞金市交界处） 齐云山国家级自然保护区（位于崇义县思顺乡境内） 宁都凌云山省级自然保护区

资料来源：江西省人民政府官网。

一、发展生产，经济水平逐步提升

（一）万元 GDP 能耗整体下降

从部分县市万元 GDP 能耗下降率的情况来看，定南县几乎每年的万元 GDP 能耗都在下降，这意味着赣南老区中有许多像定南县这样的地区始终坚持"五位一体"总体布局，扎实推进生态文明建设，取得了实实在在的成效（见表 3-13）。

表 3-13　赣南老区部分县（市、区）万元 GDP 能耗下降率汇总

单位：%

县（市、区）	2010 年	2011 年	2012 年	2013 年	2014 年	2015 年	2016 年	2017 年
章贡区	20.1	—	—	—	—	—	—	—
赣县区	—	—	—	—	—	—	—	—
南康区	—	—	—	—	—	—	—	—
瑞金市	—	—	—	—	—	5	—	—
上犹县	—	—	—	—	—	8.1	—	—
定南县	—	—	—	—	5.2	4	—	4
全南县	4.5	—	—	—	—	—	—	—
兴国县	—	"十二五"累计 22.1				—	—	—

注："—"表示无资料。

资料来源：根据赣南各县（市、区）历年政府工作报告整理。

近年来，我国加大经济结构调整力度，不仅调整第二产业，还大力发展服务业。在这一大背景下，大余县、上犹县等大力发展生态旅游，赣州市产业生态化有序推进，发展质量得到了稳步提升，服务业占比不断提升。一般而言，服务业对能源的消耗需求比工业小。因此，万元 GDP 能耗的下降，是我国经济结构优化的必然结果和客观反映（潘建成，2018）。

除此之外，赣南老区持续推进稀土、钨业等高耗能行业化解过剩产能，积极开展年度企业创新能力提升活动、制定了降低高耗能行业比重的具体目标，从而全面完成了国家下达的节能降耗、化解过剩产能的一系列目标任务。

积极探索碳排交易新模式，会昌县每年可"卖空气"40 万吨，收入 1500 多万元。这是赣州把生态资源变成生态资本的具体实践。对落户的工业项目，一律实行环保"一票否决制"，坚决拒绝高耗能、高排放、高污染的项目，大力推进绿色园区建设、高新企业发展，按新型工业化要求推进绿色工业发展；依托良好的生态，推进现代农业发展，并取得了重大突破，赣南脐橙品牌价值675.41亿元，位居全国区域品牌（地理标志产品）百强榜第七、水果类第一；加快全域旅游"一核三区"建设，2018年全市旅游接待人次突破1亿，总收入突破1100亿元，同比增长率均在30%以上（曾艳，2019）。

当然，部分地区还存在万元GDP能耗不变的情况，这也表明个别地方的节能降耗工作可能面临着一些技术方面的"瓶颈"，想要破解这些"瓶颈"，需要有一些更加行之有效的举措。

万元GDP能耗降幅收窄，在一定程度上意味着未来节能降耗压力会逐步增大，降耗成本会逐步提升。为进一步实现节能降耗，需要多措并举、挖掘潜力，采取跨行业系统协同的方法，在推动绿色生产方式的同时，推进绿色生活方式，不仅要继续坚持工业领域的结构调整和化解过剩产能，还要增强生活领域的绿色消费理念，培育绿色消费习惯（温宗国，2018）。

（二）地区生产总值逐步增长

根据赣州市统计局的初步核算，2018年赣州市地区生产总值为2807.24亿元，比上年增长了9.3%（见图3-1）。其中，第一产业增加值为340.30亿元，增长了3.7%；第二产业增加值为1194.24亿元，增长了8.9%；第三产业增加值为1272.70亿元，增长了11.5%。三次产业结构由2017年的13.3∶42.6∶44.1调整至2018年的12.1∶42.6∶45.3。全年人均地区生产总值为32429元，比上年增长了8.7%。非公有制经济增加值为1713.71亿元，增长了9.4%，占GDP的比重为61.0%。这表明，赣州市经济运行保持总体平稳、稳中向好的发展态势，产业结构不断调整优化，赣南老区振兴发展取得了新成效。

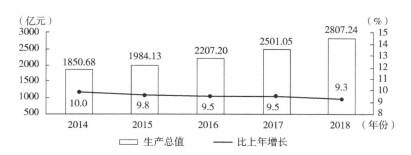

图3-1　2014~2018年赣州市生产总值及其增长速度

资料来源：江西省统计局官网。

二、生活富裕，人居环境更加优美

农村"空心房"影响村容村貌，存在着巨大的安全隐患，不仅浪费了土地资源，更阻碍了乡村的建设发展。自2013年以来，赣州市开展的"空心房"拆除项目成效显著，从入户摸底调查、分类建立台账，到拆除验收、整治督查、全力打好"空心房"拆除攻坚战，各县市掀起集中拆除"热潮"，各县（区、市）（累计）拆除的"空心房"面积如表3-14所示。

表3-14 赣南老区拆除农村危旧"空心房"面积

单位：平方千米

县（区、市）	2016年	2017年	2018年
章贡区	2.2	10.28	21.2
赣县区	20.64	153	—
南康区	—	—	115.7
瑞金市	40.4	—	115.7
龙南县	—	1.6	—
兴国县	—	415.3	
全南县	7.7（2017年以来）		—

注："—"表示无资料。

资料来源：根据赣南各县（市、区）历年政府工作报告整理。

"空心房"拆除项目优化了农村土地开发利用布局，整治了农村居住环境，提升了村庄建设管理水平，彰显了秀美生态，传承了乡村文脉，有利于将农村打造成"产业发展、环境整洁、功能完备、生态宜居"的美丽家园，推进新农村建设发展升级。

三、生态良好，环境质量加快提高

（一）山地系统治理

赣州市大力实施山水林田湖草生态修复项目，推进系统治理。例如，兴国县启动崩岗侵蚀劣地水土保持综合治理工程，对全县2003处崩岗地进行治理；赣县加强流域岸线修复，着力营造以水土保持、水源涵养为主的生态防护林，增强森林水土保持功能。自2012年以来，全市累计完成国家、省、市重大生态修复项目建设 511.2 万亩,进一步巩固了东江源和相关源区森林生态保障的基础地位,着力优化了国土生态安全格局(曾艳,2019)(见表 3-15)。

表 3-15　赣南老区部分县(市、区)治理/恢复废弃稀土矿山面积

单位:平方千米

县(市、区)	2017 年	2018 年
信丰县	—	2.6
安远县	3.44	—
龙南县	—	7.3
定南县	—	3.44
兴国县	—	1.18
于都县	—	0.56
会昌县	—	0.26
寻乌县	3.1	1.474

注:"—"表示无资料。

资料来源:根据赣南各县(市、区)历年政府工作报告整理。

(二)水土流失治理成效明显

近年来,赣州坚持以"绿色生态"为导向,大力实施流域水环境保护与整治、矿山环境修复、水土流失治理、生态系统与生物多样性保护、土地整治与土壤改良五大工程建设。截至目前,全市已累计完成废弃稀土矿山治理 91.27 平方千米,完成水土流失治理 71 万亩。昔日寸草难生的"光头山""癞痢坡",如今变成了果实累累的"花果山""聚宝盆"(见表 3-16)。

表 3-16　赣南老区部分县(市、区)水土保持(B)/流失(L)治理面积

单位:平方千米

县(市、区)	2010 年	2011 年	2012 年	2013 年	2014 年	2015 年	2016 年	2017 年	2018 年
章贡区	—	—	—	—	—	—	—	7.8(B)	—
赣县区	—	—	—	—	—	—	—	—	—
南康区	—	—	—	—	—	—	—	—	—
瑞金市	—	53.33(L)	75.6(L)	20(L)	4.64(B)	3.9(L)	3.9(L)	5.25(L)	—
信丰县	—	累计 135.9(L)					30(L)	—	14(L)

续表

县（市、区）	2010年	2011年	2012年	2013年	2014年	2015年	2016年	2017年	2018年
大余县	—	—	—	—	—	—	—	23.8（L）	—
上犹县	171.8（L）					171.8（L）	—	40（L）	45.65（L）
安远县	—	—	—	—	—	50.15（L）	—	—	—
定南县	—	—	—	12（L）	—	—	—	—	—
全南县	—	—	55（B）	—	—	—	—	—	—
兴国县	224.7（L）							87.5（L）	—
宁都县	202（L）								
于都县	—	4.06（L）	76（L）	—	19.4（L）	—	32（L）	—	63（L）
会昌县	190（L）							32.81（L）	35（L）
寻乌县	—	—	—	—	—	—	—	20（L）	—

注："—"表示无资料。

资料来源：根据赣南各县（市、区）历年政府工作报告整理。

（三）加快推进林业建设

2012 年 6 月出台的《国务院关于支持赣南等原中央苏区振兴发展的若干意见》，将"我国南方地区重要的生态屏障"确定为赣州五大战略定位之一。近年来，乘着全力推进振兴发展的东风，赣州深入贯彻落实习近平生态文明思想，牢固树立和践行"绿水青山就是金山银山"的理念，筑牢生态屏障，加快绿色崛起。赣州市紧扣保护生态公益林、改造低质低效林、建设水源涵养林、打造乡村生态风景林和推进林业平台建设"五条主线"，创新实干、主动作为，进一步推动了赣州市高质量发展（曾艳，2019）。

第一，保护生态公益林。自 2011 年以来，赣州每年全民义务植树尽责率均在 85% 以上，每年植树节前后，省领导还会带领群众一同开展义务植树活动，极大地激发了更多群众保护生态公益林的积极性。

第二，改造低质低效林。2012~2018 年，全市完成国家重点防护林（长防林、珠防林）建设 56.73 万亩，完成国家木材储备林项目建设 4.53 万亩，完成中央森林抚育项目建设 211.93 万亩。自 2016 年以来，全市累计完成低质低效林改造 220 万亩。通过低质低效林改造，阔叶树比重增至 25% 以上，树种结构趋于合理，林相品质得到提升，森林防灾控灾能力得到增强，生态屏障功能进一步凸显。

近年来，赣州市出台了《关于构筑生态屏障建设生态赣州加快林业振兴发展的意见》，从加强生态建设、深化林业改革、坚持科技强林、严格依法治林、优化产业结构和强化组织领导等方面，高起点、高规格地谋划了生态赣州的绿色发展；编制了《赣州市国家重要水源地（赣江水源地）安全保障规划》，在赣江及其支流共设置 42 个监控断面进行例行监测，实施流域生态修复及重金属污染防治，全方位推进生态文明建设；做出全面实施改造 1000 万亩低质低效林的决策部署，并将其作为争当生态文明试验区排头兵的重要载体列入科学发展考核内容，全力推进生态屏障建设，筑牢绿色崛起的根基（曾艳，2019）。

2015 年印发的《江西省林业厅关于大力支持赣南等原中央苏区加快林业发展的实施方案的通知》提到，支持赣南进一步巩固提升造林绿化"一大四小"工程建设成果，加强中幼林抚育和低质低效林改造，加快国家木材战略储备生产基地建设。

赣南老区部分县（市、区）低质低效林改造面积如表 3-17 所示，赣南老区部分县（市、区）人工造林（绿化）、封山育林及森林抚育面积如表 3-18 所示。

表 3-17 赣南老区部分县（市、区）低质低效林改造面积

单位：亩

县（市、区）	2014 年	2015 年	2016 年	2017 年	2018 年
章贡区	—	—	—	6648	7753
赣县区	—	—	—	61000	—
南康区	—	—	—	—	—
信丰县	—	—	62900	—	—
大余县	—	"十二五"累计 23400	1000	18500	—
上犹县	—	—	—	28000	41000
安远县	—	—	61200	53200	—
龙南县	—	—	—	—	47000
定南县	36000	36000	4000	31500	33400
兴国县	—	—	—	87400	78000
宁都县	—	—	—	39000	91600
于都县	—	—	—	82300	150700

续表

县（市、区）	2014 年	2015 年	2016 年	2017 年	2018 年
会昌县	—	—	4000	34700	66600
寻乌县	—	—	—	—	14900
石城县	—	—	18000	31300	31900

注："—"表示无资料。

资料来源：根据赣南各县（市、区）历年政府工作报告整理。

表 3-18　赣南老区部分县（市、区）人工造林（绿化）、封山育林及森林抚育面积

单位：万亩

县（市、区）	2010 年	2011 年	2012 年	2013 年	2014 年	2015 年	2016 年	2017 年	2018 年
瑞金市	—	5.2+20.7+0	4.2	3.13	3	4	4.1	3.44+1.35+0	—
信丰县	—	"十二五"累计22.45					—	—	—
大余县	—	—	—	—	—	2.6+0+3.4	3.07	2.6	—
上犹县	—	"十二五"累计20				15	—	3.55	—
安远县	—	—	—	—	—	3.6+0+3.86	—	—	—
定南县	—	—	—	2.5	3.04	13.8	4.2	—	3.19
全南县	3.01	2.6	2.95	—	—	—	2.71	—	—
兴国县	—	"十二五"累计18.6					—	—	—
宁都县	—	—	—	—	—	—	5.2	5.8	5.9
于都县	—	5.84	4.8	4.6	4.89	—	—	—	—
会昌县	—	"十二五"累计17.17					3.1+0+12.8	1.43+0.6+12.8	1.2+1+12
寻乌县	—	—	—	—	—	—	—	—	0+0+1.75
石城县	—	—	—	—	—	—	—	—	0.9+0.6+6.5

注："—"表示无资料。

资料来源：根据赣南各县（市、区）历年政府工作报告整理。

第三，建设水源涵养林。再好的青山绿水，也离不开人们日常的巡查管养和严格保护。以安远县为例，安远地处东江源头，有许多山头，全县森林覆盖率达到了84.3%。为了切实保护好全县森林，用心涵养好粤港同胞的饮用水水源，安远县成立了一支由519人组成的生态护林员队伍，队员们每天穿梭在大山深处，为青山绿水保驾护航。除此之外，赣州市其他县（市、区）的管林护林也是不遗余力。据统计，目前全市共有生态护林员7488名，森林管护队伍和力量也在不断地充实和壮大，生态护林员把建设好水源涵养林当作是他们的使命，日复一日地守护在这片林下。

第四，打造乡村生态风景林。低质低效林改造让往日成片的"老头树"重现活力，取而代之的是枝繁叶茂的风景林，郁郁葱葱、令人神往，成为了乡村的一道靓丽风景线，"绿色"的底色更加耀眼地印刻在了这片神圣的红色土地上。

第五，推进林业平台建设。赣州市积极开展生态示范创建，形成正向激励。瑞金、上犹和崇义被列为国家生态文明建设示范试点城市，累计创建国家级生态县1个、生态乡镇11个、生态村1个，省级生态县1个、生态乡镇95个，生态村125个，市级生态村1519个，生态创建的数量和比例均在全省位于前列。

根据《关于全国森林经营样板基地评估结果的通报》，全国仅8个样板基地被评为优秀等次，崇义县森林经营样板基地获此殊荣。

2014年，江西省被国家林业局列为国家木材战略储备基地示范项目示范省和国家储备林试点建设省，赣州市加快推进国家木材战略储备基地建设，实施了新造一般树种、改培一般树种、改培珍贵树种等项目，目前，已经有9个县（区）列入木材战略储备基地建设示范县，建设面积4.5万余亩。

自赣州市被定为国家木材战略储备林建设示范区以来，制定了《全市2012—2020年木材战略储备基地建设发展规划》，设立了专管机构，建立了有效的管理机制和运行机制，组织示范县认真编制了项目实施方案。同时，赣州市注重良种壮苗培育，大力实施良法改造、速生丰产培育措施，积极应用新技术、新成果规划建设优良种源和苗木基地。崇义县是国家珍贵树种培育示范县，该县采取新造与定向改造相结合的方式，科学搭配种植珍贵树种，建设了一批高标准、高水平的珍贵树种示范基地。在示范基地的带动下，该县新造珍贵阔叶林173公顷，改培珍贵阔叶林342公顷；新造杉木大径材1075公顷，改培768公顷。赣州市还入选了国家第二批低碳试点城市，大胆创新，抓好生态资源利用的市场化改革，组建赣州环境能源交易所等专业化市场平台，开展碳排放权、排污权、林权和水权等生态资源交易，抓好生态效益评估，实现碳

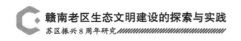

減排指標有償使用。

第六，維持森林覆蓋率。贛州市立足優勢、著眼長遠，堅持走綠色發展、循環發展、低碳發展新路，共抓大保護、不搞大開發，主動融入長江經濟帶建設，積極實施國家山水林田湖草生態保護修復試點等重大生態工程，全市森林覆蓋率多年來保持全省第一。

由於森林覆蓋率長期穩定在76.2%以上，贛州市獲得了"綠色生態城市特別保護貢獻獎""中國最具生態競爭力城市""中國最佳綠色宜居城市""全國首批創建生態文明典範城市""國家森林城市"和"國家園林城市"等一系列榮譽。

以獲得"優秀"評級的全國森林經營樣板基地——崇義縣為例，崇義縣森林覆蓋率高達88.3%，其中，針闊混交林和天然闊葉林占52%，喬木林每公頃蓄積量達117立方米，均高於全國和世界的平均水平。中國林科院資源信息研究所研究員、首席專家陸元昌教授曾評價道："崇義縣優良的森林生態環境為當地起到了有效的防災減災作用，也為當地百姓的幸福安康生活提供了安全屏障。同時，該縣在森林資源保護和經營兩方面均能同步可持續實施，這是最值得全國學習、借鑒的。"

贛南老區部分縣（市、區）森林覆蓋率如表3–19所示。

表3–19　贛南老區部分縣（市、區）森林覆蓋率

單位：%

縣（市、區）	2010年	2011年	2012年	2013年	2014年	2015年	2016年	2017年	2018年
會昌縣	—	—	—	—	—	—	—	80.86	80.86
瑞金市	—	74.50	—	—	74.5	—	—	—	—
信豐縣	—	—	—	—	—	70.17	—	—	—
上猶縣	—	—	—	—	—	81.40	—	—	—
安遠縣	—	—	—	—	84.25	—	—	—	—
定南縣	—	—	—	81.00	—	—	—	—	—
全南縣	82.50	—	—	—	—	82.50	—	—	—
興國縣	—	—	—	—	—	74.57	—	—	—
於都縣	—	71.68	—	—	—	—	—	—	—
崇義縣	—	—	—	—	—	—	—	—	88.30

注："—"表示無資料。

資料來源：根據贛南各縣（市、區）歷年政府工作報告整理。

第七，加强湿地保护。湿地是保护生物多样性、维护生态平衡的重要载体。赣州严格划定湿地生态保护红线，大力促进湿地保护率逐步提升，2018年全市湿地保护率增至 57.62%。依托省重要湿地及湿地公园、自然保护地、水源保护地等建设，赣州湿地资源保护体系不断完善。截至目前，全市共建成林业自然保护区 51 处，森林公园 31 个，湿地公园 20 个，风景名胜区 9 处，地质公园 4 个，湿地保护网络体系初步形成。

第八，从基础设施建设看。赣州市在重点林区投资新建防火检查站 10 处、瞭望台 10 座、林火远程监控点 185 个，建成防火指挥中心 19 个，基本实现了森林防火视频指挥一体化；深入开展专项整治行动，加大对非法侵占林地、湿地资源、破坏古树名木、乱砍滥伐林木和猎捕候鸟等野生动物的违法犯罪行为的打击力度；划定林地和生态保护红线、加大林业有害生物的防治力度，开展自然保护区大排查、大督察、大整治；规划建设赣江、东江两江源头和 17 条水系水源涵养林项目，有效提升森林的蓄水保土能力。一项项有力、有效的举措接踵落地落实，进一步推动了赣南地区的高质量发展，"我国南方地区重要的生态屏障"愈加牢固。

（四）空气质量良好

从赣州市来看，2019 年，全市上下锐意进取，攻坚克难，空气质量实现了"一个突破、两个同比下降"。一个突破，即从设立国控站点纳入考核以来，空气质量首次优于国家二级标准，PM2.5 年均浓度达到 29μg/m³，19 个县（市、区）的 PM2.5 年均浓度全部完成年度目标任务，实现了历史性的突破；两个同比下降，即 PM2.5 和 PM10 均实现同比大幅下降，PM2.5 年均浓度同比下降了 19.4%，PM10 年均浓度（51μg/m³）同比下降了 12.1%，圆满地完成了年度指标考核任务。

2018 年，全南、石城和宁都等县的空气质量优良率超过了 95%，这得益于赣南近年来持续推进的大气污染防治工作，包括工业污染整治、机动车污染防治、能源结构调整、产业结构调整、城市扬尘和烟尘控制等各大专项行动，尤其是深入实施蓝天保卫战、六大行业整治等污染防治工作，进一步严格环境准入管理，严控"两高"行业产能，优化产业布局，加大了淘汰落后产能、清理整顿"散乱污"企业的力度，全面推进工业涂装、有色金属、农副食品和废塑料等行业整治的提升（见表 3-20）。

表 3-20　赣州市部分县（市、区）空气质量优良率

单位：%

县（市、区）	2014 年	2015 年	2016 年	2017 年	2018 年
章贡区	—	—	89.3	—	—
赣县区	—	—	—	—	—
南康区	—	—	—	—	—
上犹县	—	达国家一级标准	—	97.5	93.4
安远县	—	—	—	—	99.4
龙南县	—	—	—	—	92.8
定南县	—	—	—	—	94
全南县	—	100	—	—	99.2
兴国县	—	—	—	—	95.6
宁都县	—	—	—	—	97.8
会昌县	—	—	—	—	95
石城县	—	—	—	—	99.4

注："—"表示无资料。

资料来源：根据赣南各县（市、区）历年政府工作报告整理。

第四章

赣南老区生态文明建设的典型案例分析

习近平总书记强调，山水林田湖草是生命共同体，要统筹兼顾、整体施策、多措并举，全方位地开展生态文明建设。绿色生态是江西最大的财富、最大的优势、最大的品牌，一定要做好治山理水的工作，走出一条经济发展和生态文明水平提高相辅相成、相得益彰的路子，打造美丽中国"江西样板"（赵梅，2016）。

赣州，山、水、林、田、湖、草要素兼具，以完整的生态系统构筑了我国南方重要的生态屏障。赣州坚持绿色发展，把生态文明建设融入到经济建设、政治建设、文化建设和社会建设的全过程中，推进了生态文明建设，出台了《赣州市全面加强生态环境保护坚决打好污染防治攻坚战实施方案》《赣州市长江经济带"共抓大保护"攻坚行动工作方案》和《关于贯彻落实〈国家生态文明试验区（江西）实施方案〉的实施意见》等文件，牢牢把握住了"共抓大保护、不搞大开发"的战略导向，更加扎实有力地推进了国家生态文明试验区建设，进一步筑牢了我国南方地区重要的生态屏障。2016 年，国家开展了重要的山水林田湖草生态保护修复工程试点，赣州被列入试点范围。全市重点开展了对生态脆弱区域的集中修复和治理，包括崩岗区治理、矿山修复、小流域治理、水土流失治理和防污染卫生治理等，在加强生态文明建设中涌现出了一系列山水林田湖草治理的典型案例。

第一节　赣南老区矿山治理的典型案例

矿产作为各领域不可或缺的关键资源，为我国工业发展立下了汗马功劳。

赣州是我国重点有色金属基地之一，40年来一度稀土的"供应大户"，满足了我国和国际市场90%以上的需求。作为在新能源、节能环保、新材料、电子信息、航空航天等众多领域应用日益广泛的重要战略性资源，矿产为我国工业发展做出了突出贡献。同时，赣州也是中国钨业的发祥地，号称"世界钨都"。1914年，人们相继在崇义县中梢和全南县大吉山发现了大型钨矿，从此揭开了中国钨矿开采的历史。几十年的开采活动使矿山出现了植被破坏、水土流失、水土污染和土地沙化等系列问题，生态环境遭受了较重的损毁与破坏，背上了沉重的生态治理包袱。稀土开采污染遍布赣州的18个县（市、区）（袁柏鑫、刘畅，2012）。2010年12月初至2011年1月10日，赣州市开展了废弃矿山地质环境摸底调查工作。

近年来，赣州市坚决贯彻习近平生态文明思想，牢固树立"绿水青山就是金山银山"的理念，将矿山地质环境的保护与治理作为实现矿业经济可持续发展的保障性工程和改善生态环境的民生工程，以实际行动加快推进了废弃稀土矿山的治理工作，取得了阶段性成果。截至2019年，全市已累计完成的废弃稀土矿山治理面积为91.27平方千米，其中，2018年完成的治理面积为15平方千米，历史遗留的废弃稀土矿山环境问题得到了基本解决，为国家生态文明试验区建设做出了积极贡献（张诗文和彭梦琴，2019）。

通过一系列举措，赣州市探索出了"林—草—渔"和"猪—沼—林"等多种成效明显的生态治理模式。通过实施植被复绿和地形整治等工程，多县的废弃矿山得到了修复和治理。信丰县发展的脐橙和杨梅生态果园，定南建起的蔬菜基地，寻乌县建起的光伏发电场，寻乌、安远、大余、定南和龙南等县建起的工业园，都使历史遗留的废弃矿山得到了科学治理和有效利用①。

一、信丰县的矿山修复——从"不毛地"到"花果山"

（一）基本情况

信丰县矿产资源丰富，种类较多，是江西南部的资源大县之一。煤炭储量和稀土品位居赣南之首，麦饭石堪称江南一枝独秀（陈优良等，2015）。2000年以前，信丰当地矿产开采秩序混乱，主要采用简陋的池浸生产工艺。据测算，

---

① 张诗文，杨淑明，张庆之.赣州治理废弃稀土矿山亮点频道［N/OL］.中国矿业报.［2018–12–11］. http：市//szb.zgkyb.com/content/2018–12/11/043103.html.

采用池浸方式开采稀土，每生产一吨氧化稀土需排放 2000 吨尾砂和 1000 吨废水，破坏地表面积 1.2~2 亩，年土壤侵蚀规模最高达 1 万 ~3 万吨/平方千米，是开采前侵蚀规模的 3~4 倍。这样，会导致水土流失严重，而且用草酸、硫酸铵等提取稀土会使大量酸根离子渗透地表，并蔓延至整个矿区及周围地区，造成山地和田地严重酸化，导致植物无法生长、河水受到污染，生态环境遭到严重破坏。据《信丰县废弃矿山环境摸底调查报告》，信丰废弃矿山面积 2087 公顷，因稀土开采而新增的水土流失面积 2467 公顷、淹没的农田 267 公顷、淤塞的渠道 3.4 万米，严重影响了 30 多个行政村 5 万多村民的生产生活[①]。

（二）治理

当地政府重视废弃稀土矿山综合治理工作，按照"谁投入、谁开发、谁治理、谁受益"的原则，鼓励企业、单位和个人开发治理稀土尾砂。先把碱性石灰石掺入被酸化的土壤中，使土壤恢复到原本的酸碱度，然后采取"以奖代补"的方式引导投资者以种植果树等生态化方法在废弃稀土矿区试验、推广经济作物种植[②]。

针对已废弃的矿山，通过修建拦砂坝，恢复山塘，整治地形，平整土地，种植杨梅、脐橙、西瓜和柚子等经济作物的形式进行治理。信丰县允许农民按每亩 360~400 元/50 年的标准，单户或联户承包、租赁"荒地"，承包开发者享有经营自主权、成果折价转让权和继承权。

（三）治理成效

目前，信丰县废弃稀土矿山的综合治理开发面积达 1378 公顷，引进农业企业 6 家，累计投入治理开发资金 2 亿多元，建成优质脐橙精品园 977 公顷，种植水保防护生态林 263 公顷，复垦农田 66 公顷，修建拦沙蓄水工程 299 座。废弃矿区的地表植被覆盖率由原来的不足 10% 提高到现在的 76% 以上，水土流失得到了有效控制，农业生产条件明显改善，生态环境日趋良好[③]。

[①②]　李禾. 生态治理：废弃稀土矿变果园 [EB/OL].［2012–11–14］. http：//www.npc.gov.cn/zgrdw/npc/zt/qt/2012 zhhbsjx/2012–11/14content_1743024.htm.

[③]　李禾. 生态治理：废弃稀土矿变果园 [EB/OL].［2012–11–14］. http：//www.npc.gov.cn/zgrdw/npc/zt/qt/2012 zhhbsjx/2012–11/14content_1743024.htm.

二、寻乌县的矿山修复——从"南方沙漠"到"聚宝盆"

(一) 基本情况

寻乌县位于江西省赣州市的东南部,是世界上最大的离子吸附型稀土矿区之一(杨晋和彭梦琴,2019)。寻乌稀土为我国稀土工业发展做出了巨大贡献。受落后生产工艺和粗放管理模式的影响,稀土开发造成了资源浪费、水土流失、矿区沙化和环境破坏等诸多问题。

(二) 治理

1. 政策文件

为推进废弃矿山治理,按照"宜林则林、宜耕则耕、宜工则工、宜水则水、宜草则草"的原则,寻乌县出台了《寻乌县山水林田湖草生态保护修复实施方案》,抓好"景、村、山、水、林、田、草、路"八位一体建设,做到"一山一水、一草一木、一桥一路、一景一村",统筹水域保护、矿山治理、土地整治和植被恢复等大工程。

2. 主要做法

第一,进行生态价值实现渠道探索。寻乌县在废弃稀土矿山治理过程中,不单对废弃矿山进行了复绿,还将其与生态建设、环境改善和产业发展等结合起来(谢军和曾伟朗,2019),最大限度地实现了生态产品价值,促进了绿色发展。从2013年开始,寻乌县在废弃矿山造林复绿过程中将综合治理与生态产业有机结合,使治理与发展协同进行。寻乌县引进柯树塘生态农业发展有限公司,在废弃矿区种植长林系列高产油茶;成立寻乌县青龙现代生态农业园、永贵生态农业发展有限公司和寻乌县崧山生态家庭农场等,主要从事种植业、养殖业、休闲农业旅游、观光,农产品收储、初级加工、销售等(谢军和曾伟朗,2019),通过循环经济技术,实现山上山下协同发展。在矿山修复中,采用循环经济和清洁生产等技术,提高有机农产品的质量,做到山上山下联动发展。依据动植物生态共生圈、食物链和循环经济原理,把种植业和养殖业进行优化组合,挖掘立体空间效益。在果业生产过程中,普遍采用"天上点灯(黑光灯)、树上挂虫(捕食螨)、果园养鸡、猪—沼—果配套"等绿色循环技术,将种果的生态技术理念从山上搬到山下,在汉地村设立稻田养鱼(泥鳅)示范基地，开展"稻田养鱼、黑光灯灭虫"模式的有机稻种植试验。在种植水稻的同时，养殖泥鳅，严禁使用无机肥和农药，通过悬挂黑光灯来诱杀害虫以喂养泥鳅。在稻田里养鱼，水稻上的害虫是鱼的好食料，而鱼的排泄物是水稻的好肥料，如此，可少用化肥。同时，鱼在稻田中活动可疏松土壤，有利于水稻生长（杨晓安，2013）。寻乌县以项目建设为着力点，引进、培育农业产业化龙头企业，将关联产业汇集在一起，打造资源、产品梯级传递的多条多级次产业生态链，以此来促进农业增效、农民增收、生态优化。例如，文峰乡石排村兴建存笼规模达 80 万羽的复兴蛋鸡场、引入投资 3.6 亿元的广东飞龙果业有限公司，兴建每年可深加工 20 万吨橙类的江西龙橙果业有限公司，与香港嘉兆集团有限公司达成投资意向，兴办果渣加工产业。通过以上项目，寻乌县把种植业和养殖业联结得更紧密，形成了"畜禽养殖—粪便加工有机肥—为果园提供有机肥—果园残次果生产橙汁—果渣生产酒精—酒精糟渣喂畜禽"的生态良性循环链条，实现了资源利用最大化，提高了果品的竞争力和收益，减少了畜禽粪便及残次果对环境的污染（杨晓安，2013）。绿之源生物科技有限公司充分利用荒废果园大规模种植龙脑樟树，并流转 100 亩土地育苗，以"公司＋工厂＋基地＋合作社＋农户"的联合开发模式，种植龙脑樟 6 万余亩，带动农户 1500 户，取得了良好的经济效益和社会效益。

第二，推进稀土矿山生态修复与经济融合发展。寻乌县利用修复的废弃稀土矿山积极建设工业园区，发展油茶、林下经济和光伏发电等生态产业，逐渐形成了"人养山、山养人"和"人护矿、矿养人"的良性循环。对交通便利、地势平缓且适合建设厂房的闲置废弃老矿区进行总体规划。由于全县丘陵面积占总面积的 75.6%，工业用地尤为紧缺，以废弃矿山闲置土地清理整治为抓手，举全县之力盘活废弃矿区闲置存量土地，使废弃老矿区实现"华丽转身"，稀土采空区转变成为生态工业园区，为促进县域经济发展撑出了一片广阔的天空（谢军和曾伟朗，2019）。加快工业园区建设，增加经济发展总量是寻乌县经济发展的重中之重。面临工业用地紧张的问题，寻乌县创新思路，采取了切实可行的措施，创建了节约集约用地模范。一是变废为宝。通过深入调查分析和讨论，确定在被闲置的采空区建设工业园区。2014 年 4 月 4 日，经过省政府的批准，寻乌县开始筹建省级工业园区。规划总面积约为 21069 亩，分为黄坳工业园区和石排工业园区。现有入园企业 77 家，其中，规模以上企业 26 家。二是退城进区。原先建在城中或城市周边区的生产企业向工业园区转移。目前，已有近 10 家加工储藏企业向工业园区转移，不仅解决了企业用地紧张的问题，还有效地净化了城区卫生环境，减少了工业废气排放，实现了企业、工人和社会三方满意。三是腾笼换鸟。将废弃稀土矿区已经平整出的1000多亩场地作为工业园区的招商引资专用地，给一些企业提供宽敞、方便的生产用地，并改善生产生活环境；利用矿山荒地建立光伏电站，充分利用矿山荒地充足的光照资源及光伏电站电网接入和送出优势，以太阳能这种可再生能源为基础，在荒山荒坡以及屋顶安装光伏电板，将太阳能直接转变成电能。利用1919亩平整的荒地，建成了诺通和爱康两个光伏电站，总装机容量为35兆瓦，年发电量达3875万千瓦时；改良稀土矿渣，种植油茶等林下经济作物，带领群众用了半个月的时间，将堆满了废弃稀土矿渣的矿山荒地整理出来。为了防止水土流失，套种适合稀土尾砂区生长的混合草种、宽叶雀稗和狗牙根，对矿区进行植被恢复。还从别处移来了更适合油茶生长的褐土，营造适宜其生长的环境。通过对废弃稀土矿山的复绿，综合开发治理的矿区周边土地面积为2824亩，种植油茶面积为1236亩，种植的松树和油茶树有7万余棵，实现了变"沙"为"油"，探索出了一条宜居、宜业、宜游的发展模式。同时，政府还鼓励群众因地制宜地种植竹柏、百香果和猕猴桃等经济作物，群众收益逐年提高。在矿区治理的过程中，充分利用了废弃矿山现有的资源，保留了青山中那些若隐若现的大型石头，这些石头均为花岗岩，体积较大且含有许多金属元素，被当地人们亲切地称为"石蛋"。将"石蛋"作为景观可以起到科普教育的作用。另外，"石蛋"成分复杂可为参观人员普及花岗岩地质的特征，也可教育子孙后代增强环境保护的意识。

（三）治理成效

恢复了生态环境。寻乌县利用稀土废弃矿山治理模式，解决了环境问题与工业平台问题。通过实施石排废弃稀土矿山地质环境治理示范工程，可以减少矿区下游农田及河流70%的尾砂淤积，缓解矿区水土流失，防止土壤砂化面积继续扩大。通过综合治理，原废弃稀土矿区的植被覆盖率由治理前的10%提高到80%以上。

破解了用地瓶颈。寻乌县的山地面积占全县土地面积的75.6%，可用的工业用地少之又少，通过稀土废弃矿山打造工业园区，有效地解决了该县的用地问题（邱华西等，2015）。石排废弃稀土矿山综合治理示范工程（2012~2014年）实施完成以后，可新增建设用地6818亩，为寻乌县的工业发展提供了充足的用地保障，促进了产业转型升级和区域经济发展。目前，已成功打造了

7000 多亩的石排工业园区，吸引了恒源科技、弘昇稀土和新闻泰陶瓷等十多家稀土精深加工企业和陶瓷建材加工企业落户。

改善了人居环境。寻乌县探索的稀土废弃矿山治理模式，不仅统筹解决了环境与发展的矛盾问题，还改善了当地的人居环境，主要体现在以下几个方面：一是消除了安全隐患。通过综合治理，消除了潜在的地质灾害隐患，促进了社会和谐稳定。二是改善了生活环境。原来寸草不生的凄凉之地变成了厂房林立、绿树成荫的工业带。三是保护了东江水源。通过严厉打击非法开采行为、取缔池浸和堆浸等方式，实现了东江水源水质的稳步提升，实现了经济效益（邱华西等，2015）。

治理后的废弃稀土矿山，一方面可对稀土尾砂进行回采和利用，利用稀土尾砂发展陶瓷建材产业，积极消除稀土尾砂带来的危害。另一方面可通过招商引资引进光伏发电项目，在远离交通要道又靠近输变电站的地方发展光伏产业。根据目前的测算情况，仅一期的石排废弃稀土矿山综合治理示范工程就可产生可观的经济效益。可新增建设用地 2370 亩，按寻乌县每亩 16 万元的建设用地出让价格计算，直接收益超过了 3 亿元。可遏制 70% 的尾砂淤积，具有明显的社会效益和生态效益。可新增林地 855 亩、耕地 1995 亩，提高了土地利用率，产生的间接经济效益更为可观。

三、瑞金市的矿山修复——既要金山银山，又要绿水青山

（一）基本情况

瑞金市境内有 13 类 26 种矿藏。目前，全市有 130 个废弃矿山（点），由于没有及时进行生态恢复，造成了严重的水土流失和环境污染。

（二）治理

瑞金市贯彻"在开发中保护，在保护中开发"的基本原则，严格管理矿山地质环境，实行严格的矿山准入机制。在"三区两线"范围内设置禁采区，不再批准新设矿权，对原有矿权实行有序退出机制；新设矿权在报请市政府前，自然资源部门会征求环保、水利、林业、交通运输和公路等部门的意见，取得上述相关部门同意后，开展社会风险评估，评估结果显示适合后，再开展相关的审批程序。严格落实矿山环境保护的相关规定。扎实开展矿山环境恢复治理工作。按照矿山地质环境保护和恢复治理的要求，督促矿山企业编制《矿

山地质环境保护与恢复治理和土地复垦方案》，同时，监督矿山企业严格按方案承担复垦复绿责任，边开采、边治理。严格实行矿山环境恢复治理保证金制度，对没有缴存矿山环境恢复治理保证金的矿山企业不予办理延续登记手续，并将矿山环境恢复治理工作纳入矿山企业年度检查内容。依法查处非法开采矿产资源的活动，切实加强矿山的综合整治力度，始终保持对非法采矿的高压打击态势，坚决取缔无证开采的矿山，避免因非法开采矿产资源而造成新的矿山环境破坏。制定《瑞金市绿色矿山建设工作方案》，鼓励矿山企业开展绿色矿山创建活动，要求新设矿山必须实行绿色矿山建设方案，达到绿色矿山标准。

（三）治理成效

瑞金市积极推进废弃矿山的环境治理工作。开展了九堡煤矿、黄柏煤矿、历史遗留煤矸石矿山环境综合治理项目，共投入2800余万元，恢复的面积达1.37平方千米。另外，市矿管局先后申报了十个地质灾害治理项目，进一步促进了地质灾害隐患点周边环境的改善。原市矿管、林业、原环保、原水保和国土等部门密切协作，积极推进矿山还林、复垦、水土保持和环境保护等项目，开展土地复垦项目2个，低效林改造项目2个，水土保持项目2个。

四、大余县的矿山修复——昔日废矿区，今朝绿满山

（一）基本情况

大余县西北部的山脉受燕山期地质构造运动的影响，形成了全世界著名的钨矿床，成为了享誉全球的"世界钨都"。

大余县的钨矿开采已有百余年历史，在大余县西华山矿场入口处，镌刻着"中国钨矿发现地"七个大字。百年的开采让大余县的钨矿资源面临枯竭，2011年底，大余县被列入全国第三批资源枯竭型城市名单[①]。矿山开采带来了严重的环境问题，2013年4月，大余被列入国家重金属污染防治示范区。

---

① 毛思远，邱烨. 大余6500余亩矿山重披"绿衣"［EB/OL］.［2018-05-24］. http：//jx.people.com.cn/n2/2018/0524/c190181-31617965.html.

（二）治理

1.政策文件

为加快实现"生态名县"的发展目标，实现经济发展和生态文明建设的良性互动，大余县出台了《大余县矿山环境综合治理规划（2013—2020年）》，切实推进了废弃矿山的治理工作。

2.主要做法

近年来，大余县投入上亿元资金用于开展矿山环境恢复治理工作，按照"宜林则林、宜草则草、宜用则用、宜填则填"的原则，对矿山废弃地和废弃尾矿库进行植被恢复和造林建设；利用生态修复技术，对因废石和尾矿堆积而破坏或占用的山地及耕地进行植被覆盖，稳定岩土，有效控制水土流失，避免引发各种地质灾害。同时，大余县在设计、开采和运输等过程中推行全面"绿化"工作，建立和完善井下充填系统，减少废石排放。做好出矿和选矿场地的选址工作，科学规划建设尾矿库及拦挡坝，避免对周边环境造成新的破坏。以科技创新促转型，大余县在大力推动绿色矿山建设的同时，设立了专项资金，鼓励矿山企业对生产工艺和环保设施进行提标改造，淘汰落后的老旧设备，完善环保设施，添置先进的磨矿系统和浮选系统，使钨原矿的回收率从不足60%提升至90%以上，引导矿山和精深加工龙头企业走联合经营之路，实现矿产资源的高效利用。另外，大余县利用"三驾马车"驱动了绿色矿业发展（叶功富等，2020）。

第一，项目建设筑牢绿色发展屏障。加快山水林田湖生态保护修复工程建设，重点实施南安镇三板桥和滴水龙废弃矿山治理项目，结合园区建设，实施蓄排水和植被恢复等工程，为园区新增1300余亩用地面积；新华工业小区污水处理厂投入试运行，推进了重金属废水处理项目，新城工业小区污水处理设施建设开始启动，为确保园区污水收集率达90%以上、完成节能减排"双控"任务打下了扎实基础。

第二，项目引进构建绿色产业体系。引进翔鹭控股、海创钨业、明发贵金属、年龙辉硬质合金、金峰工贸和同聚化工等金属深加工企业及配套项目，通过补链、拓链和延链，形成集采掘、冶炼、加工、应用、贸易、科研和展示于一体的完整产业体系（周小芳和李春晖，2017）；策应赣州市新能源汽车及配套产业发展布局，引进和培育云锂新材料和珠海科立鑫等一批新能源材料项目，使产业集聚效应进一步显现。

第三，产业转型提振绿色发展升级。县财政每年设立"科研扶持基金"，并以每年10%递增，充分发挥财政资金的杠杆作用，加大企业对产学研合作、科技创新、创新平台建设和实用技术推广等项目的投入。大余鑫盛钨品有限公司作为传统钨企的代表，与中南大学等国内知名大学建立研发合作进行钨资源绿色高效利用技术开发，通过冶炼辅料的循环回用、冶炼废水的精细分类处理与循环回用、冶炼副产品的增值加工和冶炼设备的专门化设计等措施，实现钨冶炼过程废水零排放、废渣废物资源化，建立了一套钨资源绿色高效利用的冶金生态系统。目前，该企业每吨 APT 的加工成本减少了 40%~50%。江西云锂材料在原钨冶炼的基础上对锂盐行业进行了深入研究，通过技术创新成功实现了产业转型，现已掌握了工业级碳酸锂、电池级碳酸锂、单水氢氧化锂及碳酸铁锂的制备工艺技术。

（三）治理成效

经过治理，大余县关闭的小矿山有 40 多个，取消的大型矿权证有 32 个，推进的山水林田湖生态保护和修复工程有 3 个，累计完成的矿山复绿面积为 6500 余亩、矿山治理面积为 4800 余亩。滴水龙废弃稀土矿山是大余县废弃矿山的代表，大余县滴水龙废弃稀土矿山的面积约为 0.8 平方千米，根据区域内植被破坏和水土流失的严重程度，将治理区域分为 0.2 平方千米的核心区和 0.6 平方千米的外围区。核心区通过覆土绿化和截水拦沙等方式，整治地形 16 万余立方米，修建排水沟 9000 多米，修筑沉沙池 21 个，植草面积约 17.8 万平方米，彻底消除了地质灾害、改善了地形地貌景观。滴水龙废弃稀土矿山属梅关景区范围，外围区 0.6 平方千米的项目已纳入梅关古驿道景区项目的子项目。该项目侧重于生物多样性保护、受污染成林差的树种改造和补植，目前，已种植银杏 4000 余株，红枫和竹柏各千余株。

五、安远县的矿山修复——狠抓矿山恢复治理，还百姓绿水青山

（一）基本情况

安远县位于江西省的南部，赣州市的东南部，地处长江水系赣江的上游和

珠江水系东江源的发源地。安远县是赣州七个稀土资源县之一，但由于稀土的非法采挖，导致该地区植被破坏严重、水土流失加剧、水域污染严重，安远县的生态环境遭受重创，生态环境的治理修复刻不容缓。

（二）治理

1. 政策文件

自矿山修复治理工作开展以来，安远县按照"宜林则林、宜草则草、宜耕则耕"三宜的原则，出台了一系列矿山修复治理的政策文件，如表4-1所示。

表4-1 安远县的矿山修复文件

政策文件	主要内容
《安远县稀土非法矿山生态恢复治理实施方案》	安远县各乡镇、林场和各相关职能部门按照"一点双责"的工作要求，对本行政区域内的稀土非法开采进行打击整治、跟踪监管，按照"分门别类、因地制宜、多管齐下、标本兼治"的原则，对稀土非法开采进行生态恢复治理
《安远县稀土非法矿山"一点双责"跟踪监管和生态恢复治理工作方案》	由县林业局牵头组建技术指导工作组，为乡（镇）、责任部门的非法矿山生态恢复治理工作提供技术指导，协助乡（镇）、责任部门按技术要求和时间进度开展稀土矿山生态恢复治理工作，具体工作内容有：指导乡（镇）、责任部门完成稀土矿山生态恢复治理作业设计；指导乡（镇）、责任部门按适地适树原则选择好树种，统计苗木数量；指导挂点乡（镇）、责任部门做好前期工程治理、土壤改良工作，为后一步生物治理打好基础；指导挂点乡（镇）、责任部门按时间节点完成各项工作；督促挂点乡（镇）、责任部门按技术要求开展栽植、管护等工作
《关于印发安远县矿山复绿整治工作方案的通知》	再次对104个稀土非法点进行实地调查核实，除已安排复绿工作的矿点外，还需复绿8个稀土点，总面积为269.61亩，这些地方水土流失严重，复绿效果较差，需要重新开展复绿工作 废弃矿山（含采石场）有7个，复绿面积为370.27亩
《安远县稀土非法矿山生态恢复治理技术指导挂点工作方案》	指导乡（镇）、责任部门完成稀土矿山生态恢复治理作业设计 指导乡（镇）、责任部门按适地适树原则选择好树种，统计苗木数量 指导挂点乡（镇）、责任部门做好前期工程治理、土壤改良工作，为后一步生物治理打好基础 指导挂点乡（镇）、责任部门按时间节点完成各项工作 督促挂点乡（镇）、责任部门按技术要求开展栽植、管护等工作

资料来源：安远县人民政府官网。

2. 主要做法

第一，落实"一点双责"。"一点双责"是安远县开展废弃矿山修复治理工作的创新做法。为加强对非法矿点的监管和修复治理，安远县建立了非法矿点"一点双责"工作机制，明确了两种责任，将恢复治理工作落实到每个部门和相关责任人，严防非法矿点死灰复燃。由县林业局牵头组建技术指导工作组，为乡（镇）、责任部门的非法矿山生态恢复治理工作提供技术指导，协助乡（镇）、责任部门按技术要求和时间进度开展各项稀土矿山生态恢复治理工作。安远县组织林业等部门成立生态恢复治理技术指导工作组，制定工程治理和生物治理方案，按照"一点一策"的工作要求，多管齐下保护山体表层，改良土壤性质，遏制水土流失，确保一年内完成治理、两年内初见成效、三年内基本恢复良好生态（薛玉娟，2014）。

第二，打出矿山生态保护"组合拳"。安远县矿产资源管理局对矿产资源实行禁采制度，划出禁止开采区、限制开采区和重点开采区。禁止开采区为各种功能保护区、水源保护区和军事区等，不再新设采矿权，禁止一切采矿活动（矿泉水和地热除外）；限制开采区为九龙山、东江源流域区，原则上不再增设采矿权（矿泉水和地热除外）；将禁止开采区和限制开采区外资源丰富、集中，储量可靠，且能有效控制矿山地质环境影响的矿区划为重点开采区。为留住绿水青山，强化生态治理，近年来，安远县矿产资源管理局创建了稀土非法矿山"一点双责"跟踪监管和生态恢复治理工作机制，明确了稀土非法矿山的监管和治理责任，持续开展非法开采稀土整治工作。近三年来，安远县筹资1700 万元对全县 104 个稀土非法矿山开采点进行生态恢复治理，栽种湿地松和枫香等苗木 83 万余株，植树造林面积达 1300 亩（鄢朝晖和唐燕，2015）；针对原来的非法矿点，坚持做到重要矿区日巡查，易发矿区周巡查，一般矿区月巡查；对获批稀土矿点进行生产监管，在生产车间安装视频监控系统，安排人员在进出路口进行昼夜稽查值班。与此同时，开展矿业秩序整治及矿山安全生产大检查行动、稀土整治月活动、非法开采矿产资源专项整治行动和矿业秩序情况大检查行动。设立举报奖励基金，向社会公布举报电话；聘请了 46 名协管员，还为 12 个重点乡（镇）和 6 个监管单位争取到了每年 180 万元的监管经费补助，形成了齐抓共管的合力。政府下发了《关于进一步完善稀土矿业秩序监管长效机制的工作意见》等文件，为明确稀土的生产管理，实行矿块动用审批、主体责任落实、矿块核产验收、保证金缴交、视频监控安装、注液申报、台账管理、凭证运输、动态巡查、一点一档十项制度，使管理有章可循、有据可依。

第三，抓紧废弃矿山治理项目。废弃矿山治理项目是推进矿山修复治理的重要途径，安远县采取七个举措，稳步抓紧废弃矿山治理项目。一是公开招标投标。治理工程全部利用媒体进行广泛宣传，采取公开招投标的方式落实有资质的单位。二是重大问题集体会商。涉及施工设计变更、较大工程增量以及改变大额资金使用方向等方面的问题，均召集项目设计单位、监理单位和施工单位开会，集体讨论，共同决策。三是工程安全施工保障。由于主体工程所处的位置特殊，因此，修建拦挡坝时既要保证施工进度，又要确保道路畅通，要求施工单位在施工现场周边悬挂提醒横幅、设立醒目标示牌，确保车辆、行人的通行安全。四是工程进展定期报告。为及时了解、准确掌握工程的施工进展情况，要求监理单位及时报告大事、随时报告关键问题，并实行每周定期汇报制度。五是项目工程监督检查。组织相关领导和技术人员定期或不定期到施工现场进行监督检查，发现问题，并及时解决。六是工程建设协调联动。在项目工程建设中多与当地政府、相关部门（单位）联系，取得支持和配合。七是项目工程质量保障。对于隐蔽工程，要求监理单位和施工单位拍摄照片、保留原始资料、记录关键资料，做好取证备查工作。

（三）治理成效

自开展专项整治以来，安远县已经开展了九次大规模的集中整治，投入资金近千万元，平整土地 1600 余亩，修建拦挡坝 400 多立方米，改善土壤 600 余亩，种植树木 12000 余株，矿区生态环境逐步改善（薛玉娟，2014）。以新龙稀土矿区为例，安远县新龙稀土矿区开采历史长、尾砂治理难度大、水土流失严重，阻碍了当地经济的可持续发展。随着国家"绿色矿山"的推进，安远县新龙稀土矿区被列入 2005 年国家地质环境恢复治理项目。该项目治理的稀土尾砂面积为 6 平方千米，治理的水土流失面积为 26.88 平方千米。目前，首期工程项目的防护墙、降坡、拦砂坝、尾砂堆场台阶地覆土、植被恢复等工程均已完工，并通过了有关部门的验收。第二期工程的规划、申报工作也已全面展开。新龙稀土矿区通过基础工程及植物工程的施工后，大大增加了土壤的入渗能力，有效地改善和提高了土壤的质量，减少了地表径流，减轻了土壤侵蚀。工程在"碧利斯""格美"台风等强降雨气候造成的百年难遇的洪涝灾害中得到了检验，有效遏制了稀土尾砂的流失，减少了稀土尾砂流失对当地群众的生产生活所造成的危害，治理工程已初显成效。现在，实施降坡的尾砂堆经平整后，已及时种上了脐橙树和李子树。整个项目完工后，预计能种植 18000 多株果树，丰产期的年产值可达 130 多万元。

六、赣南老区的矿山治理启示

（一）发挥三大主体作用

推进废弃矿山治理，提高矿山生态环保和恢复治理水平，需要充分发挥政府、社会和科技的作用。一是要发挥政府的主导作用和部门的配合作用，整合自然资源、水利等部门的力量，全力打造废弃稀土矿区综合治理示范工程。由矿管部门牵头，对全县的废弃稀土矿区进行调查摸底，并形成综合治理方案；自然资源部门依法对不合法的开采企业进行关闭处理，并对当地的矿产资源进行合理规划；水利部门对当地的水土保持工作进行预防。二是要发挥社会的支持作用，鼓励当地农民参与矿山治理，提高当地民众的生态保护意识，注重当地群众的生态道德教育，广泛动员当地人民参与多种形式的生态道德实践活动，从思想和意识层面认识到因私利而破坏当地生态的严重后果，增强保护的自觉性、自律性与责任感。三是要发挥科技的支撑作用，在稀土矿的采矿、选矿和提取过程中，注重技术运用，加强科技创新。

（二）遵循五个原则

在废弃矿山的综合治理过程中，围绕"固好山上土、集净山下水、保护山下田"的目标，依据崩岗和废弃矿山的不同特点，采取多种治理模式，坚持"五个原则"，将废弃稀土矿山整治为农业、林业和工业等建设性用地。"五个原则"为：一是"宜林则林"原则。按照"整体生态功能恢复"和"景观相似性"要求，对矿产资源开发造成的生态破坏和环境污染问题进行整治，出台政策鼓励社会资本和当地农民投资，在废弃稀土矿区种植经济林和其他林木，提高矿区的植被覆盖率，改良土壤质地，改善生态环境，恢复区域的整体生态功能。二是"宜耕则耕"原则。根据矿山的地理位置、自然环境和周边配套等条件，对地势轻度变形、坡度小、土壤较肥沃、排灌设施完备的塌陷地进行整治，积极推进废弃稀土矿山的地质环境治理和污染土壤生态修复。三是"宜工则工"原则。通过土地复垦和土壤修复治理，将交通便利的废弃稀土矿区直接治理成建设用地，着力打造成工业园区；在远离交通要道且靠近输变电站的废弃稀土矿区开展光伏发电项目，着力发展绿色能源产业。四是"宜水则水"原则。对于积水深、面积大的塌陷地，要因势利导，修建人工湖面和生态公园，改善和美化生态环境；对于无水的废弃矿井，要进行填埋，消除安全隐患。五是"宜草则草"原则。利用生态修复技术，对因废石、尾矿堆积而破坏或占用的山地及耕地进行植被覆盖，稳定岩土（杨晋和彭梦琴，2019）。

第二节　赣南老区水土流失治理的典型案例

由于特殊的地质条件和历史、人为等因素，赣州市的水土流失面积在1980年高达111.75万公顷，占全市山地面积的37%，那时的赣南大地，红土裸露、沟壑纵横（钟瑜，2019）。

导致水土流失的因素主要包括以下几个方面：一是地质因素。赣州市山体的主要岩性为花岗岩和变质岩，其中，花岩风化强烈，风化壳深厚，一般可达10~50米，石英砂粒含量高，粘粒较少，结构松散，孔隙度大，抗蚀能力弱，降雨时土壤水分易达到饱和、易超过土壤塑限，加之重力作用，极易造成水土流失（赵健，2006）。低山、丘陵地区的岩石主要为花岗岩、红砂岩和紫色页岩等，因长期垦殖，风化较快，也易侵蚀。构造运动易造成地表破碎滑塌，从而加剧水土流失。地形以低山、丘陵为主，低山、丘陵与盆地交错分布，山地和丘陵面积约占项目区土地总面积的70%，山地坡度较大，加上河网密布，水系发达，沟壑密度大，这种特殊的地形特征强化了地表径流对土壤的冲刷作用，促进了水土流失的发展。二是土壤因素。赣州市土壤类型多样，主要有红壤、紫色土、山地黄壤、山地黄棕壤和水稻土五种土类。红壤广泛分布在海拔800米以下的低山、丘陵和岗地，是项目区分布范围最广、面积最大的地带性土壤，其中，花岗岩发育的红壤，土层深度达数米甚至数十米，石英含量高，土壤结构松散，如果地表缺少植被覆盖，在径流的冲刷下，极易产生水土流失；泥质岩类红壤，抗蚀力弱，易风化剥蚀，具有风化一层流失一层的特点；红粘土红壤，酸性大，粘性强，土壤孔隙度小，透水性差，易产生水土流失，形成"晴天一块铜，雨天一泡浓"的现象；砂砾岩红壤区，成土速度慢，形成的土壤质地疏松，漏水漏肥，土层浅薄，遭受侵蚀后，常形成荒坡秃岭，局部地区甚至出现基岩裸露。三是植被因素。赣州市森林覆盖率虽然高达70%以上，但由于人们长期不合理的采伐利用，原生植被不断减少，现状植被主要为马尾松、湿地松、杉木、油茶和毛竹林等人工林和次生林。植被林相单一，林分结构不合理，以针叶林为主，不仅易发生病虫害和林下水土流失，而且纯针叶林的凋落还会使土壤进一步酸化，不利于灌、草的生长，导致水土流失加剧，"远看青山在，近看水土流"的现象普遍存在。四是人为因素。加剧水土流失的人类经济活动主要包括以下几个方面：一是乱砍滥伐。乱砍滥伐使森林遭到破坏，失去蓄水保土的作用，使地面裸露，直接遭受雨滴的击溅、流水冲刷和风力侵蚀，从而加速了水土流失的发生和发展。二是陡坡开荒。陡坡开荒破坏了地表植被，且翻动了土壤，改变了下垫面的条件，降低了土壤的抗侵蚀能力。三是不合理的耕作方式。顺坡耕作使坡面径流也集中在犁沟里下泄，造成沟蚀，不合理的轮作和施肥会破坏土壤的团粒结构，降低土壤的抗蚀性能，导致坡地广种薄收，会使土壤性状恶化，作物覆盖率降低，从而加剧土壤侵蚀。四是开发建设活动。农林开发、采矿和修路等对原地貌、土地和植被的扰动与破坏，如不加以及时有效的防护，将导致极为严重的人为水土流失（黄国勤和李文华，2006）。

严重的水土流失已经影响到了全市人民的粮食安全、防洪安全和人居环境安全，成为了社会经济可持续发展中的主要制约因素。其主要危害表现在以下几个方面：一是坡耕地、园地和疏林地表土流失，土壤肥力逐年下降，土层减薄，土壤质地变粗，导致土地生产力降低，涵养水源和生态保护功能减弱，对农林业的可持续发展具有不利影响。二是丘陵山区荒山荒坡冲沟发育，蚕食地面，崩岗林立，开发利用价值不断下降，导致植被遭受破坏，生态环境恶化。三是水土流失夹带的大量泥沙和有机物质淤积库塘、河道，缩短了库塘的使用寿命，降低了其行洪调蓄的能力，加剧了洪涝灾害，降低了水资源的综合利用效率。四是水土流失作为面源污染物的传输载体，是造成江河、水库水质恶化的重要原因之一。全市的主要河流属地表水Ⅰ~Ⅲ类水，其河长占总河长的62.5%；属地表水Ⅳ~劣Ⅴ类水的河流其河长占总河长的37.5%。湖泊（水库）水质虽普遍优于河道水质，大中型水库基本上都能达到Ⅰ~Ⅱ类水质标准，但营养化状况不容乐观，是居民饮水安全的严重隐患。五是水土流失在造成土地退化、植被破坏的同时，导致河流、山塘消失或萎缩，野生动物的栖息地减少，生物群落结构和自然环境遭受破坏，繁殖率和存活率降低，甚至会威胁到种群的生存，极大地破坏了生态环境，影响了生态系统的稳定和安全（黄国勤和李文华，2006）。

赣南老区严重的水土流失问题，引起了从中央到地方各级部门及领导的高度重视。1983年，国家把兴国县列入全国八片水土保持重点治理区之一。随后，赣南地区的18个县（市、区）先后被列为全国水土保持重点治理区。国家的大力支持，为赣州市水土保持生态治理建设注入了强劲动力。2012年，《国务院关于支持赣南等原中央苏区振兴发展的若干意见》明确提出，将赣州市建设成为我国南方地区重要的生态屏障，支持赣州市加大水土流失综合治理力度，继续实施崩岗侵蚀防治等水土保持重点建设工程；加强赣江、东江源头保护，开展水生态系统保护与修复治理。2014年12月，水利部将赣州市列为全国水土保持改革试验区，要求赣州市打造水土保持示范样板。2017年，赣州市被列为全国首批山水林田湖草生态保护修复试点，并获得中央基础奖补资金20亿元。赣州市始终坚持以习近平生态文明思想和"山水林田湖草是生命共同体"理念为指导，把水土保持摆在突出位置，高度重视、高位推动。赣州市筹资183亿元，实施山水林田湖草生态保护和修复工程，建设流域水环境保护与整治、矿山环境修复、水土流失治理、生态系统与生物多样性保护及土地整治与土壤改良等项目；实施森林质量提升工程，启动十年1000万亩低质低效林改造计划，增强涵水保土功能；实施东江流域生态保护工程，推进生态修复、水源地保护和水土流失治理等项目建设，实现出境断面水质100%达标；实施水土保持生态示范园建设工程，采用"水保＋产业发展""水保＋农村污水处理""水保＋乡村旅游""水保＋脱贫攻坚"和"水保＋美丽乡村建设"五种治理模式，创建100个水土保持生态示范园区。赣州市把水保列为生态文明建设的重要内容，全过程严抓、严管、严治；创新审批管理，为规范农林果开发，出台赣南山地林果开发水土保持技术规程，建立山地林果开发联审联批联验长效机制；创新监督执法，采用"属地管理、市县联动、部门联合"的监管模式，使全市生产建设项目实现监督检查全覆盖、常态化和规范化；创新考核问责，把水土保持改革创新纳入县（市、区）年度科学发展综合考评中。为强化组织保障，市县两级成立水土保持委员会，专设水保局，列为全国水土保持改革试验区，成立专门领导小组，层层落实；为强化资金保障，近三年，赣州市累计争取山水林田湖草等水土保持重点治理资金25.23亿元，吸引民间资本约15亿元；为强化技术保障，成立了全国第一个地区性水保科研机构赣南水土保持生态科学院，赣州市创造的"水平竹节沟"治理技术在全国进行推广；为强化制度保障，出台了重点治理工程项目资金管理办法、生产建设项目水土保持方案编报审批、项目竣工验收、监督检查等12个配套文件，实现了水保工作制度化、常态化、长效化（钟瑜，2019）。

　　在长期的水土流失治理探索中，赣州市各地的水土流失得到了根本治理，生态环境有了实质性改善。全市水土流失面积已由1980年的111.75万公顷下降到 63.33 万公顷,年土壤侵蚀量由当年的 5326 万吨降到现在的 1220 万吨;河床逐年下降,水库、山塘蓄水量增加,洪涝、干旱等自然灾害明显减少,各地抵御灾害的能力大大增强。水土保持生态治理项目的深入实施,推动了区域经济的发展,促进了群众脱贫致富。赣州市探索出了"治理一条小流域,建设一个示范基地,扶持一批治理大户,培育一个支柱产业,致富一方百姓"的路径,在综合治理小流域的同时推行"山顶乔灌草,山腰种果瓜,山下培丰田,山塘养鱼鸭"的发展模式,发展小流域生态经济,兴建以发展脐橙、油茶为主的种养基地 2240 个,种植经果林 5.53 万余公顷,新增水面养殖 587 公顷。"十二五"以来,全市约有 6.55 万农民和困难职工通过创办种养基地,实现并带动了劳动就业,促进了当地的经济发展(钟瑜,2019)。如今,赣南水土保持大示范区已见雏形,涌现出了多个水土流失治理的典型案例。

一、瑞金市的水土流失治理

(一) 基本情况

瑞金,是赣江的源头,是全国著名的革命老区和革命传统教育基地,是闻名中外的红色故都。长期以来,由于自然和人为因素,瑞金市的水土流失较为严重,是江西省水土流失较为严重的县市之一。严重的水土流失已经成为制约瑞金市经济持续、健康、快速发展的主要因素(张利超、王农,2015)。

根据遥感调查,全市水土流失面积 594.2 平方千米,占土地总面积的 24.3%,其中,轻度水土流失面积 208.3 平方千米,占流失总面积的 35.1%;中度水土流失面积 156.4 平方千米,占流失总面积的 26.3%;强度以上水土流失面积 229.5 平方千米,占流失总面积的 38.6%。流失类型主要以水蚀为主,部分地区存在重力侵蚀。根据水土流失调查,其特点主要包括以下三个方面:一是分布广、面积大;全市 17 个乡镇 240 个村存在不同程度的水土流失。二是强度大、流失严重;紫色页岩因其风化程度低,土层瘠薄,蓄水能力差,吸热性强,导致植被无法自然生长,常形成光山秃岭景观,素有"江南沙漠"之称。三是侵蚀类型多样,治理难度大;根据调查,瑞金市水土流失较为严重的主要是坡耕地、荒山荒坡和疏林地,侵蚀类型常常以面蚀和沟蚀为主,有的还伴有崩岗、崩塌和泥石流等重力侵蚀,在加剧水土流失的同时,加大了治理难度。

（二）治理过程

1. 政策文件

为了有效解决水土保持治理开发中遇到的土地、劳力、资金和管理等一系列问题，获得较好的治理效益，瑞金市不断对水土流失治理工作进行创新，出台了《瑞金市打好水土流失防治攻坚战"三年行动"实施方案》《瑞金市生产建设开发项目破坏生态环境造成水土流失集中整治工作方案》《瑞金市 2017 年河长制水土保持工作方案》和《瑞金市水土保持局主要职责内设机构和人员编制规定》等文件（见表 4-2）。

表 4-2　瑞金市水土治理文件（部分）

政策文件	主要内容
《瑞金市打好水土流失防治攻坚战"三年行动"实施方案》	（1）预防监督工作。按照国务院"放管服"的要求，结合我市行政审批改革试点的实际情况，作为水土保持专业部门，应尽快探索出符合水土保持行业规范的行政审批程序，健全水土保持技术审查程序，出台既符合国家规范又切合地方实际的水土保持方案；规范水土保持专业技术服务市场，建立水土保持专业部门与行政审批部门的业务对接制度，加强对水土保持审批项目的"事中、事后"监管，充分发挥水土保持专业部门的指导作用，加快推进和完善水土保持行政审批程序，既提高行政审批效率，又要确保行政审批质量 （2）规划治理工作。根据国务院批复的《全国水土保持规划（2015—2030 年）》和省、市水土保持规划要求，深入贯彻落实国家、省、市水土保持规划和赣州市水土保持改革试验区要求，尽快着手编制我市水土保持规划，并报瑞金市人民政府批复，公布我市水土保持规划情况；在我市水土流失重点治理区继续开展以小流域为单元的水土流失综合治理，加强我市生态修复和山水林田湖草系统治理，结合生态产业、乡村旅游、水土保持科普教育与水文化宣传和水土保持监测平台建设等，2018 年完成了叶坪乡黄沙村水生态文明示范村和沙洲坝生态文明产业示范村建设，并报赣州市人民政府批复通过；2019 年完成了日东清洁型小流域和大柏地清洁型小流域建设；2018 年和 2019 年，全面改造香满园水土保持示范园，达到国家水土保持示范园标准；2020 年完成了瑞金市水土保持科普教育示范园和坳背岗生态产业示范园建设，推进了水土保持示范园和水生态文明示范村建设，打造了一批具有辐射带动、示范引领作用的水土保持示范推广项目 （3）监督执法工作。随着生态文明建设的深入推进，水土保持违法行为越来越受群众的关注，在"放管服"的要求下，事后监管的责任加大，水土保持监督执法的形势越来越严峻。为适应水土保持监督执法的新形势的要求，应加强水土保持执法能力建设，配齐执法队伍，完善执法装备，加强执法培训，打造一支省内一流的水土保持监督执法队伍

续表

政策文件	主要内容
《瑞金市打好水土流失防治攻坚战"三年行动"实施方案》	（4）水保监测工作。根据《水土保持法》的规定，在水土流失重点预防区和重点治理区实行地方政府水土保持目标责任制和考核奖惩制度。中共中央办公厅、国务院办公厅先后印发了《党政领导干部生态环境损害责任追究办法（试行）》和《生态文明建设目标评价考核办法》。在当前对地方各级政府实施综合考核的大背景和趋势下，要加快推进水土保持监测体系和平台建设，推进水土保持生态绩效评价机制，为水土保持监督执法提供办案线索和证据
《瑞金市生产建设开发项目破坏生态环境造成水土流失集中整治工作方案》	1. 工作重点 此次整治的重点为各乡镇区域内（重点为主要交通沿线）开办的各项生产建设开发项目，主要包括林果开发、矿产资源开发及水土流失开发建设项目。在因开发造成水土流失的区域，落实排水沟、坎下沟和挡土墙等工程措施及坡面种草和主次干道种树等植物措施。今后的开发必须严格按规定进行审批，严厉制止无序开发，遏制新的水土流失 2. 工作措施及时间安排 此次集中整治活动的时间为2016年7~12月底，为期6个月，分三个阶段进行： 第一阶段：调查摸底阶段（7月31日前）。各乡（镇）按要求对本辖区自2015年至今新开发的生产建设开发项目，包括林果开发、矿产资源开发及水土流失开发建设项目，进行摸底自查整改，并建立好台账 第二阶段：督查整治阶段（8月1~31日）。组成五个督查组，分别由市林业局、原矿管局、原果业局、原水保局和原国土局组成，前往各乡（镇）进行督查，每周督查一次，督查各乡（镇）区域内的开发项目是否按要求进行了整改规范。督查组将督查情况以书面形式反馈给乡（镇），乡（镇）按照督查情况抓好整改；对造成重大水土流失、整改严重不到位的开发项目，市林业局、水保局、矿管局和国土局按各自职能下发整改通知书，逾期不改的依法查处，并在电视台进行曝光（含所在乡镇），同时，将督查整改情况在全市通报 第三阶段：集中查处阶段（9月1日至12月31日）。对于在山地开发中忽视生态保护、乱占林地、盲目开发、高山陡坡开发、全垦式开发、未经批准擅自开发，在矿山资源开发中乱采乱挖、乱倒乱排，不落实水土环保"三同时"制度，造成水土流失和生态环境破坏的开发项目，各职能部门下发整改通知书，逾期未整改的按照属地管理的原则，由各乡（镇）各职能部门联合执法，分别予以严厉查处： （1）对于全市因过度开发造成水土流失、破坏生态环境的开发项目，按照《瑞金市制止油茶脐橙过度开发工作实施方案的通知》的（瑞办字〔2016〕50号）要求执行 （2）对于云石山乡石灰石资源开发项目，按照《瑞金市云石山石灰石资源开发秩序集中整治工作安排》（瑞府办〔2016〕36号）要求执行 （3）对于全市水库集雨范围内未按照各职能部门整改要求进行煤矸研采的开发项目，予以关停 （4）对于在城市规划区内烧制砖、瓦等生产建设项目，未按照各职能部门整改要求的，予以关停 （5）对于未取得国土及林业用地指标的生产建设开发项目，予以关停

政策文件	主要内容
《瑞金市生产建设开发项目破坏生态环境造成水土流失集中整治工作方案》	3. 坚持有序开发 （1）科学制定产业发展规划，划定山地林果红线，合理设置采矿权和探矿权。禁止在风景名胜区、自然保护区、江河源头区、水源涵养区、饮用水水源区和生态公益区进行开发活动。对在以上区域造成严重后果的矿山企业予以关停 （2）脐橙和油茶产业要严格按照《赣南山地油茶、脐橙开发水土保持实用技术手册》执行到位，坚持山水田林路统一规划，因地制宜、适地适树，充分利用水土流失的林地、宜林的荒山荒地、采伐迹地、火烧迹林和低质低效残次林地。合理选择林地，选择25度以下的缓坡、斜坡地进行开发，审慎选择25度以上的陡坡地。科学整地，不同的坡面地应采取不同的整地方式，禁止毁林开发，禁止全垦整地，提倡小型机械或人工整地，最大限度地减少对原生植物的破坏。实行"山顶水保林戴帽、山腰经果林缠带、山脚原生植被穿靴"的生态建园模式，不开光头山，山顶"带帽"面积不能少于坡面总面积的四分之一，对植被稀少的坡顶应及时补种耐旱耐脊的水土保持林；山脚应留足3~5米的原生植被，以滞留泥沙。要配套坡面蓄排水工程，确保水不乱流，泥不下山。正确抚育，采取局部铲草、穴穴培蔸的方式进行抚育，不得铲除边坡植被。建立完善的果业退出机制，在上述禁止开发区域砍除病树，不再种植柑橘或其他果树，补种阔叶林，恢复生态 （3）严把矿产资源开发利用审查关，办理采矿登记许可应提供矿产资源储量调查报告、开发利用方案、矿山地质环境恢复治理与土地复垦方案及水土保持方案等技术资料。在生产建设过程中要重视表土资源的剥离和保护工作，严格按照开发利用方案开采，科学设置弃土、弃渣和弃石场，修建开采区、排土场和道路的排水设施，切实做好矿区生态保护和恢复治理工作。矿山企业在闭坑前应当按照经审查备案的矿山地质环境恢复治理与土地复垦方案，对矿区进行恢复治理
《瑞金市2017年河长制水土保持工作方案》	（1）集中力量严厉查处。各乡镇要尽快安排人员对辖区内各类乱倒乱排情况进行全面清查，摸清具体情况。对各类因乱倒乱排造成水土流失的行为进行严厉查处，发现一起查处一起。市局将分组开展督查，对于各乡镇查处难度大的违法行为，由市、乡镇联合执法共同查处 （2）按时上报进展情况。专项整治工作已列入2017年河长制水土保持工作的考核内容，实行季报制度，请各乡镇于6月、9月和12月的10日前将工作开展情况和附表上报市局，上报情况将作为2017年年终考核的依据
《瑞金市水土保持局主要职责内设机构和人员编制规定》	（1）承办市水土保持生态建设的日常工作 （2）负责《中华人民共和国水土保持法》和《中华人民共和国水土保持法实施条例》等法律、法规的组织实施和监督检查；编制全市水土资源保护和开发利用规划 （3）负责开展水土流失勘测、普查，组织全市水土流失的动态监测，并发布公告；编制水土保持生态建设规划，制定并实施水土保持年度计划 （4）负责全市水保事业经费的计划、使用，负责机关国有资产的管理；提出全市水保项目，对其实施管理、监察、审计和监督 （5）负责全市水保干部、职工的教育、培训，抓好水保新技术的试验、示范和推广工作

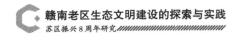
续表

政策文件	主要内容
《瑞金市水土保持局主要职责内设机构和人员编制规定》	（6）依法行使水土保持的审批权、监督权和收费权；负责审批开发建设项目水土保持方案，并监督实施；依法查处水保案件，处理、调解水土流失防治纠纷，做好水土保持防治费和补偿费的收缴和管理 （7）负责以小流域为单元的综合治理开发，编制治理规划报告，落实治理开发项目；负责全市农村"四荒"资源开发治理工作 （8）承办市委、市政府及主管部门交办的其他工作

资料来源：瑞金市人民政府官网。

2. 主要做法

第一，提升综合防治水平。瑞金市改变了过去重治理、轻开发，重生态效益、轻经济效益，重局部治理、轻示范推广的做法，转变观念，大胆创新，探索出了在治理水土流失、改善生态环境的同时，大力发展市域经济的水保治理新路子。1995 年，瑞金市成立了首个股份制开发基地——坳背岗水保开发基地，后经不断的拓展和延伸，现已建成万亩脐橙基地。该基地的成立，有效地解决了水保治理开发中遇到的土地、劳力、资金和管理等一系列问题，获得了较好的效益。目前，该基地种植的脐橙已全面进入丰产期，每年可产鲜果 2500 多万千克，产值 5000 多万元。仅此一项，周边农民每年人均可增收 2000 多元，有力地促进了当地经济的发展和群众生活水平的提高。此后，瑞金市不断加大改革步伐，创新工作机制，先后出台了"荒山拍卖""招商引资""股份制合作"和"干部带头办水保"等一系列优惠政策，进一步调动了全社会参与水保治理开发的积极性，拓宽了水保治理的投资渠道，逐步形成了"社会办水保，水保为社会"的新景象。十多年来，瑞金市建立水保开发基地 320 个，入股农户 3900 户，投入治理资金 3600 多万元，市域经济得到了较快发展。

第二，水土保持与生产相结合，提高群众参与度。瑞金市山多地少，是个典型的"八山半水半分田，一分道路和庄园"的地方，人均耕地面积仅为 0.03 公顷。依靠现有的水土资源和传统的农业生产模式，难以形成规模化、产业化的农业结构，也产生不了良好的规模效益。只有通过水土流失治理，开发新的土地资源，并进行整合和充分利用，使资源优势转化成经济优势，逐步形成农业产业生态化、生态农业产业化，提高土地的产出效益，才能有效促进农村经济发展和产业结构调整。2017 年，瑞金市为了激发群众参与水土保持生态建设的积极性，出台了油茶种植奖补、低质低效林改造补助、脐橙种植奖补及水土保持边坡种草以奖代补等优惠政策，充分调动了群众开展生态建设的积极性，全市逐步形成了合作社治理、"公司＋农户"治理和散户治理的生态建设局面。例如，瑞金市绿野轩林业有限责任公司，采取"公司＋农户"的治理形式，在大柏地乡关山林场和种植油茶3000亩。为了最大限度地控制油茶开发时产生的水土流失，绿野轩发展有限公司动员农户全部采取穴垦整地的方式种植油茶，而没有采取机械开挖条带的方式，达到了生态开发的要求。例如，沙洲坝镇河坑村，为了更好地发展油茶产业，专门成立了河坑村油茶开发合作社，由合作社统一施工标准，统一组织实施，统一验收，统一申请补助资金。在合作社的精心组织下，沙洲坝镇河坑村2017种植油茶1200多亩，其标准高、种植质量好、速度快的优势受到了水保、林业部门的表扬。

第三，群众积极参与。水土保持生态建设工作要充分依靠当地群众，最大限度地发挥群众的主观能动性，以优惠政策激发他们参与水土保持生态建设的积极性，只有这样，才能把水土保持生态建设工作做好。

第四，争取项目，拓展渠道。为了进一步加大水土保持生态建设的工作力度，瑞金市在动员林业、自然资源、水利和生态环境等部门参与生态建设的同时，积极向中央、省、市有关部门争取生态建设项目资金，拓宽投资渠道，加快瑞金市生态建设进程。2017年，在发改、财政、原矿产资源、原水保和林业等部门的共同努力和积极争取下，瑞金市绵江河流域片区山水林田湖生态保护和修复工程纳入了赣州市山水林田湖生态保护修复工程2017年实施项目，同时，林业部门也争取了山水林田湖低质低效林改造项目。瑞金市绵江河片区山水林田湖生态保护修复工程主要包括水土保持综合治理工程、崩岗侵蚀防治工程、废弃矿山治理工程和地质灾害治理工程，计划投资1.46亿元，由瑞金市水土保持局和瑞金市汇信矿业有限责任公司组织实施。瑞金市绵江河流域片区山水林田湖生态保护和修复工程完工后，全市新增水土保持生态建设面积65平方千米，该项目对瑞金市9处废弃矿山、4处地质灾害易发地、50座崩岗进行了生态整治，有效改善了项目区的生态环境，遏制了水土流失不断加剧的局面。通过对项目区水土流失山地和废弃矿山水土流失区的综合治理，扩大了瑞金市水土保持生态建设规模，加快了瑞金市生态建设的步伐。

（三）治理成效

经过多年的努力，瑞金市的水土保持综合治理工作取得了明显的生态、经济和社会效益，这充分表明水土保持是改善农业生产条件和生态环境的主体工程，是老区群众的致富工程，是江河治理的治本工程（邱欣珍等，2008）。归纳起来主要表现在以下几个方面：

第一，采用工程措施、生物措施与农业技术措施相结合，治沟与治坡相结合，乔灌草相结合的综合治理模式，建立比较完善的水土保持综合防护体系，减轻治理区内的水土流失程度，恢复和重建植被，改善农业生产条件和生态环境。

第二，秉持树立"既要金山银山，更要绿水青山"的发展理念，坚持治理与开发相结合、治山治水与治穷致富相结合发展原则，根据当地的农业产业结构和农村经济发展方向，在综合治理的小流域内合理开发水土资源，因地制宜地兴办各具特色的种养基地，把小流域治理与发展流域经济和培育支柱产业结合起来，促进农业增产、农民增收和农村致富（张利超、王农，2015）。

第三，实施塘坝、拦沙坝、蓄水池和谷坊等小型水利水保工程，在治理水土流失、改善生态环境的同时，帮助流域内的群众解决农业生产中的一些实际困难，增强农业生产抵御自然灾害的能力，推动了农业发展。

二、南康区的水土流失治理

（一）基本情况

南康区位于江西省的南部，全区土地总面积为 1845.6 平方千米，辖区内有 18 个乡镇、2 个街道办事处，共 293 个行政村、25 个居委会，总人口 80.3 万人。据江西省第三次土壤侵蚀遥感调查资料，南康区的水土流失面积为 677.18 平方千米，占土地总面积的 36.69%，其中，轻度流失面积为 187.31 平方千米，中度流失面积为 204.33 平方千米，重度流失面积为 176.62 平方千米，极强烈的流失面积为 78.82 平方千米（徐卫国等，2017）。

（二）治理过程

南康区加速推进、全面落实河长制，结合山水林田湖项目，投资 5.01 亿元开展章水流域生态保护和综合治理工程，统筹推进章水流域的水资源保护、水污染防治、水环境改善和水生态修复，流域内的生态环境得到了明显提升。截至目前，南康区该专项行动已投入资金 470 余万元，投入机动船只 18 艘、简易打捞船 54 艘、机械 240 余台，组织人力 8400 余人，全面清除河面垃圾，确保章水流域河道水面清洁干净（刘雅琼，2019）。同时，南康区组建专业队伍，财政出资 47.7 万元，对章水流域河道漂浮垃圾实行常态化清理。南康区投入 2 万余元，对城市饮用水源保护区的绿色防护网进行修缮加固。另外，南康区的三座水质自动监测站加强了对水质进行实时监测。目前，该区国控、省控、县交界饮用水源地断面均未出现劣 V 类水，国控饮用水源地断面水质达到 II 类标准，省控、县交界饮用水源地断面均达到 III 类标准。南康区各级干部纷纷担任河长，定期巡河，成为了章水流域生态保护和综合治理工作中的新风景。该区还积极引导群众主动参与护水，向社会公开了各级河长的名单、职责、治理目标及监督举报电话，确保河长"管、治、保"职责履行到位，实现全区人民护水长清（刘雅琼，2019）。通过专业队伍摸排、乡镇组织摸排等形式，对章水流域排污口进行了全面排查整改，加快推进城区污水管网建设，加快雨污分流改造，提高污水收集率，有效杜绝污水直排入河的现象。不仅如此，该区还对章江沿岸 10 千米范围内的 2 个废弃露矿山进行了整治。目前，2018 年关停的南康区十八塘乡长滩采石场和 2014 年注销采矿权的南康区龙华乡庆福采石场，均已按照恢复治理方案完成了恢复治理工作。同时，2019 年 5 月下旬，该区开展了河道采砂专项整治行动，对整顿不合格的采砂场予以停业整顿，全部拆除采砂机具及分离设备，切断下河通道，设置警示标识，拆除附属房、吊机墩，切割抽砂船，有力遏制滥采行为，实现土地复耕，保护堤防安全，维护河道秩序。此外，南康区积极争取整治项目，维修加固章水流域的河道堤防。目前，投入 9300 余万元对章水流域镜坝段、章水流域龙岭段等 4 条河段进行修复治理，将防洪标准提高到十年一遇，有效确保了河堤的安全（刘雅琼，2019）。

护水要治本，治本先清源。南康区在严格管控生态环境保护红线的基础上，进行了章水流域源头治理，实现了长远发展与环境保护双赢。为了有效控制农村面源污染，南康区在乡村建立草地贪夜蛾绿色防控和统防统治融合示范区，对农作物的科学安全用药进行了示范培训，指导使用高效低毒的生物农药，编发病虫情报推荐用药，农作物病虫害专业化统防统治覆盖率达 45%，绿色防控覆盖率达 36%，生物农药应用比例提高了 1.2%。同时，该区在粮食主产地开展了绿肥种植，推广水肥一体化，该区测土配方施肥覆盖率达 90% 以上。积极进行工业污染防治，通过责令涉水企业整改、立案处罚和关停牛蛙养殖场等方式，对全区涉水企业进行全面排查整治，并给 11 家重点污染企业安装了在线监控设备，与环保系统污染源在线监控管理系统联网，实时进行监控，重点排污单位污染源自动监控资料传输有效率达90%以上。开展城乡生活污水治理行动，投资3.66亿元对15个乡镇进行圩镇污水治理、医院医疗废水治理和饮用水源重点流域农村环境综合治理（刘雅琼，2019）。

（三）治理成效

2004年南康区被列入国家农业综合开发水土保持项目县。之后，南康区积极探索适合当地的水土流失治理方法，结合当地的自然条件和气候特点，遵循治理与开发利用相结合的原则，把农发水保项目主动融入到农村主导产业中，把具有当地特色的南康甜柚种植引入到水保项目中，经过几年的努力，水土流失得到了有效控制，南康甜柚产业得到了发展（徐卫国等，2017）。

三、兴国县的水土流失治理

（一）基本情况

20世纪七八十年代，兴国县水土流失情况严重，虽然经过治理得到了根本性改善，但局部水土流失造成的崩岗地依然普遍存在。经调查，兴国全县有大小不一、类型各异的崩岗5100余处，造成的水土流失面积为1300.6公顷。

（二）治理过程

崩岗是兴国县水土流失的一大顽症，一直以来，由于投入少，没有得到治理，水土流失严重。据不完全统计，2017年全县60平方米以上的崩岗达3209处。为此，兴国县启动了山水林田湖生态保护修复工程崩岗综合治理项目，项目规划治理崩岗2000处，建设点覆盖全县25个乡镇，治理水土流失面积32.3平方千米，建设谷坊6000座，修建拦沙坝500座，修建截流沟215千米、挡土墙60千米，总投资2.69亿元。

为了全面、科学、持续地了解和掌握水土流失的动态变化情况，评价水土流失的防治效果，为水土保持生态建设决策提供科学依据和基础保障，促进水土保持生态建设又好又快发展，兴国县积极开展水土保持监测工作，加快监测体系建设，提升水土流失治理水平。兴国县的土地面积为3215平方千米，其特殊的地质条件以及过度开荒、砍伐薪柴等人为活动导致该县水土流失严重。1980年，全县的水土流失面积为1899.07平方千米，占县域面积的59%，占山地面积的84.8%，山地植被覆盖率为28.8%。鉴于兴国县恶劣的水土流失状况，为了更好地掌握水土流失的动态变化情况，科学合理地治理水土流失，根据径流、坡面、产流量和侵蚀量等不同情况，科学设点，共设四个监测点。一是塘背小流域径流观测站（老桥观测点），建站于 20 世纪 80 年代初，掌握了大量的观测资料，为南方开展小流域综合治理提供了依据。二是永丰蕉溪黄金坪监测点，为全国水土流失动态监测与公告项目典型监测点，属于南方红壤丘陵区，土壤侵蚀二级类型区为南方花岗岩强度侵蚀区。对不同水土保持措施下的坡面降雨、产流量和土壤侵蚀量，以及植被盖度进行动态监测，以此来分析治理效益情况，为国家水土保持重点建设工程的开展提供大量的资料。三是城岗大获监测点，对国家水土保持重点建设工程鼎城项目区小流域综合治理实施效益进行监测，综合评价水土保持综合治理成效，为今后的水土流失综合治理提供基础资料。四是杰村含田监测点，主要是开展水土保持科技示范、科普教育和科技推广工作，该监测点为南昌工程学院的实践教育基地，计划开展水土保持科研、科普、试验和示范工作。兴国县的水土保持监测工作起步较早，1997 年就成立了兴国县水土保持监测站，专门负责水土保持监测工作。近几年来，安排了一名局班子成员分管水土保持监测工作，一名水土保持专业工程师具体负责径流场的监测管理，同时聘请了两名懂监测技术、责任心强的监测员负责径流场资料收集和设备管护工作，并对分管领导和监测站人员实行定岗问责和失实资料责任追究制度。

（三）治理成效

经过多年的水土保持生态建设，兴国县的水土流失综合治理程度达到了 78.3%，土壤侵蚀量减少了 40.8%，25 度以上的坡耕地全部采取水土保持措施，林草覆盖率由 28.8% 上升到 82%。2013 年 2 月，兴国县被水利部命名为江南第一个"国家水土保持生态文明县"，成为江西省打造鄱阳湖流域山水林田湖草综合治理样板区的精彩示范。

四、信丰县的水土流失防控

（一）基本情况

信丰县是赣南脐橙的发源地，著名的"中国脐橙之乡"。自 1971 年引种栽培赣南第一批脐橙以来，已有 45 年的历史。全县有以纽荷尔脐橙为主的脐橙主栽品种四个，形成了"两线五点"的脐橙生产基地格局，建成了五个万亩脐橙基地和一条以 105 国道为依托的 10 万亩"百里脐橙带"。到 2012 年底，全县共有脐橙 28.71 万亩，产量近 20 万吨，总产值突破 10 亿元。信丰脐橙产业已从一个单纯的种植业向集生产、贮藏、加工、运输和销售于一体的产业集群发展，成为了信丰县最有特色、最具潜力和竞争力的优势农业主导产业（刘家祁等，2018）。2013~2016 年，全县新开发的果园面积不到 2 万亩，主要集中在嘉定—古陂国家级万亩现代农业示范区的低缓丘陵和部分高排田、缺水田。信丰县发展脐橙产业的历史悠久，果农对开发果园有丰富的经验。因此，信丰县新开发的果园基本上没有造成水土流失，而且还进行了果业水土流失防控工作。

（二）防控过程

严格实行开发许可制。新开发的果园必须经林业部门和原水保部门的批准，果业部门才办理果业经营许可证，安排供应无病毒柑橘苗木，提供产业项目扶持。

严禁在坡度 25 度以上的山上开发果园，预防在果园开发中造成水土流失。

严禁在生态公益林区、江河源头区、饮用水水源区和水源涵养区的山地开发果园。

严格要求果农按照"山顶戴帽、山腰系带、山脚穿鞋"的生态建园原则进行规划设计，试行了"山江湖"种植模式，完善了果园水土保持系统。

五、寻乌县的水土流失治理

（一）基本情况

1984 年，赣南人民实施了"十年绿化赣南"的重大举措。据统计，到 1994 年，源区内的荒山栽种率达 97.2%，森林覆盖率达 74.2%，生态环境良好，形成了东江的水源涵养基地。后来，寻乌县为了发展经济，大力发展果业，大肆开挖稀土矿产资源。滥挖乱采、乱砍滥伐和毁林种果等行为直接导致森林退化、水土流失、污染加剧。

（二）治理过程

第一，"抱团攻坚"创新机制，破解"九龙治水"的千年难题。为了防止环境保护只与某个部门、某些领导干部有关，而其他官员漠不关心的问题寻乌县打破体制机制障碍，破解部门藩篱，牢固树立新的发展理念，遵循"山水林田湖草是一个生命共同体"的原则，坚持把统筹规划、整体推进作为首要前提，在系统治理基础上，以保护水资源、防治水污染、改善水环境、修复水生态为主要任务，整合不同部门的力量，全景式策划、全员性参与、全要素保障，攥指成拳，凝聚合力，积极构建"抱团攻坚"与"十指弹琴"协调统一的保护环境格局。为了解决资金不足的问题，寻乌县努力争取上级资金，引导社会资本投入，积极探索和实施 PPP 项目，充分发挥社会资本对水利事业发展的推动作用。太湖水库是县城和下游四个乡镇居民及部分企业的用水之源，该水库以供水为主，兼有灌溉、防洪等综合效益。加上县政府的投资，太湖水库建设的资金缺口还有 4 亿多人民币。寻乌县主动与江西省水投集团实施 PPP 合作，建立市场化运作的供水机制。江西水投因投资治理水库，获得了太湖水库 30 年的用水特许经营权，还获得县政府每年 2000 余万元的政府补贴。太湖水库开启了 PPP 融资模式，既有效减轻了寻乌县在水利基础设施建设中的资金压力，又促进了江西水投的发展壮大，实现了双方共赢。该工程成为江西省首个水利工程 PPP 签约项目，有力地调动了社会资金的力量，破解了水利发展的困局，是寻乌县水利建设投融资体制机制创新的一个成功案例，破解了千年"治水"难题。

第二，加强生态环境执法力度，倾力打造"河长制"升级版。为了防止只做表面功夫，寻乌县以"三个升级"为抓手，将目标任务落到实处。一是"治理升级"。狠抓河长责任制，各级河长负责组织领导相应河湖的管理和保护工作，包括水资源治理、水域岸线管理、水污染防治与水环境治理等。在水资源保护与治理方面，落实最严格的水资源管理制度，严守三条红线。建立水质考核机制，全县设有国控、省控水功能区监测断面 10 个，乡镇跨界断面水质考核断面 16 个，饮用水源区监测点 7 个，形成了覆盖整个水功能区、各个流域水系的水质监测网络，定期监测、汇总、通报监测资料。二是"能力升级"。根据河流水域纳污容量和限制排污总量，落实污染物达标排放要求。开发河长制信息管理平台，包括管理版、河长版、公众版及相应的手机 App（寻河通），它具有巡河、督查、问题处理、社会监督、水质通报、水质实时监测、实时雨情和实时水位等众多功能，并与防汛系统无缝连接。通过平台运行，快速形成县、乡、村、组四级联动管理机制，为河湖管理精准定点、及时管理和资源共享等奠定了扎实的基础，进一步提高了河湖管理效能，成为了河长治水的智能"助手"。同时，通过公众版，扩展了群众参与渠道，增加了各级河长、管理人员发现问题的方法，加快了处理问题的速度及精准度。三是"保障升级"。为了落实好河长制，确保经费足额到位，县财政优先保证河长制经费足额到位，并做到稳中有升；同时确保硬件基础设施建设到位。截至 2017 年底，寻乌县兴建了一座日处理能力 2 万吨的污水处理厂，完成城镇污水管网建设 71.56 千米，安装了在线监测系统，并与省污染源监控中心联网；建设了一个占地面积 23.3 公顷、日处理垃圾 100 吨的垃圾填埋场，日处理量约为 68 吨，渗滤液外排废水可达到《生活垃圾填埋场污染控制标准》（GB 16889–2008）的标准限值；近两年累计投入 7000 多万元，兴建垃圾压缩式中转站 8 个、简易垃圾站房和渗沥液处理站 6 个、垃圾焚烧炉 32 个，购置垃圾清运车 176 辆、压缩转运车 6 辆，清理农村垃圾 23 万多吨，农村居民环境得到了明显改善。

第三，建立健全环境保护执法机制。寻乌县专门设立了县生态综合执法局，把部门执法权限委托给生态综合执法局或下放到乡（镇）一级，统一行使城乡生态环境保护执法和监管职责，由部门单独执法向多部门综合执法和乡镇执法转变，形成了县、乡联动的执法监管局面，提升了生态环境的执法效率，全面推动了执法能力升级。同时，完成了"一企一档"的建档工作，制定了环境保护网格化管理制度，设立了乡镇环保工作站，实现了县、乡（镇）、村环保监管全覆盖，环保责任和监管主体双覆盖，为严格实施新《环境保护法》、推动环境保护工作重心下移奠定了坚实的基础；还设立了寻乌县人民检察院驻寻乌县环保局检察室，建立了环境保护行政执法与刑事司法衔接的工作机制；针对边界"插花地"的环境违法行为，2018 年 10 月 22 日，寻乌县还参加了赣、闽、粤"三省五县"共同召开的检察机关及河长办第一次联席会议，建立了水污染联动执法机制。

第四，全面推行排污许可制度。依法核发排污许可证，加强许可证管理。以改善水质、防范环境风险为目标，将污染物的排放种类、排放浓度、排放总量和排放去向等纳入许可证管理范围。禁止无证排污或不按许可证规定排污，落实排污单位的主体责任。各类排污单位严格执行环保法律法规和制度，加强污染治理设施建设和运行管理，开展自行监测，落实治污减排、环境风险防范等责任。强化饮用水水源环境保护，通过对全县饮用水水源地的实地调研和实时监测来确保饮用水源安全。重点加强九曲湾库区环境保护综合治理工作：一是加强污染源头控制。继续实施全封山政策，加大封山育林力度，使源区植被、林相得到明显改观。在库区二级保护区内，有计划地发展花卉苗木、毛竹和杉树等产业，并不断地优化调整产业结构。积极推动农村改厕工程，帮助库区上游的村民进行改厕，控制生活污染源。二是实施项目工程治理。采取总体规划、项目化推进的办法，扎实推进九曲湾水库水源地规范化与整治、库区蓝藻防控工程。三是建立常态管理机制。成立九曲湾库区管理办公室和综合执法大队，实行全天候、不间断的巡查管理，加强对库区生态环境保护的日常巡查监管，定期对库区垃圾进行打捞。

（三）治理成效

寻乌县以水环境问题为导向，推动落实的"一河一策"专项治理的特色做法得到了省委、省政府领导的肯定。全县的污染物总量进一步降低，在2016年度水利改革发展考核中，寻乌县获得了赣州市第一、江西省第三的好成绩。寻乌县根据生态系统本身的特点，发展当地的特色产业，将生态果蔬、中草药和生态有机肥等产业与畜牧业污水利用结合起来，走种养结合的道路。寻乌县在产业转型中找到了解决水污染难题的方法，积极引导养殖户向中药种植等生态高效产业转产转业，不仅保护了生态环境，还较大程度地提高了经济效益。

六、安远县的水土流失治理

（一）基本情况

安远县是全国生态文明先进县和江西省首批生态文明先行示范县。县域面积2375平方千米，其中，水土流失面积445.63平方千米，占全县总面积的18.8%。

（二）治理过程

1. 政策文件

为了开展水土流失治理，更好地保护当地林业和水力资源，安远县出台了《安远县2013—2014年度"森林城乡、绿色通道"建设实施方案》《安远县开展果业过度开发专项整治工作方案》《安远县河长制体系建立验收评估办法的通知》和《安远县2018—2019年度低质低效林改造实施方案》，如表4-3所示。

表 4-3　安远县水土治理文件（部分）

政策文件	主要内容
《安远县2013—2014年度"森林城乡、绿色通道"建设实施方案》	（1）森林城市创建工程。 一是完成城市绿化任务，全力建设东江源森林公园，完善公园基础设施，按照"四季常青、色彩丰富"的原则，改造森林公园的林相，为市民打造新的休闲锻炼中心。重点美化森林街道，在安远大道南段公路两侧进行分隔带绿化及人行道绿化，建设安远县东江源森林公园，打造城区绿化亮点，提高城市绿化面积 二是完成建制镇绿化提升任务，结合我县的"森林城乡、绿色通道"规划，提升天心镇和三百山镇绿化水平。对原有绿化进行巩固和完善，扩大绿化面积，在人口密集区和休憩区建设一些小型森林公园等公共绿地，结合新农村建设新建公共休闲绿地，形成"点上有树、面上有林、点面结合"的农村绿化格局 三是完成工业园区的绿化改造任务，不断加大版石工业园区的绿化生态建设和绿化投入力度，推动企业庭院绿化和花园式工厂创建，园区的绿化品位进一步提升，取得了经济发展和生态环境改善的双赢局面 四是加大森林营区基础设施的建设力度，坚持高标准规划、高标准施工，以乡土珍贵阔叶树种为主，针叶与阔叶混交，常绿与落叶搭配，多树种混交，打造安远县人民武装部森林营区，提升景观效应 五是提高森林校园的绿化水平，开展安远濂江中学等森林校园创建工作，不断增强校园的教学及育人功能 （2）森林乡村创建工程。 建设任务为 0.05 万亩，创建森林村庄的数量为 26 个（见附件）。各乡镇应结合新农村建设和"三送"挂点工作，引导农民利用村路旁、沟旁、渠旁和宅旁的隙地，闲置地和宜林荒山荒地，种植苗木花卉和经济果木林，达到绿化、美化的目标，促进农民增收。按照乔灌结合、色彩搭配、四季有景的要求，打造具有乡村绿色文化气息和历史文化底蕴的生态文化示范村庄 （3）通道绿化工程。 提升通道绿化水平，由江西百杉公司负责，全线进行补种，因地制宜地增加绿化量，采用乔灌搭配、花草结合的方式，融化各种文化元素，打造具有安远特色的绿化景观 （4）生态富民产业工程。 发展油茶林基地 0.3 万亩、苗木基地 0.2 万亩 一是依托项目实施，重点培育毛竹、油茶等传统优势产业，着力扶持一批具有较大规模和发展潜力的龙头企业和大户 二是结合通道绿化，通过绿化公司和龙头大户的带动和引导，采取"公司＋农户""公司＋基地""公司＋农户＋基地"的模式，打造一批集苗木基地、生产销售、园林施工和生态观光于一体的苗木花卉产业集群，着力构建"一线、多点"的产业发展构局 三是大力发展林下经济，充分利用林地资源，发展林下种植、林下养殖、林下产品采集加工和森林景观利用四大类林下产业，着重建设中药材基地 （5）森林资源保护工程。 一是实施珠防林项目，根据珠防林建设要求，以宜林荒山荒地为主，鼓励营造乡土阔叶林、针阔混交林，当年成活率达到 85% 以上 二是实施补植造林和矿区复绿，通过废弃矿区的地表整形、陡坡与边坡处理以及废弃矿区复绿等治理措施，进一步保持水土，逐步恢复土壤肥力、地表植物和废弃矿区的生态功能

续表

政策文件	主要内容
《安远县2013—2014年度"森林城乡、绿色通道"建设实施方案》	三是实施果园山绿化，对已砍除的"黄龙病"果园山进行乡土阔叶树种补种，增加林木密度，加强戴帽山的生态系统，增强防止水土流失、涵养水源的功能，加快"黄龙病"果园山绿化，在砍除后的林地上栽种桂花、樟树等景观树种以及杉木、湿地松等速生树种，尽快恢复林地植被
《安远县开展果业过度开发专项整治工作方案》	1. 工作任务 （1）生态保护性整治。 ①凡是在生态公益林、江河源头区、饮用水水源区和水源涵养区及坡度在35度以上的林地，一律禁止新开发果园。已开发的老果园，加强鼓励引导，逐步实行"退果还林"。生态公益林重点是孔田林场、高云山林场、安子崀林场、甲江林场、葛坳林场、牛犬山林场、龙布林场和天心林场等，江河源头区重点是东江源头河流、濂江河等，饮用水水源区重点是县城饮用水源区、欣山镇大坝头及其他各乡（镇）的饮用水源区等，水源涵养区重点是三百山风景区、九龙山脉和龙泉山等 ②坡度在35度以下、生产条件差、基本无水电路基础设施、经营管理不善、效益差的果业基地或零星分散果园，在果树衰老死亡或柑橘因"黄龙病"砍除后，动员果农不再恢复果树种植，引导实行"退果还林" ③编制全县果业区域开发规划，规范果园开发审批，2015年之前全县不再批准新开发果园 （2）生态恢复性整治。 ①坡度在25~35度的生产基地，在开发过程中不注重水土保持或水土保持措施不到位的，通过开挖山腰横山排蓄水沟、梯带内壁竹节沟和山脚泥沙拦截沟等方式，构建完善的水土保持系统，防止水土流失 ②应用景观生态学原理，通过绿化山顶、在果园主干道种植绿化树、在支道种植防控篱等方式，营造适合赣南丘陵山地的生态防护林系统 ③生态技术性整治。对生产管理过程中因管理技术不规范，农药、肥料使用（施用）不科学等因素造成一定程度面源污染的生产基地进行技术性整治。结合标准果园，大力推广季节性草苗栽培（套种）、以产定量施肥、水肥一体化施用、病虫害综合防控等标准化栽培技术，减少土壤侵蚀，减少肥料施用，减少农药使用。在进入三百山风景区公路沿线、孔田上寨和镇岗罗山等山地坡度相对平缓、"黄龙病"比较严重的果业基地，在全部砍除病树后，按照生态开发的要求，高标准规划，结合土地整治项目，对山地进行土地平整，建立我县土地整治项目示范点，并不断加以示范推广 2. 工作措施 （1）精心组织安排。各乡（镇）、相关部门单位要召开专项工作会议，对果业过度开发专项整治工作进行研究部署，根据实际情况制定具体的整治工作计划和实施方案，明确目标和任务，明确责任和时限，做到有计划、有部署、有落实、有督查 （2）认真调查摸底。各乡（镇）要组织人员认真开展调查摸底，掌握生态公益林、江河源头区、饮用水水源区、水源涵养区以及坡度在35度以上的林地等已有果园的情况，掌握坡度在35度以下、生产条件差、基本无水电路基础设施、经营管理不善、效益差的果业基地或零星分散果园的情况，掌握本乡（镇）内新开发的果园情况，确定整治的范围、类型和对象

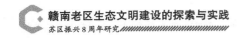

续表

政策文件	主要内容
《安远县开展果业过度开发专项整治工作方案》	（3）全面开展整治。结合柑橘病树的清理情况，针对不同过度开发的类型，按照整治实施方案和工作目标要求，进行分类整治。县林业、原环保、原果业和水利等相关部门根据相关的法律法规组织有关人员对过度开发的果园进行依法清理，并实行"退果还林"，同时，加强果园的生态化建设。实行属地管理制，各乡（镇）是果业过度开发整治的责任主体，乡（镇）主要负责人为第一责任人 （4）严格审批程序。在2015年之前，全县不批准新开发果园，今后，新开发果园按要求进行审批，没有通过审批的，一律不准新开发果园 （5）狠抓宣传培训。充分利用广播、电视、报纸和网络等多种手段，广泛开展果业过度开发专项整治工作的宣传，提高广大果农的生态保护意识，逐步将果业生态开发变成果农的自觉行为。以标准化栽培技术为主要内容，加强对果农的标准化生产技术培训和指导，全力推进果业产业向生态友好型农业发展 （6）落实重点项目。中央财政支持现代农业生产发展资金、农机购机补贴、农业综合开发补助资金、油茶补贴和造林补贴等补助经费，向重点整治区域倾斜，全力支持果业过度开发整治工作
《安远县河长制体系建立验收评估办法的通知》	1.县级总河长会议制度 （1）县级总河长会议由县级总河长或副总河长主持召开。出席人员包括县级河长，乡（镇）总河长、副河长，县级责任单位主要负责同志，县河长办负责同志等，其他出席人员由县级总河长、副总河长根据需要确定 （2）会议原则上每年年初召开一次。根据工作需要，经县级总河长或副总河长同意，可另行召开 （3）会议按程序报请县级总河长或副总河长确定，由县级河长办筹备 （4）会议主要事项：研究决定河长制的重大决策、重要规划、重要制度；研究确定河长制的年度工作要点和考核方案；研究河长制的表彰工作及重大责任追究事项；协调解决全局性重大问题；经县级总河长或副总河长同意研究的其他事项。会议形成的会议纪要经县级总河长或副总河长审定后印发 （5）会议研究决定的事项为河长制工作重点督办事项，由各县级河长牵头调度，县河长办负责组织协调督导，有关县级责任单位及乡（镇）总河长、副河长负责承办 2.县级河长会议制度 （1）县级河长会议由县级河长主持召开。出席人员包括河流所经乡（镇）的乡（镇）河长，相关县级责任单位主要负责同志或分管负责同志，县河长办负责同志等，其他出席人员由县级河长根据需要确定 （2）会议根据需要召开 （3）会议按程序报请县级河长确定，由县河长办筹备 （4）会议主要事项：贯彻落实县级总河长的会议工作部署；专题研究所辖河流的保护管理和河长制工作重点；研究部署所辖河流的保护管理专项整治工作；经县级河长同意研究的其他事项。会议形成的会议纪要经县级河长审定后印发 （5）会议研究决定事项为河长制工作重点督办事项，由各县级河长牵头调度，县河长办负责组织协调督导，有关县级责任单位及乡（镇）河长负责承办

政策文件	主要内容
《安远县河长制体系建立验收评估办法的通知》	3.县级责任单位联席会议制度 （1）县级责任单位联席会议由县河长办负责主持召开。出席人员包括相关县级责任单位的负责同志和联络人 （2）会议定期或不定期召开。定期会议原则上每年一次，不定期会议根据需要随时召开 （3）会议由县河长办或县级责任单位提出，按程序报请县河长办的主要负责同志确定 （4）会议主要事项：调度河长制工作进展；协调解决河长制工作中遇到的问题；协调督导河流保护管理专项整治工作；研究报请县级河长和总河长会议研究的事项等。会议形成的会议纪要经县河长办主要负责同志审定后印发 会议议定事项由有关县级责任单位的负责同志分别落实 4.县级责任单位联络人会议制度 （1）县级责任单位联络人会议由县河长办副主任主持召开。出席人员是相关县级责任单位的联络人 （2）会议由县河长办或相关责任单位提出，经县河长办主要负责同志同意后，不定期召开 （3）会议讨论事项：汇报县级责任单位全面推行河长制的工作情况；研究、讨论河长制日常工作中遇到的一般性问题；研究、讨论各县级责任单位全面推行河长制的专项工作问题；协调督导各县级责任单位落实联席会议纪要的工作情况等 （4）联络人会议研究、讨论相关问题的意见和建议，由县河长办形成书面材料，报县河长办主要负责同志，或经县河长办主要负责同志同意后，提请县级责任单位联席会议审定 （5）会议研究、讨论并形成的一致意见，由有关县级责任单位分别落实 5.安远县河长制的信息工作制度 （1）信息公开制度。 县河长办负责定期向社会公开应让公众知晓的河长制相关信息 ①公开的内容：河长名单、河长职责和河流管理保护情况等 ②公开的方式：政府公报、政府网站、新闻发布会、报刊、广播、电视及公示牌等便于公众知晓的方式 ③公开的频次：河长名单原则上每年公开一次，其他信息按要求及时更新 （2）信息通报制度。 县河长办根据全县河长制工作，对乡（镇）和村级河长履职不到位、乡（镇）工作进度严重滞后的情况及河流管理保护中的突出问题等进行实行通报 ①通报范围：河长制县级责任单位，各乡（镇）人民政府 ②通报形式：公文通报、《河长制工作通报》等 ③整改要求：被通报的乡（镇）、单位应在五个工作日内整改到位，并提交整改报告，确有困难的需书面说明情况 6.信息共享制度 通过实行基础资料、涉河工程、水域岸线管理、水质监测等信息共享制度，为各级河长和相关单位全面掌握信息、科学有效决策提供有力支撑 （1）实现途径：安远县河长制河流管理信息平台（待建）

续表

政策文件	主要内容
《安远县河长制体系建立验收评估办法的通知》	（2）共享范围：各级河长，河长制县级责任单位，各乡（镇）河长办 （3）共享内容：河湖水域岸线、水资源、水质和水生态等方面的信息。按部门职责划分，主要共享信息有： 县水利局：全县河流基本情况，河湖水域岸线资料及专项整治情况，采砂规划及非法采砂专项整治情况，入河排污口设置及专项整治情况，水库山塘及水库水环境专项整治情况 县水保局：水土流失现状及治理情况 县环保局：河流水质断面监测资料（按月提供），饮用水源保护，县备用水源建设情况 县城建局：城区和乡（镇）生活污水治理情况，城镇生活污水管网管护和改造情况，城市建成区黑臭水体基本情况及治理情况 县城管局：城市建成区范围内水域环境治理工作，城镇垃圾处理设施的建设与监管情况 县农粮局：畜禽养殖现状及污染控制情况，化肥、农药施用（使用）及减量化治理情况，渔业资源现状及保护、整治情况 县农办：农村生活垃圾及生活污水现状及整治情况（需县城建局和县城管局报至县农办统一汇总） 县工信局：工业园区污水处理设施（管网）建设情况及工业企业污染控制和工业节水情况 县交通运输局：水上运输及港口码头污染防治情况，航道整治及疏浚情况 县林业局：林地、湿地和野生动植物基本情况及非法侵占林地、破坏湿地和野生动物资源等违法犯罪行为的整治情况 其他需要共享的信息 7.信息报送制度 （1）报送主体：河长制县级责任单位，各乡（镇）河长办 （2）报送程序：各单位、各乡（镇）将河长制日常相关信息以及年终工作总结上报至县河长办。县河长办根据日常相关信息编辑《河长制工作通报》，年终工作总结经县河长办汇总后由县河长办主要负责同志审签上报 （3）报送范围：县委、县政府、县人大常委会、县政协，各乡（镇）党委、人民政府及河长办，各河长制县级责任单位 （4）报送频次：通报视情况而定；年终总结于每年12月10日前报送 （5）主要内容：贯彻落实上级重大决策、部署等工作的推进情况；河长制重要工作进展；河长制工作中涌现的新思路、新举措、典型做法、先进经验及工作创新、特色和亮点；反映本乡（镇）、本单位河长制工作的新情况、新问题和建议及意见 （6）审核要求：一是及时，早发现、早收集、早报送；二是准确，实事求是，表述、用词、分析、数字务求准确；三是高效，为各级河长掌握情况、科学决策和指导工作提供高效率、高质量的保障服务和有效借鉴 县河长办定期统计并通报各责任单位和乡（镇）报送的政务信息采用情况 县环保部门和水文部门分别在每月18日前将当月的河流跨界断面水质、水功能区水质及取水样时河流水文站的流量监测情况报县河长办

政策文件	主要内容
《安远县河长制体系建立验收评估办法的通知》	在具体工作中，因违反本制度，在信息通报工作中因不作为、慢作为、乱作为导致发生严重后果、重大舆情事故的责任单位及个人，将依法依规追究责任单位及个人的责任 　　8. 安远县河长制工作的督办制度 　　（1）督办范围及实施。 　　本制度适用于河长制工作县级督察，由县河长办负责协调、实施督办工作 　　（2）督办主体及对象。 　　责任单位督办：县级责任单位负责对职责范围内需要督办的事项进行督办；督办对象为乡（镇）政府 　　河长办督办：县河长办负责对县级总河长、副总河长批办的事项，县级责任单位、乡（镇）政府需要督办的事项，或责任单位不能有效督办的事项进行督办；督办对象为县级责任单位、乡（镇）政府 　　河长督办：县级总河长、副总河长及河长对河长办不能有效督办的重大事项进行督办；督办对象为县级责任单位主要负责人和责任人，乡（镇）河长、副河长 　　（3）督办分类。 　　日常督办：河长制日常工作需要督办的事项，主要采取定期询查、工作通报等形式督办 　　专项督办：河长制县级会议要求督办落实的重大事项，或者县级总河长、副总河长及河长批办的事项，由有关县级责任单位抽调专门力量专项督办 　　重点督办：对于河流保护管理中威胁公共安全的重大问题，主要采取会议调度、现场调度等形式重点督办 　　（4）督办要求。 　　任务交办：主要采用督办函和河长令等书面形式交办任务，责任单位的"督办函"由县级责任单位主要负责同志签发；县河长办的督办函由县河长办主要负责同志签发；县级"河长令"按程序由县级总河长、副总河长或相应的县河长签发。督办文件明确督办任务、承办单位和协办单位以及办理期限等 　　任务承办：承办单位接到交办任务后，应当按要求按时保质完成。督办事项涉及多个责任单位的，牵头责任单位负责组织协调，有关协办责任单位积极主动配合。在办理过程中出现重大意见分歧的，由牵头责任单位负责协调；意见分歧较大、难以协调的，牵头责任单位应当报请县河长办协调 　　督办反馈：县级责任单位应当定期将本单位的督办情况报县河长办。督办任务完成后，承办责任单位及时向县河长办书面反馈。在规定时间内未办理完毕的，应当及时将工作进展、存在问题和下一步安排反馈给县河长办 　　立卷归档：督办单位应当对督办事项登记造册，统一编号。督办任务完成后，及时将督办事项原件、领导批示、处理意见和督办情况报告等资料立卷归档 　　9. 安远县河长制工作的考核问责办法 　　（1）考核原则。 　　协调性原则：河长制考核与年度河长制工作要点相衔接、同部署 　　动态性原则：按照县级总河长会议确定的年度工作要点制定年度考核方案，确定考核内容和重点 　　权责相应原则：考核工作按照职责分工，由县级责任单位分别负责；河长制工作综合考核由县河长办组织考核

政策文件	主要内容
《安远县河长制体系建立验收评估办法的通知》	（2）考核程序。 制定考核方案：根据河长制年度工作要点，县河长办负责制定年度考核方案并报总河长会议研究确定。方案主要包括考核指标、考核评价标准及分值、计分方法及时间安排等 开展年度考核：根据考核方案，县河长办、县级责任单位根据分工开展考核 公布考核结果：计算各乡（镇）单个指标的分值和综合得分，及时公布考核结果 （3）考核分工。 县河长办负责河长制考核的组织协调工作，统计及汇总考核结果。县统计局负责将河长制考核纳入乡（镇）科学发展综合考核评价体系，指导河长制工作考核。相关县级责任单位根据考核方案中的职责分工制定评分标准，确定分值，并承担相关考核工作 （4）考核结果运用。 考核结果纳入乡（镇）科学发展综合考核评价体系。考核结果抄送组织、人社和综治等县有关部门 10.安远县河长制工作的督察制度 （1）督察组织：根据县级河长的指示，由县委办、县政府办、县人大常委会办、县政协办或县河长办牵头，开展以流域为单元的督察。县河长办负责牵头，对全县河长制工作展开专项督察，原则上每年不少于四次。县级责任单位按照"清河行动"分配的工作任务和职责分工，对相关专项整治行动展开督察，原则上每年不少于一次。由县水利局班子领导带队，对挂点联系乡（镇）全面推行的河长制工作进行督察，原则上每年不少于一次。 （2）督察对象：各乡（镇）人民政府和各河长制县级责任单位 （3）督察内容。 贯彻落实情况：县级总河长会议、县级河长会议及县级联席会议等会议精神，县级河长及相关领导指示精神的贯彻落实情况；各地对《关于以推进流域生态综合治理为抓手打造河长制升级版的指导意见》（赣办发〔2017〕7号）精神的落实情况；乡（镇）、村级河长的履职情况 基础工作情况：各乡（镇）方案的修订及出台，河流名录的确定，一河一策、一河一档的建立，组织体系的建立，相关制度的完善，河长办的设置及人员经费的落实、河长制的宣教等基础性工作 任务实施情况：统筹河流保护管理规划、落实最严格的水资源管理制度、加强水污染综合防治、加强水环境治理、加强水生态修复、加强水域岸线管理保护、加强行政监管与执法及完善河流保护管理制度八项任务的实施情况 整改落实情况：督导检查发现的问题以及媒体曝光、公众投诉举报的问题的整改落实情况；在各责任单位牵头的"清河行动"中所发现的问题的整改落实情况；县河长办督办问题的整改情况等 （4）督察形式。 会议督察：通过召开相关会议，听取工作情况汇报来进行督察 现场督察：通过派出督察组、翻阅资料、实地查看情况来进行督察 暗访督察：不打招呼、不要陪同、不听汇报，通过直接深入基层、一线暗访来进行督察

政策文件	主要内容
《安远县河长制体系建立验收评估办法的通知》	（5）督察结果运用：督察结果纳入全县河长制工作年度考核，作为河长制工作年度考核和表彰的依据，将督察结果抄报河长制县级责任部门；督察过程中发现的新经验、好做法，通过《河长制工作通报》等平台来进行分享，总结推广经验，表扬相关单位和个人；督察过程中发现的工作落实不到位、进度严重滞后等问题，由县河长办下发督办函，并抄报县级河长，必要时通报全县 （6）督察要求：根据工作需要可组建专项督察组或联合督察组，根据实际情况对督察组成员进行必要的培训；督察要坚持实事求是的原则，准确掌握工作进展情况及取得的成效，总结好经验、好做法，深入查找存在的问题及其根源，提出具有针对性、操作性强的建议或措施；在督察结束后的五个工作日内，牵头单位向县河长办提交督察报告。县河长办按一乡（镇）一单的方式，将督察发现的问题及相关意见和建议反馈至有关乡（镇） 11. 安远县河长制体系的验收评估办法 （1）自验自评。各乡（镇）在完成所辖行政村验收评估的基础上，对本辖区河长制体系的建立情况进行自验自评 （2）验收申请。各乡（镇）自验自评得分在95分以上（含95分）的，于2017年12月15日前向县河长办提出验收评估申请，验收评估申请应当附所辖各行政村的得分情况 （3）验收评估。县河长办在收到乡（镇）验收申请后，派出验收评估小组开展验收评估
《安远县2018—2019年度低质低效林改造实施方案》	1. 目标任务 2018~2019年，全县完成的低质低效林改造任务达12.44万亩（含重点区域"四化"建设的任务0.05万亩），其中，更替改造1.3万亩、补植改造1.73万亩、抚育改造3.91万亩、封育改造5.5万亩。通过改造，优化林分结构，提升森林和生物的多样性，增强森林对火灾和病虫害的抵抗能力，达到改善森林景观，提高森林生态效益、社会效益和经济效益的目标。根据2018~2019年的改造重点，任务落实安排如下： （1）更替改造。主要落实以前发生森林火灾未改造的地块、桉树造林地块或往年的采伐迹地及动员社会力量参与改造的林地 （2）补植改造。落实在龙布镇、天心镇、浮槎乡和重石乡等重点乡（镇） （3）抚育、封育改造。安排在各国有林场实施 （4）示范点。根据安远县的实际，示范点建设按连片打造、规模管理的思路，全部安排在乡（镇） 2. 改造对象和改造重点 （1）改造对象。 具备以下特征的低质低效林，尤其是病毁果园、飞播马尾松林及崩岗等水土流失区域的低质低效林：林相衰败，功能低下，导致森林生态系统退化的林分，或者郁闭度小于0.5的中龄林以上的林分；具有自然繁育能力的优良林木个体数量每公顷小于30株的林分；林分生长量或生物量较同类立地条件平均水平低30%以上的林分；遭受严重病虫、干旱、洪涝及风、雪、火等自然灾害，受害死亡木（含濒死木）比重占单位面积株树20%以上的林分（林带）；因未适地适树或种源不适而造成的低质低效林分以及经过两次以上萌芽更新生长衰退的林分

政策文件	主要内容
《安远县 2018—2019 年度低质低效林改造实施方案》	（2）改造重点。 改造重点包括高速公路及连接线两侧的第一层山或 1 千米可视范围内（重点为高速枢纽、收费站和连接线等沿线山场）和城镇周边、水源地附近和国省主干道沿线山场 高速两侧。继续对高速两侧未实施改造的地块进行改造，对已实施但效果不好的地块进行巩固提升，对高速围栏以外的采石裸露地进行植被恢复 重要节点。对三百山服务区、安远服务区和版石收费站附近的山体按"四化"标准进行改造提升 景区周边。结合我县三百山景区的建设，对凤山乡东风湖旅游码头周边的山体进行改造提升 重点乡（镇）。改变以往分散实施的做法，将龙布镇、天心镇、浮槎乡和重石乡作为重点乡（镇），本年度的改造任务主要集中在重点乡（镇） 火烧迹地。全县的火烧迹地都要完成改造，未纳入县重点改造范围的山场，乡（镇）要自行组织实施改造 示范点建设。全县完成了 21 个示范点建设，其中，乡（镇）示范点 18 个，县林业局示范点 1 个，县级示范点 2 个 3. 改造方式 根据低质低效林的现状和改造目标，因地制宜，因林施策，采取适宜的改造方式进行改造 （1）更替改造。对于火烧迹地、疏林地及因遭受森林火灾、病虫危害、冻害以及未适地适树而导致林木生长不良的低质低效林，采取人工更新或更替改造的措施，培育高效林分，提高森林质量 （2）补植改造。对于因土壤瘠薄而导致林木生长不良、郁闭度小于 0.5、林下植被稀少的林分，特别是生态功能弱的马尾松低质低效林，采取补植ρ土阔叶树的措施，优化树种结构，培育针阔混交林，改良土壤结构，增强森林生态功能 （3）抚育改造。对于密度过大、林木分化严重、生长量明显下降的林分，主要采取砍杂、抽针留阔、抽针补阔、复垦和施肥等抚育措施来实施森林抚育，调整林分密度、结构，改善生长环境，促进林木生长，培育健康、稳定、优质的森林 （4）封育改造。对于郁闭度小于 0.5 的低质低效林、疏林地或有望培育成乔木的灌木林地，立地条件及天然更新条件较好或通过封山育林可以达到较好生长效果的林分，或岩石裸露的急险坡林地，其改造以封育为主，在林中空地适当补植阔叶树 4. 补助政策 （1）补植补造。每亩补助 450 元，其中，种苗补助每亩 150 元，整地完工并验收合格后每亩先行拨付 100 元，任务全面完成并经市、县验收合格后每亩再拨付 200 元。 （2）更替改造。按相关林业政策标准执行，经市、县验收合格后给予拨付 （3）抚育、封育改造。每亩补助 130 元，经市、县验收合格后给予拨付 5. 工作步骤和时间安排 （1）调查摸底阶段（2018 年 6~8 月）。组织各乡（镇）、林场开展调查摸底，摸清重点改造的低质低效林的基本情况，把改造任务分解落实到各地的山头地块

政策文件	主要内容
《安远县2018—2019年度低质低效林改造实施方案》	（2）技术作业设计编制阶段（2018年9~10月）。根据改造小班地块的现状，以小班为单位编制改造技术作业设计，确定改造方式、栽植树种、苗木规格和数量、主要技术措施及投资预算 （3）动员部署、组织实施阶段（2018年11月至2019年9月）。总结表彰2017~2018年低改工作，部署动员2018~2019年低改工作。根据实施方案及作业设计，履行相关程序，确定施工队伍，落实质量保障措施，并按工作进度要求抓实抓好各阶段的改造工作，确保改造成效 （4）检查验收阶段（2019年9~10月）。任务完成后，开展自查验收，并上报自查验收成果至市低改办

资料来源：安远县人民政府官网。

2. 主要做法

第一，强化领导抓落实，坚定绿色发展决心。牢固树立"绿水青山就是金山银山"的绿色发展理念，把水土保持作为生态文明建设的基础工程来抓。一是加强组织领导。成立安远县水土保持改革试验工作领导小组，由县委、县政府的分管领导来担任正副组长，发改、财政、水利等21个单位及18个乡（镇）政府的主要负责人为成员，形成水土保持整体工作合力。将水保生态工程列为全县重点建设项目，把东江源水土保持生态治理等多个水土保持类项目列入《安远县国民经济和社会发展第十三个五年规划纲要》，水利、原农业、林业和原矿管等部门均将水土保持工作作为重要内容列入了"十三五"规划。二是完善制度体系。贯彻落实《水土保持法》，相关部门制定一系列规范性文件，推动水土保持监督执法、林地资源保护管理和矿山环境治理恢复等，推出"三禁、三停、三转"措施，即对森林资源实行禁伐，对东江源区河道实行禁渔，对稀土、钼矿、河道沙石实行禁采；对污染项目实行停批、对污染企业实行关停、对污染行为实行叫停；对部分"黄龙病"病毁果园进行转产、对资源消耗型企业进行转型、对粗放型生产方式进行转变。

第二，严格程序抓审批，切实加强源头管控。严格执行水土保持"三同时"制度，从源头管控各类开发建设造成的人为水土流失行为。一是规范事前审批。加强对高路公路建设、矿业开采和房地产开发等各类开发建设项目水土保持方案的监督力度。近两年，审批开发建设类项目水土保持方案报告书有20余份，水保方案申报率、审批率均达90%以上，水土保持设施验收率达80%以上。二是加强事中、事后监管。在严格水保方案审批的同时，积极做好项目施工期间及竣工后的监督检查及验收工作，对未按规定落实水保措施的企业落实整改措施，履行恢复治理义务，整改不到位的企业坚决予以停产整改，杜绝人为水土流失现象的发生。

第三，加大投入抓治理，强力推进生态修复。一是抓好水土流失综合治理。坚持工程整治，全力推进国家水土保持重点工程项目建设。"十二五"时期累计实施小型水保工程656处，治理重点小流域18条、崩岗25座，完成水土流失综合治理的面积为157.42平方千米，占全县水土流失面积的35.3%。二是重拳整治稀土非法开采。成立多部门联合执法的专项整治领导小组，积极整顿和规范矿产资源的开采秩序。累计关闭矿山276个，筹资近2亿元，对全县104个废弃矿山进行生态恢复治理，通过植树造林、复耕农田等措施治理的水土流失面积为3000余亩。三是持续推进造林绿化工程。坚持每年挤出5000多万元用于植树造林等生态建设，近年来，累计筹集并投入森林植被修复和造林绿化的资金达2.81亿元，完成水源涵养林12万亩、固堤护岸林4.5万亩、水土保持林9万亩。

第四，部门联动抓执法，严惩违法违规行为。一是强化日常巡查。实行水土保持周巡查制度，强化全县矿山林地的巡查监管。做到重点区日巡查、易发区周巡查、一般区月巡查，对于未经审批或未按规定开发利用山地或矿产资源的行为，一经发现及时上报，立即制止，坚决打击。二是推动联合执法。我县大胆探索生态综合执法改革，在全省率先成立首个生态执法局，从水利、林业、自然资源等相关部门抽调26名执法人员，大力开展生态环境综合治理，有效震慑了破坏生态环境的行为。三是从严依法查处。加大监督执法力度，坚决查处因不符合水土保持"三同时"规定而造成严重水土流失的行为，近年来，共查处水土保持违法案件12起。

（三）治理成效

近年来，安远县积极转变水保治理思路，扎实推进水土流失综合治理和生态修复，有效控制了因开发建设造成的水土流失，为推动经济社会与生态环境协调发展提供了有力保障。截至2014年底，安远县通过实施国家水土保持重点建设工程，共完成水土流失综合治理面积173.65平方千米，总投资6327.34万元，取得了良好的生态、经济和社会效益。

七、赣南老区水土流失治理的启示

习近平总书记指出，水治理体制是生态文明体制的重要组成部分，但到底怎么改，是实行水的统一管理，改变"九龙治水"，还是各部门各司其职、各负其责，这需要尽早形成共识，建立适应新的治水形势的水治理体制。因此，在生态保护与治理过程中，要从体制机制入手，遵循山水林田湖草系统的整体性、有机性，整合不同部门的力量，攥指成拳，破解"九龙治水"的困境。同时，明确部门分工，压实各级责任，加强绿色业绩考核，探索出一条"既能统一管理，又能各司其职"的路子，更好地保护生态环境。除引入社会资金参与湖水治理外，还要拓宽环境治理的融资渠道，积极争取上级资金，利用上下游补偿资金，吸引多方资金来进行污染治理或废弃矿山治理修复工作，实现水环境保护工作的新突破。

第三节　赣南老区林业建设的典型案例

森林是陆地生态系统的主体和重要资源，是人类生存发展的重要生态保障。习近平总书记多次指出，林业建设是事关经济社会可持续发展的根本性问题。森林是自然生态系统的顶层，拯救地球首先要从拯救森林开始。林业在维护国土安全和统筹山水林田湖草综合治理中占有基础地位。为深入贯彻党的十八大、十九大和习近平总书记系列重要讲话精神，认真领会习近平生态文明思想，深刻把握"绿水青山就是金山银山"的理念，赣州市坚持生态、社会和经济效益相结合，不断推进林业建设。

一、赣州市林业建设简介

赣州市位于江西省南部，赣江的源头，俗称赣南。是个"八山半水一分田，半分道路和庄园"的丘陵山区。林业的发展对赣江流域生态环境的改善和全市经济社会的可持续发展具有十分重要的作用。

（一）赣州市森林资源情况

第一，森林资源。根据 2016 年林地年度变更调查暨森林资源数据更新成果，截至 2016 年底，全市的林地面积为 4592.62 万亩，森林面积为 4423.75 万亩，活立木总蓄积量为 13459.85 万立方米，毛竹 3.90 亿株；阔叶树及混交林的面积为 1213.22 万亩，蓄积量为 5536.85 万立方米；年均生长量为 960 万立方米，采伐限额蓄积为 354.27 万立方米，近年来，实际年采伐蓄积为 70 万立方米；森林覆盖率为 76.23%，名列江西省第一。

生态公益林。全市共实施国家级生态公益林和省级生态公益林保护面积 1505.96 万亩，其中，国家级生态公益林 1155.38 万亩，省级生态公益林 350.58 万亩。公益林面积占全市林地总面积的 32.79%，占全省公益林总面积的 29.53%。

国有林场。全市原有国有林场 116 个，经改革重组后，现有国有林场 51 个，其中，生态公益型林场 34 个，商品经营型林场 17 个，国有林场的经营管理面积为 698.17 万亩，林场活立木蓄积量为 2862.74 万立方米。全市共有在册职工 26540 人，其中，在职职工的人数为 4071 人，已置换职工身份的人数为 11673 人，离退休职工人数为 10796 人。

第二，森林野生动物资源。境内的森林野生植物主要有 220 科 2298 种。列入《国家重点保护野生植物名录（第一批）》的有 30 种，其中，赣州市国家一级保护野生植物有 2 种，包括南方红豆杉和伯乐树，国家二级保护野生植物有 28 种，包括樟（香樟）、闽楠、金钱松、华南五针松、南方铁杉、福建柏、穗花杉、榧树、红豆树、花榈木（花梨木）、厚朴、观光木、毛红椿、黄连、香果树、山金柑、金豆、伞花木、银钟花、榉树、苦梓、马蹄香、青钱柳、八角莲、柳叶腊梅、半枫荷、草珊瑚和突托腊梅；列入省级重点保护植物名录的有 78 种。全市有陆生野生动物 326 种，国家级保护动物 48 种，其中，赣州市国家一级保护野生动物 7 种，包括蟒蛇、虎、豹、云豹、黑麂、黑鹳和黄腹角雉；赣州市国家二级保护野生动物 41 种，包括鸳鸯、黑冠鹃隼、黑鸢、苍鹰、赤腹鹰、凤头鹰、雀鹰、松雀鹰、普通鵟、鹰雕、白肩雕、鹊鹞、游隼、燕隼、红隼、褐翅鸦鹃、草鸮、红角鸮、领角鸮、雕鸮、领鸺鹠、斑头鸺鹠、长耳鸮、短耳鸮、斑尾鹃鸠、仙八色鸫、蓝翅八色鸫、白鹇、猕猴、穿山甲、豺、黑熊、水獭、小灵猫、斑灵猫、金猫、水鹿、苏门羚、斑羚、藏酋猴和虎纹蛙。

第三，森林公园。全市有 31 个森林公园，总面积为 149127.92 公顷，其中，国家级森林公园有 10 个（赣州市峰山、信丰县金盆山、大余县梅关、崇义县阳明山、上犹县阳明湖、上犹县五指峰、龙南县九连山、宁都县翠微峰、会昌县会昌山和安远县三百山），面积为 121019.08 公顷；省级森林公园有 21 个（南康市南山、南康市大山脑、赣县水鸡崇、定南县神仙岭、龙南县武当山、龙南安基山、龙南金鸡寨、全南县梅子山、兴国县均福山、兴国县园岭、宁都老鹰山、于都县屏山、于都县罗田岩、瑞金市罗汉岩、寻乌县黄畲山、寻乌县东江源桠髻钵山、寻乌县东江源仙人寨、安远县龙泉山、石城县通天寨、石城县西华山和石城县李腊石），面积为 28108.84 公顷。

第四，自然保护区。全市有自然保护区 51 个，面积为 236957.34 公顷，其中，国家级自然保护区 3 个（九连山自然保护区、齐云山自然保护区和赣江源自然保护区），面积为 46617.45 公顷；省级自然保护区有 8 个（阳明山自然保护区、桃江源自然保护区、五指峰自然保护区、章江源自然保护区、凌云山自然保护区、大龙山自然保护区、会昌湘江源自然保护区和信丰金盆山自然保护区），面积为 57529.64 公顷；市县级自然保护区有 40 个，面积为 132810.25 公顷。

（二）赣州市林业局机构设置情况

市林业局机关内设办公室、造林经营科、林政资源管理科、政策法规科、计划财务科、人事教育科、科技合作科、绿化办、林业工作科、野生动植物保护科、林业改革发展科和行政审批服务科 12 个科（室）以及机关党委。市林业局下属市林业发展管理局、市森林公安局、市林政管理稽查支队和市人民政府森林防火指挥部办公室 4 个副县级事业单位和林业技术推广站、林业有害生物防治检疫局、林木种苗站、章江国家湿地公园管理处、林垦老干部管理所、森林资源监测中心、林业职工培训中心、东方建筑设计院、峰山森林公园管理处及专业森林消防大队等科级事业单位。

赣州市林业局的主要职责包括：贯彻执行国家关于林业建设和发展的方针、政策和法律、法规；拟定全市森林生态屏障建设、森林资源保护和国土绿化的规定和方法，经批准后组织实施；承担林业生态文明建设的有关工作。制定全市林业中长期发展规划和年度计划，并组织实施。组织开展植树造林、封山育林工作；组织实施国家林业重点工程和以植树等生物措施防治水土流失的工作；指导、管理生态公益林、商品林的培育和发展；指导、管理林木种苗的生产经营和林业有害生物的防治、检疫工作。组织管理森林资源和陆生野生动物资源，组织实施全市森林资源调查、动态监测和统计工作，负责野生动物疫源疫病监测防控工作；指导、管理林业基层建设；监督检查木竹的凭证运输。组织、协调、指导和监督全市湿地保护工作；制定全市湿地保护规划，组织实施建立湿地保护小区、湿地公园等保护管理工作，监督湿地的合理利用；指导全市森林公园、自然保护区的创建和管理工作。指导、管理林业基本建设、多种经营和技术改造工作；组织申报重点林业建设项目，承办中央财政林业项目贴息贷款和林权抵押贴息贷款项目的审核、申报工作；配合相关部门开展政策性林业保险工作；监督管理国有林业资产；指导、负责林业基金的征缴和使用管理工作。负责组织、指导林地、林权的管理工作；组织编制全市林地保护利用规划，并监督实施；依法承担林地征收、征用、占用的审核、审批工作；指导林地林木承包经营及有关合同管理、森林资源资产评估，监督管理林权流转交易，调处合同纠纷，协同调处权属纠纷等；协同市国土资源局指导县（市、区）林权登记等工作；协调、指导林业改革发展工作；指导、监督集体林权制度改革方针政策的落实；负责审核、审批集体、国有森林资源的流转。负责林业科技和人才的管理、培训工作；管理、督促林业科技项目的实施；开展林业科学技术的对外交流与合作，承接国内外各类造林绿化款项的捐赠。承办市绿化委员会的具体工作；贯彻执行《江西省公民义务植树条例》，组织实施全民义务植树活动；指导、协调、督促部门造林绿化；组织开展全市范围内的名木古树普查，并实施监督管理保护工作。

二、安远县的林业建设

（一）政策文件

安远县的林业建设文件主要有四个：《安远县2013—2014年度"森林城乡、绿色通道"建设实施方案》《安远县天然林保护工作实施方案》《关于建立"十三五"期间保护发展森林资源目标责任制的通知》《安远县2018—2019年度低质低效林改造实施方案》，具体内容如表4-4所示。

表4-4　安远县林业建设文件（部分）

政策文件	主要内容
《安远县天然林保护工作实施方案》	（1）区域范围。 　　坚持生态优先、分类实施和依法保护的原则，将坐落在自然保护区、森林公园、自然保护小区、交通公路、国道和省道等重要通道两侧的第一层山脊可视范围内及储水库区、河道等重要地段未列入公益林的天然林，全部纳入保护范围；将阔叶树、林相较好的天然林或者生态比较脆弱地区的天然林优先纳入保护范围。除上述两部分外，着重考虑将集中连片、面积较大的天然林纳入保护范围 　　（2）补助标准。 　　国有天然林的管护补助标准为8元/亩，由县财政局直接拨给国有林权单位。集体和个人的天然林管护补助标准为15元/亩，其中，2.25元为专职护林员，管护劳务补助和乡（镇）政府、基层林业工作站的监管经费，另外的12.75元由县财政单位通过"一卡通"拨付到个人账户（属集体天然林的，由县财政拨付到各乡/镇农业服务中心账户）
《关于建立"十三五"期间保护发展森林资源目标责任制的通知》	1.森林资源保护和发展目标 　　（1）征占用林地审核率达100%，禁止毁林开垦和违法占用征收林地行为，确保林地面积和森林面积持续增长。到2020年，林地保有量不低于198146.1公顷、森林保有量不低于194489.0公顷 　　（2）完成当年或次年采伐和火烧迹地的更新造林，异地营造的森林面积不少于因占用而减少的森林植被面积，确保森林覆盖率不下降。全面完成各年度的造林绿化、低产林改造和非规划林地造林绿化等营造林任务，确保到森林覆盖率不低于84.85% 　　（3）森林采伐总消耗量不突破年森林采伐限额，确保林木蓄积量保持持续增长。到2020年，全县林木总蓄积量不低于690万立方米 　　（4）不出现重大森林火灾，年度森林火灾受害面积累计不得超过林地面积的0.5‰，森林火灾发生率控制在1次/2万公顷以内，森林火灾控制率不突破10公顷/次 　　（5）主要森林病虫害成灾率控制在3‰以下，无公害防治率达到91%以上，测报准确率达到90%以上，种苗产地检疫率达到100% 　　（6）依法查处破坏森林资源的违法案件，辖区内盗伐、滥伐林木和非法占用林地案件的查处率不低于95%。其中，盗伐、滥伐林木和非法占用林地的重大案件的查处率不低于90% 　　2.保护发展森林资源的主要措施 　　（1）加强组织领导。把保护和发展森林资源摆到突出位置，列入重要议事日程，建立健全相关单位主要负责人是第一责任人、分管负责人是主要责任人的森林资源保护和发展工作机制。成立由县政府主要领导任组长，县委、县政府分管领导任副组长，县林业局、财政局、发改委、编办、人社局等单位主要负责人为成员的安远县保护发展森林资源目标责任制考核领导小组，负责全县保护发展森林资源目标责任制的指导、协调、督查和考核等工作。领导小组下设办公室，负责领导小组各项日常工作。各乡（镇）要成立相应的组织机构，具体负责本乡（镇）的相关工作

政策文件	主要内容
《关于建立"十三五"期间保护发展森林资源目标责任制的通知》	（2）落实目标考核。县人民政府与各乡（镇）人民政府签订"十三五"期间保护和发展森林资源目标责任书，坚持并完善保护发展森林资源目标责任制，将森林覆盖率、森林蓄积量、林地保有量、采伐限额执行、"三禁、三停、三转"落实、天然林保护和低产低效林改造等作为乡（镇）人民政府的年度考核内容，实行目标管理，并严格进行考核评比，确保责任到位。严格执行安远县"十三五"期间保护发展森林资源目标责任制考核相关规定，对于工作措施得力、成效显著的，给予表彰和奖励；对于工作落实不力、目标任务未完成的，给予通报批评并问责 （3）广泛开展宣传。充分利用广播、电视、标语、条幅和会议等各种宣传媒体和宣传形式，深入地开展保护发展森林资源的宣传活动，大力宣传保护发展森林资源的重大意义、目标任务、政策措施和进展成效。组织各乡（镇）交流保护发展森林资源的工作思路和具体措施，及时汇报保护发展森林资源的成效和经验。通过加大舆论宣传，不断提高广大干部群众保护发展森林资源意识，使保护森林资源、发展现代林业、建设生态文明和推进科学发展成为全社会的自觉行动 （4）强化森林采伐管理。加强源头管理，严格执行森林限额采伐、凭证采伐制度和"三禁、三停、三转"措施，停止商业性采伐天然林，切实保护天然林，落实封山育林职责，各乡（镇）要在封山育林山场设立公告牌，制定封山育林公约，确定封山育林管护人 （5）加强林地保护管理。严格执行林地用途管制和占用征用林地审核审批制度。各项工程项目建设确需占用林地的，一律依法办理占用林地审批手续，审核通过后方可使用。县国土局要与县林业局建立协作机制，未经县级以上林业主管部门审核同意的，县国土局不得办理建设用地审批手续。县交通和住建部门在公路和城市规划设计中需占用征收林地的，要将植被恢复费列入工程预算 （6）认真抓好森林防火和病虫害防治工作。建立健全森林防火长效机制，进一步强化行政首长负责制、值班、应急准备、火情报告和责任追究等制度，切实做到组织领导宣传教育和重点地段排查防控、巡查检查全覆盖、全到位，确保人民群众的生命财产安全和森林资源安全。严格执行林业有害生物防治工作行政和技术双线目标管理责任制，坚决杜绝外来有害物种和病虫害侵入，推进林业有害生物灾害防控工作科学化、立体化、常态化 （7）严厉打击涉林违法犯罪活动。县林业、森林公安等林业执法部门要切实加大林业行政执法力度，组织开展各种林业专项整治行动，严厉打击乱砍滥伐林木、乱垦滥占林地、乱采滥挖野生植物、乱捕滥猎野生动物，非法收购、运输、加工木材等违法犯罪行为。同时，加大对重大、典型案件的查处曝光力度，达到发现一起、查处一起、教育一片的效果。县林业局要加强森林资源保护管理队伍建设，加强业务培训，提高森林资源保护管理队伍的综合素质和执法水平，树立森林资源保护管理队伍的良好形象 （8）加快后续森林资源的培育。按照科学化、集约化、规模化的要求，以林业重点工程项目为支撑，以低产低效林改造为抓手，大力建设林业基地，培育后续森林资源，提高森林质量，改善林相结构，增加森林资源总量。重点发展油茶、杉木、外松、毛竹和珍贵树种等生态高效林业

资料来源：安远县人民政府官网。

（二）主要做法

第一，全面构建林业生态、产业和文化三大体系，推进林业建设。立足生态优势，建设生态林业。进一步加大生态公益林的管护和改造力度，通过调整采伐计划、加强森林防火、加大森林资源培育力度等手段加强生态建设。立足产业培育，发展富民林业。大力发展花卉苗木、珍贵树种和油茶等林业产业，全面推进林业产业规模化、标准化、品牌化发展。目前，已建成花卉苗木基地0.5万亩，油茶林面积0.37万亩，大力培育珍贵树种，加快林下经济发展步伐，在镇岗乡、蔡坊乡等乡镇建立生猪养殖基地和金银花、茶叶等林饮产业基地。立足森林旅游，打造活力林业。近几年来，在东江源头三百山旅游的基础上，筹建了东江源森林公园及官溪生态园等一系列乡村农家乐园，为森林旅游注入了新的活力。

第二，确定"1234"林业工作思路。"1234"，即贯穿一条主线，深化两项改革，突出三个重点，落实四项举措。贯穿一条主线：以造林绿化"一大四小"工程建设为主线，全面落实"一个中心打造金色名片，二条主线建设飘香长廊，'森林十创'构建宜居环境，'四个结合'建设绿色屏障"的工作方针，丰富造林绿化"一大四小"工程建设内涵，唱响生态文化品牌。深化两项改革：一是继续深化林业产权配套改革。以林权交易中心为平台，进一步拓展林业服务的内涵，构建银林协作平台，拓宽林业融资渠道，加大林业企业的政策扶持力度，深入开展林业贷款服务，年内力争完成林业贴息贷款2.5亿元，争取中央及省级林业贷款贴息项目资金600万元，林地、林木、森林资源规范流转5万亩以上，实现流转金额超过2000万元的目标。二是全面推进国有林场改革。深入贯彻省委、省政府关于推进七个系统国有企业改革的有关精神，按照《江西省国有林场和森工企业改革实施意见》的有关要求，通过深化国有林场和森工企业改革，进一步加快国有林场棚户区改造和危房改造项目的建设步伐，力争在年内全面完成国有林场棚户区改造和危房改造任务。突出三个重点：一是加快推进林业产业的建设步伐；二是抓好东江源国家级湿地公园的前期筹建工作；三是抓好林政资源的管理工作。落实四项举措：一是党建工作。在完善党组织建设的基础上，以廉政文化进机关"十个一"建设为基础，制定党建活动载体，加大教育培训力度，实现应急式灌输向主动式培训转变。抓好《江西省森林公园条例》等重大题材的宣传报道，多形式地做好对内、对外的宣传工作，提高林业影响力和知名度。深入开展创先争优、"三送"等活动，创建先进党组织，争当优秀共产党员。二是林地资源管理。尽快建立"总量控制、定额管理、合理供地、节约用地、占补平衡"的林地管理机制，开展一次全县性林地综合整治活动，建立与国民经济和社会可持续发展相适应的良性生态环境系统，促进地方经济的全面、协调、可持续发展，为建设生态文明提供保障。三是争项争资工作。捆绑大项目，积极向上争项争资，及时跟进安裕稀土污水（泥）处理厂等已经签约的项目，争取签约资金。四是作风建设。坚持不懈地推进党风廉政建设，结合机关效能建设，采取定期督查与随机抽查相结合的方式，在系统内开展作风整治活动，进一步加强干部队伍的作风建设。

安远县 2018~2019 年低质低效林改造项目的面积为 12.44 万亩，其中，更替改造面积 1.3 万亩、补植改造面积 1.73 万亩。安远县还将宁定高速龙布互通、寻全高速安远服务区和三百山景区的东风湖码头作为改造重点，按照"绿化、美化、彩化、珍贵化"的建设标准，集中人力、物力和财力，全面推进低质低效林改造工作。截至 2019 年 3 月，已完成更替改造面积 0.7 万亩、补植改造面积 1.2 万亩。

三、寻乌县的林业建设

（一）主要做法

第一，激发生态公益林活力。紧扣生态文明建设，重新定位生态公益的林场职能。寻乌县将原有的四个国有林场整合组建为一个生态公益林场，下设两个生态公益林场管理站，核定生态公益林场为公益性事业单位，并由财政全额拨款。秉承"生态保护优先"的时代主题，将生态公益林场职责定位为培育森林资源、保护森林生态安全、提供生态公益服务。通过科学营林、严格管护，达到改善森林质量、提升森林生态效益的目的。组建生态公益林场，就是要实现林场从以木材生产获取经济利益为主到以森林生态修复和保护为主的职能转变。系统化推进林场建设，增强发展后劲。县委、县政府高度重视国有林场的基础设施建设问题，投入大量专项资金，全面推进林场危旧房改造和道路硬化工程，实现了国有林场通场道路硬化全覆盖。同时，还加大了林场公共服务场所、居民区和供水地等区域的基础设施投入，不断推进水电入户、集中供水、电力增容和街道亮化等工程；还成立了三个社区居委会和四个党支部，带领国有林场阔步前进，为国有林场注入了新的活力。

第二，改造低质低效林。依据低质低效林改造的要求，县林业、住建等部门对山体复绿工程做了精密的部署，对规划区内的宜林地、有林地和难利用地等各种地类进行了调查摸底，并结合赣州市创建国家级森林城市的相关要求，制定了山体复绿工程实施方案、造林地管护方案和施工作业设计方案，明确了后续施工标准、管护措施和经营法人单位。造林施工单位严格按照作业设计规定的规格质量、技术标准等要求全面完成清山、整地等施工工序，实行林木、种苗生产经营许可制度和造林档案保存复查制度，建立山体复绿工程质量监管体系。县林业局等有关部门通过公开招标的方式来确定造林施工单位和工程项目监理单位。领导小组组织相关部门对山头地块的实际造林面积进行验收，并对复绿工程进行全面总结。验收合格的区域由县生态公益林场或企业按风景林的建设要求来进行统一经营管理，有效改善了城市生态环境质量，打造出了"灵秀寻乌城"的高品质森林城市形象。分区施策，兼顾景观价值与经济价值。在低质低效林改造过程中，通过分析和掌握原生植被的分布和演替规律，在林地中补植补造生态功能强的乡土树种，培育针阔混交林，以优化树种结构、改良土壤。针对火烧和采伐后的稀疏残次林以及因盗伐滥伐、病虫害等原因造成的低质低效林，主要采取更新改造的方式恢复和增加森林植被，提高森林生长量，并将营造生物防火林带纳入更新改造范围。对长势差、郁闭度小、生态功能弱的马尾松和水土流失严重的山地低质低效林实行补植补种；对于密度过大、林木分化严重、生长量明显下降的林分，主要采取砍伐、间伐、复垦和施肥等抚育改造的方式，调整林分密度和结构，改造生长环境，促进林木生长，提高森林质量。对于自然条件及天然更新条件较好的林地，可通过封山育林的措施来达到改造低质低效林的目的。对于立地条件适宜的区域，侧重选择观赏效果好的彩色树种和经济价值高的珍贵树种，以实现生态效益和经济效益。在低质低效林改造过程中，多渠道、多形式筹措资金。一是积极争取中央、省和市项目和资金支持，统筹整合上级相关专项补助资金。二是县财政每年投入不少于1000万元的资金用于低质低效林改造。三是与国家开发银行开展的合作，争取开发性金融贷款。四是引导金融机构改造信贷机制，优惠利率的简化贷款程序。五是采取政府与社会资本合作的模式，设立林业产业开发基金，完善林权抵押贷款制度和林业贴息贷款制度。

第三，引导果农做好产业转型。根据林业重点项目的建设要求，结合政府出台的相关果业替代产业的发展扶持政策，建立利益共享机制，增强发展活力和动力，实现政府与群众的合作共赢。重点选择水源涵养林、速生丰产用材林等，逐步实现果业产业转型和植被恢复，以改善生态环境。一是重点生态保护区（即九曲湾坝面至上甲午桥库区的第一重山脊范围——九曲湾库区集雨范围内）的果园林地，引导农户自愿退果还林，并对按标准建设水源涵养林的农户提供无偿造林苗木，优先给予项目扶持，验收合格后给予一次性补助，补助标准为 500 元 / 亩。二是对九曲湾库区上游地区，果农自愿转产种植高产油茶、花卉苗木的，给予项目扶持，验收合格后给予一次性补助，补助标准为 500 元 / 亩。

第四，提高天然林标准。以生态为导向，突出重点、集中管护。全县始终坚持以改善生态环境、保护生物多样性为基本前提，对天然林资源实行全面保护，提升天然林质量。国有天然商品林保护面积全部规划落实到县生态公益林场；集体和个人所有的天然商品林保护面积，在充分尊重林权所有者意愿的基础上，根据区域的分布情况确定。天然商品林集中分布在乡镇、东江源头区、河流两岸集雨区、水库周围、主要山脉及 25 度以上的陡坡地带、森林公园、风景名胜古迹区、自然保护区、生态脆弱区和水土流失区等重要生态功能区域，区划集中连片，便于整体治理、集中管护、集约经营。对于自然条件较好的生态公益林区域，采用封山育林的方式，以达到天然林保护和自然恢复的目的。生态保护补偿规范化、系统化。一是责任落实落地。按照统一规划，县林业局安排工作人员进村入组，与村组具体登记人员及广大林木所有者现场勘界，明确天然林保护的经营户、小班号、小地名、地类、四至界限、面积和林权证号等，将天然林保护面积落实到具体山头地块。二是签订管护协议。在完成天然商品林面积核定的基础上，建立管护体系，选配好护林员，并与林木所有者签订停止天然林商业性采伐的管护协议。三是建立补偿资料库。林业部门及时把经审核无误、公示群众无异议的天然林保护小班分户登记，并录入资料库，作为财政直补兑付的重要依据。建立生态保护工作考核奖惩制度。县政府将天然林保护工作纳入乡政府年度林业工作目标考核内容，对天然林管护成效进行兑现奖罚。凡是对天然林保护工程有突出贡献的给予表彰；对天然林保护工程监管不力、造成重大损失的追究责任。各乡镇负责对林木所有者执行天然林保护政策的情况和护林员集中管护的工作进行检查，并将检查情况以台账形式记录在案，每年根据台账记录评估林木所有者和护林员履行协议的情况，并形成评估报告。铸造高科技监管平台，完善预测预报机制。一是完善预测预报机制。全县不断完善预测预报平台，加强森林病虫害的预测和护林防火预报，严格执行种苗病虫害检疫制度，推广森林病虫害综合防治技术，招引或培育病虫天敌以防止病虫害；同时，在封育区每平方千米设置一个观测点，观测病虫害的发展动态及火险等级，消除火灾隐患，防患于未然。二是建立立体式监管体系。2018年，进一步拓展遥感技术在森林资源保护中的应用，构建"天上看、地下查"的"天空地"监管全覆盖体系，建立常态化的监督和执法机制，及时发现、及时查处、及时整改、及时恢复，从根本上解决以往森林资源监管"被动式发现、运动式查处"的现象，有效遏制违法破坏森林资源的行为。

（二）建设成效

第一，实现了国有林场发展的良性循环。寻乌县自开展国有林场整合工作以来，先后荣获了"全省国有林场后续发展示范林场"和"国有林场改革先进县"等多项荣誉称号，寻乌县也被江西省林业局列为"全省生态林场后续发展示范县"。生态公益型林场的组建，理顺了林场管理体制，建立了以岗位绩效为主要内容的收入分配制度和以聘用制为主的林场新型用人制度，破解了国有林场不事不企、不农不工的难题，开始走上了良性循环的发展之路。

第二，探索了既养林又养人的改革模式。在没有流转国有林场森林资源的情况下，县政府分别筹集了4500万元和1.3亿元的改革资金，一次性清偿了原国有林场欠付的职工社保和医保费用，并为职工预留了五年的养老保险金和职工医保金。桂竹帽林场还自筹了25万元，一次性为全体转制职工缴纳了社会化管理服务费。国有林场实现了社会保障全覆盖，形成了老有所养、医有所保、居有其所、安居乐业的和谐局面。

第三，生态功能不断提升，人居环境不断改善。通过低质低效林改造工程建设，全县森林资源的低质低效问题得到了有效解决，林分结构不断趋于合理，森林稳定性增强，生物多样性增加，抵抗森林自然灾害的能力得到了提升。山体复绿工程，不但美化了县城规划区的环境，而且涵养了水源，加强了水土保持以及防风固沙的功能。县城规划区周边及主要通道的生态风景林和森林景观初步建成，实现了景观观赏价值和生态功能的双提升。林城一体、生态良好的赣粤闽边际高品质城市形象正在逐步形成。

第四，森林净化水质的功能逐步显现。自低质低效林改造工程实施以来，寻乌水土保持情况明显好转，饮用水源的水质长期稳定在Ⅱ类，出境断面水质稳定在Ⅲ类。低质低效林的改造增加了群众的收入，调动了农户发展林业的积极性和主动性，提高了林产品的经济效益，拓宽了群众的增收渠道，实现了生态效益、社会效益和经济效益的统一。

第五，天然林保护工程的管护科技化水平不断提升。建立森林封育区观测点，不断完善森林火险与病虫害的监测预警、预报机制；同时，采用遥感技术对森林资源进行全面监管，有效制止了破坏森林资源的不法行为，快速推进了现代化林业生态系统保护与修复工程。

四、瑞金市的林业建设

（一）政策文件

近几年来，瑞金市牢固树立"绿水青山就是金山银山"的理念，推行林长制，实现林长治，全面加强森林资源保护，着力推进低质低效林改造，森林质量稳步提升。瑞金市林业建设文件（部分）如表4-5所示。

表4-5 瑞金市林业建设文件（部分）

政策文件	主要内容
《2018年度天然林保护工作要点》	1. 方案要求 （1）组建管理机构。设立"天保办"，具体负责天然林的保护管理及相关工作，对全市天然林的保护管理工作进行检查、监督和考核。各乡（镇）林业工作站、国有林场应指定专人负责天然林的保护管理工作 （2）完善协议的签订和补助资金的管理。对全市已签订协议的天然商品林小班进行核对，主要核查林木起源、林木权属、地类、面积和主要树种等；收集好天然商品林补助资金失败清单，查找失败原因，并及时纠正 （3）建立档案。将全市天然商品林停伐管护面积分小班在1：10000的地形图上勾绘出来，并用彩色笔标识；分乡（镇）、场制作天然商品林停伐管护面积示意图 （4）制作宣传栏、设立永久性宣传牌。各乡（镇）、场要根据本辖区停伐管护面积的情况，设计好宣传栏确定永久性宣传牌的地点和数量，由市天保办负责具体实施 2. 监督管理 （1）护林员的聘用和考核。各乡（镇）、场要按照相关文件要求，根据本辖区内天然林管护面积的数量和分布情况，在五月底前选聘好专职护林员，并落实好管护责任。市林业局将依据考核内容和评分标准，在年底对专职护林员进行考评，其考评结果作为护林员管护工资及下一年度续聘的依据 （2）开展林区秩序整治。依法治林，严厉打击各种破坏森林的行为。在9~10月份，开展一次林区秩序专项整治活动，着力整顿未列入补助范围的天然商品林，对已实施的破坏行为，要及时启动相应的法律保护程序；对极其恶劣、造成恶劣后果的行为追究其刑事责任。要加大惩罚力度，树立天然林保护法治权威，真正实现天然林资源的合理有效保护

政策文件	主要内容
《2018年度天然林保护工作要点》	（3）开展年度天然林保护执行情况检查、考核。在全市范围内按照天然商品林管护小班数量，随机抽取一定数量的小班进行检查，将检查结果记录在案，并评估履行协议情况，将其作为乡镇政府、林业工作站和国有林场兑换公共管护补助的依据 （4）对国有林场天然低产低效林实施改造。为确保我市天然林保护落到实处，市林业局根据各国有林场天然商品林的树种结构、资源分布和生态区域等对森林资源进行规划，加强对规划区域内森林资源的保育。2017年各国有林场的停伐补助资金由局里统筹安排，用于规划区内低产低效林的补植补造。改善该区域的林相结构，以点带面，以该区域的有效管护带动全市的天然林保护 （5）资金使用的监督管理。国有单位的停伐补助资金必须用于天然林的保护管理，要严格管控，不得挪作他用。上级相关部门将会按照资金的管理规定，对其进行审计，并对停伐补助资金的使用方向进行跟踪核查，对违规使用资金的单位进行追责
《瑞金市交通沿线山地生态修复实施方案》	1. 实施区域与面积 其分布区域及面积如下： （1）瑞金北高速出入口至会昌杉树排高速出入口的区域，近两年种植脐橙和油茶，面积为2323.04亩（其中，380亩为近期开发） （2）黄柏乡坳背岗万亩脐橙基地周边、黄柏乡至大柏地乡国道、高速可视范围，近两年种植脐橙和油茶，面积为1811.81亩 （3）瑞金南高速出入口至会昌县高速出入口的区域，近两年种植脐橙和油茶，面积为782.3亩 2. 实施措施 （1）交通沿线的林果开发面积为4917.15亩，实施边坡种草与竹节沟工程，快速恢复因林果开发造成台地外边坡裸露的山地的植被，最大限度地减少裸露边坡水土流失，同时在台地内侧开挖竹节沟或坎下沟，增强台地的保水、保墒能力，降低地表径流对台地边坡的冲蚀，防止台地边坡崩塌 （2）在交通沿线植被稀疏、树种单一、林相缺乏的山地（未纳入4917.15亩面积内），大面积种植兼顾生态功能、景观功能和绿色功能的树种，在积极打造绿色长廊的同时，逐步形成景观林带 3. 项目安排与资金筹措 （1）瑞金北高速出入口至会昌杉树排高速出入口的区域，近两年种植脐橙和油茶，面积为1943.04亩（除去近期开发的380亩）。市水利局已投入资金66.1万元，实施了交通沿线林果开发边坡种草项目，现在已基本恢复了裸露边坡植被 （2）瑞金北高速出入口至会昌杉树排高速出入口的区域，近期开发的林果山地有380亩，由于没有纳入2017年4月实施的交通沿线林果开发山地边坡种草项目，同时也未列到瑞金市山水林田湖生态保护修复水土保持工程项目，加上近期国家水利部水土保持司的领导将来瑞金检查水土保持预防监督执法工作开展情况，因此，在措施安排上，除了在2018年春季实施边坡种草与竹节沟项目外，还应采取临时遮盖措施，减轻因原生植被破坏而产生的视觉效果，促进植被的自然修复。据计算，近期开发的林果山地380亩，实施边坡种草与竹节

续表

政策文件	主要内容
《瑞金市交通沿线山地生态修复实施方案》	沟项目需投入资金22.8万元，实施边坡临时盖遮阳网项目需投入资金26.6万元，合计需投入资金49.4万元 （3）黄柏乡坳背岗万亩脐橙基地周边、黄柏乡至大柏地乡国道、高速可视范围，近两年种植脐橙、油茶，面积为1811.81亩；瑞金市南高速出入口至会昌县高速出入口的区域，近两年种植脐橙、油茶，面积为782.3亩 （4）对交通沿线植被稀疏、树种单一、林相缺乏的山地（未纳入4917.15亩面积内），水土保持局在进行山水林田湖生态保护修复水土保持综合治理工程项目规划时，已在坳背岗万亩脐橙基地、黄柏乡煤矿、沙洲坝镇洁源村、连江村、二苏大景区后山、云石山乡超田村、叶坪乡马山村和大胜村等交通沿线山地，种植水土保持景观林4000亩，需投入市山水林田湖项目中央奖补资金和市级配套资金1163.6万元

资料来源：瑞金市人民政府官网。

（二）主要做法

第一，以营造林为基础，以平台建设为抓手，以森林安全为中心开展林业建设。以营造林为基础，提升森林城市的创建水平。围绕创建森林城市的目标，全面推进以城市绿化、景区绿化和通道绿化为重点的"森林城乡、绿色通道"建设，重点实施退耕还林、荒山造林、低产低效林改造，坚持适地适树、良种良法，采取"造""补""封""抚"等方式，营造人工林8万亩，森林抚育30万亩，封山育林30万亩，每年创建10个森林村庄，城区绿化覆盖率在40%以上。

以平台建设为抓手，提升森林城市的创建品位。瑞金市境内有赣江源国家级自然保护区、省级罗汉岩森林公园风景名胜区，新建了省级绵江湿地公园和市（县）级绿草湖、龙珠湖湿地公园等林业平台，构建了以自然保护区、森林公园、湿地公园为主体的生物多样性自然保护网络，改变了建成区内公园绿地面积太少、分布不合理、中心城区缺少小游园休闲绿地的现状，提升了城市绿化档次。公园绿化以乡土树种樟树为主，乔、灌、藤、草等植物合理配置，形成了以近自然森林为主的城市森林生态系统。下一步，瑞金市将加强自然保护区、湿地公园和风景名胜区的管理和宣传，充分展示瑞金市生态保护事业的成果，提高广大群众的环境保护意识。为进一步丰富平台建设，提升生态建设品位，根据城市森林建设总体规划的要求，瑞金市积极争取世界银行贷款，新建的瑞金市绵江（绿草湖）湿地保护利用项目，总投资为1.438亿元。该项目涵盖了瑞金市境内的整个绵江河区域，重点对上游日东水库集雨区和整个流域的湿地生态进行保护与修复，项目建成后，修复、改造的绵江河沿线湿地约 2400 亩，每年减少的入河污水量约为 1800 万立方米，水源涵养作用得到了有效发挥，城市重要水源地的森林植被保护完好，绵江河水质不断改善，绵江河两岸的绿化带将形成贯通性的城市森林生态廊道，使城市森林建设理念更加彰显。

以森林安全为中心，提升森林城市的创建质量。要创建森林城市，提高森林质量是前提，稳定森林保有量和覆盖率是重点；要实现森林城市目标，关键在于森林安全，只有森林安全、健康，才能确保植物生长和群落发育正常，保护生物多样性。今后，瑞金市将多措并举确保森林安全，提升生态屏障的建设水平。一是严格执行林木采伐政策。瑞金市将逐年降低采伐林木的数量，每年采伐的林木数量控制在省备案计划的 40% 以内，提高林木资源的保有量。二是加强林地监管。瑞金市出台的《关于规范林地管理工作的通知》，规范林地占用的审核审批程序，引导用地单位依法依规用地。同时，对全市历年来非法侵占用林地的情况进行清理排查，从源头上制约违规用地行为。三是加大行政执法力度。瑞金市组织林业稽查执法大队、木材检查站及各乡镇林业工作站，统一开展执法行动，不断加大对林木乱砍滥伐、非法征占林地、木材无证运输、乱捕滥猎野生动物和乱挖乱采野生植物的违法行为的查处力度。四是积极开展林业有害生物防治。瑞金市将林业有害生物防治工作纳入林业建设的全过程，防范外来有害生物入侵，强化检验检疫关，服务"森林城乡、绿色通道"工程建设，旨在培育健康的森林。五是严格落实森林防火制度。瑞金市将完善专业的森林消防队建设，提高森林火灾的扑救能力，严控野外火源，从速处置森林火灾，降低森林火灾对森林资源的危害，对违规用火实行"零容忍"制度，最大限度地保护森林资源安全。

第二，明确林业部门的职责。宣传与贯彻执行林业法律、法规和各项林业方针、政策；协助乡镇制定林业发展规划和年度计划，组织指导农村集体、个人开展林业生产经营活动；开展森林资源调查、造林检查验收、林业统计和森林资源档案管理工作；配合做好林木采伐的伐区调查设计，监督伐区作业和伐区验收工作；做好森林防火、森林病虫害防治工作；依法保护管理林地、森林和野生动植物资源；协助处理山林权属纠纷、查处破坏森林和野生动植物资源的案件；配合乡镇建立健全乡村护林网络，负责乡村护林队伍的管理；推广林业科学技术，开展林业技术培训、技术咨询和技术服务等，为林农提供产前、产中、产后服务；负责本辖区内生态公益林的保护和管理，做好森林生态效益补助资金的发放和护林员的管理工作；负责辖区内木竹加工企业的用材管理；做好山林权登记发证和指导、协调集体林产权制度改革工作等各项工作任务。

第三，对木材的采伐、运输进行管理。加强对木材的采伐管理。一是继续执行集体林限伐、分区域管理的规定。公益林、天然阔叶林全面禁伐；对集体林实行限伐，即禁止集体林间伐、择伐和毛竹林低改采伐，停办农民自用材采伐，只进行火灾材、低质低效林皆伐重造及重点工程占用林地采伐；从严控制南华水库汇水区国有林采伐，集体林禁伐。二是强化设计审核。各场、站要指定专业技术人员负责采伐设计工作，无技术力量的林场、林业公司委托辖区内的林业工作站负责。按上级技术标准与规定进行采伐作业设计。市局林政科对所有伐区进行实地核查并签字负责，确保设计准确率达 95% 以上。三是改革伐区的监管方式。由伐前拨交、伐中检查、伐后验收的全过程管理改为森林经营者伐前、伐中和伐后自主管理，伐区管理单位负责指导服务和监督检查。四是明确收费标准。根据上级有关规定及市物价局的批复进行收费。五是加强库存木材核查，防止运输指标混用。

强化木材运输管理。一是规范办证管理，加强检尺发货。取得木材经营许可证的木材经营户方可经销木材。初办木材运输证前，林政科根据场站提交的伐中检查表开出销售卡，办证室凭销售卡和运输凭证办理运输证，办证后由当地林业工作站检尺员按运输证规定据实检尺发货。二是核定办证数量，控制木材流失。三是限制原木、原条外运，原木、原条只能销往市内加工企业，停办出市运输证。四是加强木竹剩余物管理。采伐剩余物、加工剩余物和旧料运输证由林政科派人核实并经领导同意后办理。采伐剩余物随同商品材做作业设计，按出材量的 15% 计算，单独打印采伐证。要按省厅规定，从严把握采伐剩余物标准，防止用剩余物指标装运小径材。

（三）建设成效

第一，低效林得到改善。以提高森林生态功能为重点，通过更新改造、补植改造、抚育改造和封育改造，调整林分结构，优化树种配置，提高阔叶树比例，使山地面貌得到明显改观，森林综合效益明显提升。市财政在 2017 年安排了 1080 万元的低质低效林改造专项资金，重点用于低效林改造示范基地建设，对更新改造、补植改造、抚育改造和封育改造达到一定面积的给予补助，且连续补助五年。低质低效林改造坚持适地适树的种植原则，在立地条件较差的地块补植枫香、木荷等乡土阔叶树，在立地条件适宜的地块补植檫木、山乌柏等经济效益高的树种，在村、镇周边结合乡村风景林建设补植山乌柏、银杏等彩叶树种，形成了树种多样化格局。截至 2017 年 2 月 16 日，全市共完成更新及补植改造整地 2.4 万亩，完成苗木定植 1.68 万亩。市财政投资建设的 68 个示范基地的总面积为 11701 亩，由各级领导或相关单位挂点建设。目前，68 个示范基地已全面完成整地，并已完成苗木定植 4000 余亩。

第二，林业保护力度不断加强。切实加强对林地资源的保护力度，控制森林资源的消耗。自 2016 年以来，瑞金市严格林地审核审批，2016~2017 年，共办理直接为林业生产服务 54 宗，面积 58.8063 公顷；完善林地管理制度，制订了《关于进一步规范林地管理工作的通知》；定期清理排查非法侵占的林地，以乡镇为单位，每季度排查一次，重点对矿山、采石、取土、建房和林区公路等活动地点进行清理排查，建立档案，及时处理；加大林地保护管理的执法力度，2016 年和 2017 年共处罚非法侵占林地、毁林开垦以及其他擅自改变林地用途的违法行为 132 起，罚款 116.5589 万元。同时，从严控制林木采伐，从源头上控制了林木采伐量。完善森林保护网络，强化林政管理、森林防火和病虫害防治工作。瑞金市全面强化护林防火队伍建设，聘用护林员 310 名，每 3000 亩林地有一名护林员，划定责任区，落实巡护责任；创新工作思路，严格火源管理。清明节期间，在进山路口设立 1200 余个劝导站，组织 3500 余名干部、护林员开展劝导工作，通过以鲜花换爆竹、收缴打火机等方式加强火源管控，从 2018 年开始，在全市范围内禁放烟花爆竹，减少火灾隐患。2016 年到 2017 年，瑞金市分别获得了省直管省市森林防火工作年度一等奖和二等奖。

第三，森林质量稳步提高。封、造、管、改多措并举，着力提升森林质量，构筑绿色生态屏障。自 2016 年以来，完成人工造林 10.04 万亩，完成森林抚育 34.6 万亩，新增封山育林 4.45 万亩，加快了造林绿化进程；全力推进低质低效林改造，高标准完成低质低效林 12.65 万亩，通过低产林改造，新增针阔混交林 5.33 万亩，优化了树种结构，提高了生态防护功能；开展重点区域森林美化、彩化、珍贵化建设，自 2016 年以来，瑞金市结合低质低效林改造和秀美乡村建设，以城市周边、景区景点和高速沿线等区域为重点，采取林中空地补植、间针补阔和抽针补阔等方式，着重补植枫香、山乌柏、北美橡树和银杏等彩叶树 1.72 万亩，引导林农在竹林和杉木林林下补植楠木和红豆杉等珍贵树种 0.049 万亩。不负青山，方得金山。多年来，瑞金市坚持生态林业、民生林业同步推进，科学利用森林资源，充分发挥森林的生态、经济和社会效益，发展油茶、毛竹和林下种养等生态富民产业。目前，全市共有油茶林面积 14.95 万亩，全市各乡镇均有分布。2015~2017 年，油茶产业产值持续提高，各年度的产值分别为 1.88 亿元、2.1 亿元和产值 2.8 亿元；通过发展毛竹笋用林和笋加工，毛竹产业从传统的生产原竹向生产水煮笋和笋干加工方向转变，截至目前，建成毛竹笋材两用林 17.2 万亩，其中，笋用林基地 2 万亩，年生产笋干 200 万斤、水煮笋 3 万罐，竹产业年产值达 2.58 亿元。瑞金市林业用地面积 187083 公顷，森林覆盖率 75.66%，林木蓄积量 715.261 万立方米，林种树种结构进一步优化，经济林面积增加了 151.3%；生态公益林、天然林保护工程等重点生态功能区保护范围不断扩展。2017 年瑞金市的生态公益林面积 53268.2 公顷、天然林保护面积 19010.1 公顷。

五、全南县的林业建设

（一）政策文件

全南县是国家级林下经济示范基地，也是江西省第一批、第二批林下经济重点县之一。近年来，全南县围绕建设我国南方重要生态屏障，打通绿水青山与金山银山双向转换通道的目标，按照"不砍树、能致富"的思路，依托丰富的森林资源，出台了《全南县加快林下经济发展的实施方案》，积极探索出了一条特色林下经济产业道路（见表 4-6）。

表 4-6　全南县林业建设文件（部分）

政策文件	主要内容
《全南县加快林下经济发展的实施方案》	（1）发展油茶产业。充分用好国开行"油茶贷"政策，按照适地适树原则，利用荒山荒地、疏林地、低效林地和房前屋后的空闲地大力发展高产油茶林，把油茶产业培育成全县林业支柱产业和特色产业。截至 2020 年，新造油茶林 0.9 万亩，低产油茶林改造 0.6 万亩，油茶林抚育 0.8 万亩 （2）发展竹产业。重点打造龙下、社迳、陂头和龙源坝北线竹产业发展区，培育竹产业龙头企业，带动周边林农形成产业群，竹产业综合产值在 1.8 亿元以上。截至 2020 年，新增笋用和笋材兼用林基地 0.3 万亩，改造和抚育低产毛竹林 0.6 万亩，全县的毛竹丰产林基地达 4 万亩 （3）发展森林药材和香精香料产业。加大林下经济产业的招商引资力度，加快推进林下灵芝等产品的精深加工，有效提升林下经济产业的技术创新能力和品牌效应。截至 2020 年，新增灵芝、草珊瑚、铁皮石斛和枳壳等森林药材 3.28 万亩（其中，林下灵芝的种植面积达 2 万亩，香精香料的种植面积达 0.21 万亩） （4）发展森林食品产业。按照"扩规模、培基地、树品牌、提档次"的总体思路，大力推进以森林野果、森林野菜、食用菌和黄牛、山羊、三黄鸡、中华鲟、石蛙、白鹇等林下家畜和野生动物养殖、森林蜜源利用为主的林下经济产业。截至 2020 年，新增的南酸枣、食用菌等森林食品种植面积在 800 亩以上，

政策文件	主要内容
《全南县加快林下经济发展的实施方案》	林下养殖的三黄鸡在 18 万羽以上，牛、羊、香猪等家畜及其他野生动物在 9600 头以上，养殖基地新增的利用林地面积在 0.9 万亩以上 （5）发展芳香花木产业。加大以梅花、彩叶桂花和香樟等为主要品种的芳香花木基地的建设力度，大力推进花卉精油产品的精深加工，加快提升芳香花木产业的技术创新能力和品牌效应；进一步完善梅花园生态旅游基础设施，逐步建立芳香系列产品的标准化生产管理体系，形成芳香花木产品产业链雏形。每年新建芳香花木产业基地 2000 亩，带动 500 户农户增加收入，截至 2020 年，芳香花木产业的种植总面积在 11 万亩以上 （6）发展森林景观利用产业。按照发展全域旅游的总体要求，大力推进森林旅游业，提高森林景观的质量，完善配套基础设施，坚持高标准规划，高质量打造梅子山、天龙山和狮子寨等九处森林旅游点，截至 2020 年，创建省级示范森林公园 1 处，完成森林风景资源林相改造 0.8 万亩

资料来源：全南县人民政府官网。

（二）主要做法

第一，积极发展林下作物。全南县是国家级林下经济示范基地，也是江西省第一批、第二批林下经济重点县之一。近年来，全南县围绕建设我国南方重要生态屏障，打通绿水青山与金山银山双向转换通道的目标，按照"不砍树、能致富"的思路，依托丰富的森林资源，积极探索出了低质低效林改造的新模式——混种林下中药材厚朴。一是以点带面，采用建设厚朴示范基地的方式带动林下中药材产业化发展；二是加强厚朴种植技术培训，县林业局就森林药材厚朴示范基地建设的选址、栽培以及后期管护等技术举办了多次培训，培训对象主要为各工作站技术员、种植大户和困难户等；三是加大资金投入，通过大力发展以厚朴为主的林下森林药材，在提升森林质量的同时，把生态效益、经济效益和社会效益有机结合起来，取得了较好的成效。

第二，多举措积极推进林长制工作。为进一步建设好、巩固好、保护好森林资源，牢固树立"绿水青山就是金山银山"的发展理念，全南县多举措落实林长制工作，助推全县林业实现高质量、跨越式发展。一是加强组织领导，形成工作合力。把建立林长制作为推动生态文明建设的重要举措，切实加强组织领导，统筹部门力量，明确责任分工，强化协调联动，狠抓责任落实，及时研究解决全面推行林长制的重大问题，确保林长制顺利实施。二是健全工作机制，保障资金投入。建立健全各级林长制会议、信息通报、督查督办和考核评价等工作制度，建立稳定的投入保障机制，加大公共财政的投入力度，保障全面推行林长制的工作经费。三是广泛宣传引导，营造良好氛围。充分利用各种媒体向社会广泛宣传林长制的推行情况，营造公众参与、齐抓共管的良好氛围，让"绿水青山就是金山银山"的理念更加深入人心。四是强化监督检查，严格考核问责。加强对林长制实施情况和林长履职情况的督查，定期通报森林资源的保护发展情况。建立林长制考核评价体系，将其纳入乡（镇、场、公司）高质量发展、生态文明建设以及流域生态补偿等考核考评内容，严格奖惩。

第三，不断优化林业产业结构，提升林业产业的发展质量，努力构建富有特色的林业产业体系。一是做好生态修复工程，提升生态效应。大力推进山水林田湖草生态保护修复工程，围绕矿山环境修复、土壤综合整治和低质低效林改造，开展了一系列富有成效的环境提升工作。目前，已完成矿山环境修复1574亩、土壤综合整治1278亩、低质低效林改造1.04万亩，山水林田湖草试点工程呈现出了可喜的生态效应。二是筑牢南方生态安全屏障，确保生态安全。积极引导社会各界参与各项林业工程建设，基本达到了绿山富民的目的，取得了显著的生态、经济和社会三大效益。截至目前，全县共完成各类林业工程建设任务46.75万亩，其中，退耕还林工程6.28万亩，防护林工程40.47万亩，面积合格率达100%，保存率达95%以上，封山率达100%。三是抓好林下经济发展，助推乡村振兴。依托厚朴公司、高峰公司等产业龙头、新型经营主体，辐射带动全县86个行政村、1.2万户农户发展林下经济。目前，全县有林业经济龙头企业、新型经营主体107家，建成基地面积14万亩，带动林农户均增收9000元。四是不断延伸绿色产业链条，提升产品附加值。建成了每年可处理2000吨鲜花的芳香精油生产线，达产达标后，年产值将达3亿元。依托古韵梅园、香韵兰业、现代农业示范园区、黄埠产业基地和桃江源湿地公园等，打造了南迳芳香小镇、狮子寨长情谷风景区和黄埠培训康养旅游综合体，开发了芳香游、森林游、乡愁游和采摘体验等绿色新兴业态。

2017~2018年，全南县低质低效林改造面积达3.01万亩（含山水林田湖草生态保护修复低质低效林改造计划任务），其中，更替改造0.89万亩、补植改造0.88万亩、抚育改造0.89万亩、封山改造0.35万亩。任务分解到了乡（镇、场）及造林公司，落实到了山头地块和实施主体。

六、赣南老区林业建设的启示

2016年，习近平总书记在中央财经领导小组第十二次会议上强调，森林关系国家生态安全，要着力提高森林质量，开展森林城市建设，搞好城市内、周边绿化。良好的生态环境是最普惠的民生福祉，坚持生态惠民、生态利民、生态为民，重点解决损害群众健康的突出环境问题，不断满足人民日益增长的优美生态环境需要。只有让群众得到了利益补偿、享受到了发展成果，环境保护才能得到群众的衷心拥护，才能取得长期成效。加强林业建设是守住绿水青山的重点工程之一，要采取长效的补偿政策，使农民受益，从而实现生态价值与经济价值双赢。

第四节　赣南老区高标准农田建设的典型案例

习近平总书记深刻指出，山水林田湖草是一个生命共同体，人的命脉在田，田的命脉在水，水的命脉在山，山的命脉在土，土的命脉在树。"人的命脉在田"，表明田并不是孤立的，是生命共同体中的一个有机环节；田也不是强求的，是尊重自然原则践诸行动的一个自然产出。对于世界第一人口大国和最大的发展中国家来说，耕地的重要性不言而喻。高标准农田建设是继国家开展粮食直补以来，出台的一项重大农业投资项目，是推进农业农村现代化的一项重要任务，是稳步提高农业生产能力水平、保障国家粮食安全的重要举措。实施高标准农田建设工程，对实现水利设施标准化、灌溉机电化、耕地规模化，进一步提高土地的综合利用率，促进农业可持续发展具有重大意义。高标准农田建设必须达到"田成方、路相连、渠相通、旱能灌、涝能排、机能进、物能运、土肥沃、高稳产"的要求，实现年产稻谷 1000 公斤的"吨粮田"目标。

为了进一步贯彻落实党中央、国务院大规模推进高标准农田建设管理的决策部署，赣州市发改委等部门联合印发了《赣州市高标准农田建设统一上图入库工作方案》，明确指出，赣州市将全面开展高标准农田建设统一上图入库工作，依据高标准农田建设的有关总体规划要求，依托国土资源遥感监测"一张图"和综合监管平台，利用农村土地整治监测监管等管理系统，逐步建成高标准农田建设"一张图"，实现有据可查、全程监控、精准管理、资源共享，将全市高标准农田建设规划及历年建成的高标准农田上图入库，使高标准农田建设实现位置明确、地类正确、面积准确、权属清晰。

高标准农田是指土地平整、集中连片、设施完善、农电配套、土壤肥沃、生态良好、抗灾能力强，与现代农业生产和经营方式相适应的旱涝保收、高产稳产，被划定为永久基本农田的耕地。自高标准农田建设项目启动以来，赣州市坚持主动作为，高位推进，2017年大部分县（市、区）的高标准农田已完成县级初验，进入市级全面验收阶段；2018年建设项目稳步有序推进，大部分县（市、区）开始了勘测设计。目前，市县两级财政共落实工作经费1476.22万元，一方面推动了高标准农田建设与土地流转的有机结合、相互促进，2017年项目区流转土地17.21万亩，流转率达到51.72%；另一方面积极将高标准农田建设与蔬菜、优质稻米和中药材等产业共同推进，2017年项目产业结构调整面积17.32万亩，其中，新增大棚蔬菜5.7万亩。

一、全南县的高标准农田建设

（一）政策文件

近年来，为了着力解决农田高低不平、耕作难、灌溉难等田间基础设施落后的难题，全南县按照"集中力量、重点投入、新建为主、综合开发"的建设思路，出台了《全南县2018年高标准农田建设实施方案》，大力实施高标准农田建设项目，促进了现代农业的增产增效（见表4-7）。

表4-7　全南县高标准农田建设文件（部分）

政策文件	主要内容
《全南县2018年高标准农田建设实施方案》	1. 主要任务 （1）统一规划布局。按照"新建为主、突出重点、发挥优势、注重实效"的原则，优先安排群众积极性高的地方开展高标准农田建设。按照《江西省高标准农田建设规范（试行）》要求，统一组织设计，实现"路成网、田成块、地平整、渠畅通、旱能灌、涝能排"的建设目标，建成后农田功能齐全、管护到位，便于机械化作业和规模经营 （2）统一建设标准。在资金投入上，按3000元/亩的标准落实财政投入，鼓励项目区的群众筹资投劳，引导各类社会资本参与高标准农田建设。在建设内容上，实行田、土、水、路、林、电、技、管8个方面的综合配套，重点在灌溉排水、田间道路、土地平整、土壤改良、高效节水、农田防护、配电设施、科技服务和建后管护等方面加大力度。在技术标准上，按照《江西省高标准农田建设规范（试行）》组织规划、设计和施工，实行技术标准"一把尺"。在质量监管上，县高标办作为项目的实施主体，具体负责项目建设管理工作，要认真履行职责，严把项目技术，确保工程质量，每道施工程序须经工程管理人员的签字确认，做到每个乡（镇）都有技术人员指导、每个项目标段都有专人监管

政策文件	主要内容
《全南县 2018 年高标准农田建设实施方案》	（3）统一组织实施。县高标办要依法依规组织实施高标准农田建设，对全县的高标准农田建设项目进行统一勘测设计，科学划分项目实施标段。县发改委要及时组织专家对项目初步设计方案进行审查批复。项目竣工后，施工单位在自验合格的基础上向县高标办申请验收，县高标办组织乡（镇）及设计、监理、施工等单位进行实地验收，并出具验收报告。项目验收合格后，县高标办负责衔接工程结算审计，县审计局及时出具工程审计报告 （4）注重高效利用。要高度重视高标准农田的后续利用工作，加大招商引资力度，大力引进一批效益好、规模大、实力强的农业龙头企业参与高标准农田建设和开发利用，实现高效利用，重点做好与调优产业结构、培育新型经营主体、壮大村级集体经济以及推动休闲观光农业等工作的紧密结合。各乡（镇）要切实抓好高标准农田的高效利用工作，原则上实施了高标准农田建设的土地，用于发展蔬菜产业和品质农业，提高了综合经济效益，促进了农民增收、农业增效 2. 实施步骤 （1）实施准备阶段（2018 年 1 月 1 日至 9 月 30 日）。各有关乡（镇）、村及时召开乡村两级动员大会，对高标准农田建设工作进行动员部署；倒排工期，挂图作战，严格按照时间节点高效推进。在 3 月 30 日前，依法确定项目勘测设计单位；在 6 月 30 日前，完成高标准农田建设设计方案的审查批复；在 7 月 20 日前，完成工程招标控制价评审；在 9 月 30 日前，完成工程施工单位的招投标工作，依法确定工程监理单位 （2）工程建设阶段（2018 年 10 月 1 日至 2019 年 3 月 31 日）。县高标办要督促施工单位坚持高标准规划、高质量施工、高效率推进，于 2019 年 3 月 31 日前，全面完成工程建设，整理施工、监理及项目管理等项目建设资料，做好验收准备工作 （3）考核验收阶段（2019 年 4 月 1 日至 7 月 30 日）。县高标办在 2019 年 4 月 30 日前组织完成县级验收；县审计局在 5 月 30 日前完成工程决算审计工作；施工单位、有关乡（镇）要及时完善项目资料档案，迎接省市考核 3. 工作措施 （1）加强组织领导。县高标办要统筹整合资金，推进高标准农田建设，领导小组要加强统筹调度，协调解决高标准农田建设过程中的难点、节点问题。县高标办要认真履行职责，做好项目申报、组织协调、工程招投标、技术指导、督查考核和项目竣工验收等工作。各有关乡（镇）、各有关单位要将高标准农田建设作为农村工作的一项重要工作来抓，成立相应的组织机构，安排专人负责推进高标准农田建设工作 （2）注重宣传引导。各有关乡（镇）、各有关单位要深化宣传教育，广泛宣传高标准农田建设的相关政策和重要意义，积极做好舆论引导工作，努力争取群众支持配合 （3）落实工作经费。县财政局要加强项目资金管理，按照《江西省统筹整合高标准农田建设资金管理办法》的要求，设立高标准农田建设专户，统一承接省级专项资金，严格执行县级报账制。项目招标代理、勘测设计等前期费用和项目管理费用按照《江西省统筹整合高标准农田建设资金管理办法》规定的列支，不足的部分由县财政据实配套。县财政将继续对项目所在乡（镇）、村按 30 元/亩的标准配套工作经费，确保高标准农田建设工作的顺利推进

续表

政策文件	主要内容
《全南县2018年高标准农田建设实施方案》	（4）严格督查考核。将高标准农田建设工作列为现代农业攻坚战项目。县现代农业攻坚办、县高标办要实行每周一督查，对工作成效好的予以通报表扬；对项目推进不力的予以通报批评，并相应核减工作经费；对在项目建设过程中不作为、慢作为、乱作为的，将严肃追责问责

资料来源：全南县人民政府官网。

（二）主要做法

第一，从农业农村、自然资源、水利和财政等部门抽调专业人员，成立统筹整合资金推进高标准农田建设领导小组，定期召开项目调度会，推进工作进展。严格规范招投标、规划设计、项目监理和资金管理等制度。在建设内容上，实行田、土、水、路、林、电、技、管综合配套，重点在灌溉排水、土地平整、土壤改良、田间道路、高效节水、农田防护、配电设施、科技服务和建后管护等方面加大建设力度。

第二，积极创新高标准农田建设与社会资金融合发展的新模式，将其与调优产业结构、培育新型经营主体等相结合，做大综合高效利用的"蛋糕"，让"高效田"变"致富田"。立足产业资源禀赋，以高标准农田建设为契机，大力兴建蔬菜大棚，发展设施蔬菜，通过推行"龙头企业＋合作联社＋合作社＋农户"的模式，采取统一育苗、统一标准、统一管理、统一品牌、统一销售和分户种植的"五统一分"方式，带动全县发展蔬菜产业，从而实现增收致富。

第三，采取五项措施切实抓好高标准农田建设工程质量管理工作。一是加强现场督查。县高标办的工作人员每周至少到施工现场开展一次工程质量督查工作，对不符合设计要求、外观质量差的工程，责令施工方拆除重建。二是要求监理单位认真履职。监督施工单位使用合格的原材料，监理人员应重点检查砼所用砂石是否符合要求、是否按照设计配合比配料等。三是要求监理人员全程旁站。施工单位的渠道砼模板安装完成后，在浇筑砼之前，需向现场监理报验，经现场监理人员检查并签字确认后，才能进行砼浇筑，重点监督砼浇筑过程中模板是否固定牢靠、是否有变形变位情况等。四是对原材料和砼试块进行取样检测。在现场监理人员见证的情况下，按有关规定要求的频次对原材料、浇筑砼试块进行取样检测。五是加强现场监理人员的管理。要求现场监理人员每天必须发送施工现场图片到县高标群，如因监理人员失职造成工程质量不达标的，每起按1000元的标准扣减监理费。

自全南县推进高标准农田建设工作以来，极大地改善了当地的土壤环境和农作物生产条件，为当地发展现代农业提供了良好的基础。以实施土地综合整治和高标准农田建设为契机，全南县大力兴建蔬菜大棚，通过推行"龙头企业＋合作联社＋合作社＋农户"的模式，采取统一育苗、统一标准、统一管理、统一品牌、统一销售和分户种植"五统一分"的方式，带动全县发展蔬菜产业，从而实现增收致富。

二、瑞金市的高标准农田建设

（一）主要做法

第一，培植特色产业，壮大农业经济。加强耕地保护，提高粮食的单产水平，确保粮食的总产量在 21 万吨以上。抓好脐橙、蔬菜、烟叶、油茶和花卉苗木等农业特色主导产业，扩大生猪、肉牛、蛋鸡和水产等养殖规模。做好柑橘"黄龙病"防控工作。推进叶坪乡田坞片区、现代农业示范点、食品产业园和省级果业示范区的建设，发展设施农业、生态农业、创汇农业、观光农业和精深加工业，扶持一批农业龙头企业。提高农产品的质量安全科学监管水平，发展无公害、有机食品和绿色食品，确保"舌尖上的安全"。

第二，创新经营体制，帮助农民增收。鼓励农民规模化种养，培育农民专业合作社、家庭农场和其他新型农业经营主体，不断提高农业专业化、标准化、集约化水平。加强农超对接、农社对接，建设农产品批发交易市场，提升农产品的生产、供给、存储及配送能力，组建集贮藏、加工和冷链物流于一体的农产品流通体系。

第三，完善基础设施，促进农村发展。建好一批"五小水利"工程，建成一批旱涝保收的高标准农田，解决 10.85 万农村人口的饮水安全问题，硬化 150 千米的农村通组公路。提高村庄整治和农房改造水平，完成 8640 户农村危旧土坯房改造，注意保留村庄的原始风貌，慎砍树、不填湖、少拆房，尽可能在原有村庄的形态上改善居民生活条件。

（二）建设成效

高标准农田建设是我市夯实农业基础、补齐农业"短板"、提高农业抗灾能力、加快现代农业发展的重大举措。结合区域自然资源条件、社会经济发展水平和粮食生产基础，瑞金市 2017 年实施高标准农田建设 0.48 万亩，2018

年为 2.3 万亩。2019 年，高标准农田建设项目区位于九堡镇、叶坪乡、黄柏乡、大柏地乡、拔英乡、武阳镇、瑞林镇和丁陂乡 8 个乡镇 54 个村，总投资 3638.54 万元，项目建设内容主要包括土地平整工程、灌溉排水工程和田间道路工程等。瑞金市始终坚持与调优产业结构、培育新型经营主体、壮大村集体经济、建设"五区一园"和推动休闲观光农业紧密结合。项目建成后，可实现经济效益和社会效益双丰收。项目区农民每年的人均纯收入可增加 182 元，土地流转租金平均每亩可提高 175 元，可增加土地流转租金 229.2 万元；通过项目区内渠系的治理，项目区灌溉保证率从 70% 提升到 85%，改善的灌溉面积达 13096.56 亩。项目的实施将大大提升农业综合生产能力和农村经济实力，增加农民收入，改善农业生态环境。

三、寻乌县的高标准农田建设

由于特定的自然地理条件和经济发展路径，寻乌县的农业产业规模较小。截至 2018 年末，全县仅有耕地 208975 亩，其中，常用耕地 177495 亩，临时性耕地 31480 亩。在种植业贡献不甚突出的情况下，基于对其建设的必要性与重要性的充分认识，寻乌县走出了一条专项推进与交叉提升并举的高标准农田建设新路。

（一）主要做法

第一，坚持严守耕地保护红线。坚决落实最严格的耕地保护制度和节约集约用地制度，鼓励农村集体经济组织、农民等主体依据土地整治规划参与高标准农田建设，落实"以补代投、以补促建"的政策，完善耕地保护补偿政策，确保耕地实有面积基本稳定、质量不下降，永久基本农田不减少。完善测土配方施肥、耕地质量保护与提升、农作物病虫害专业化统防统治和绿色防控补助等政策。

第二，坚持土地确权与流转相结合。全县的土地确权工作已通过了市级验收和省级核查，完成确权面积 254428 亩，颁发证书 55410 本，发证率达 98.5%。按照县政府有关文件的要求，着重推进服务平台建设。一是推动县、乡两级的农村土地承包经营权流转服务中心和村土地承包经营权流转服务信息站建设，积极鼓励农村土地向专业种养大户、家庭农场、农民合作社和农业龙头企业流转，发展多种形式的规模经营，截至 2018 年底，土地流转面积达 2

万亩。二是推动农村土地承包经营纠纷仲裁基础设施建设,完善农村土地承包经营纠纷仲裁制度,基本完成农村土地承包经营纠纷仲裁基础设施项目的资料收集整理。

第三,坚持与蔬菜产业发展相结合。坚持蔬菜产业发展与高标准农田建设相结合,不断扩大蔬菜产业覆盖面,打造以南桥、留车、菖蒲和晨光蔬菜产业示范带为引领,各乡(镇)整体推进、协调发展的产业发展格局,同时加快推进以蔬菜为主的一二三产业融合发展,着力打造冷链物流、种苗培育和技术培训等全产业链条,推动蔬菜产业提档升级、做大做强。

第四,坚持与产业结构转型升级相结合。出台了相关政策,明确了具体的扶持奖补措施,明确了沟域经济发展思路。把沟域经济作为带动产业发展的新抓手,每年重点建设 3~5 个县级沟域经济示范点,各乡(镇)每年建设 2~3 个乡级沟域经济示范点。县财政每年统筹整合涉农资金 1000 万元,作为沟域经济发展专项资金,采取以奖代补的方式,对沟域经济发展基础设施给予扶持,打造了一批农业产业基地。积极推进主导产业发展,打造了留车镇飞龙村蔬菜种植及三黄鸡养殖基地、晨光镇溪尾村罗汉果种植基地和龙图村药材种植基地、文峰乡双坪村蔬菜种植基地、三标堆禾猕猴桃种植基地、吉潭镇猕猴桃基地、澄江镇大墩村茶叶基地、丹溪乡高峰村红薯种植基地、桂竹帽镇龙归村蜜蜂养殖基地等产业基地。

第五,坚持以提高农民获得感为工作依归。充分落实各项惠农政策,使农民从事农业生产的积极性不断提高。一是按质、按时发放耕地地力保护补贴。根据江西省财政厅和农业农村厅的相关文件精神,结合寻乌县实际,制定了详细的工作方案,严格按照文件要求对耕地地力保护补贴工作进行宣传、培训、督促和检查,确保补贴资金全部发放到农户手中。二是认真做好"财政惠农民信贷通"发放审核工作。按要求对符合融资贷款条件的农民给予足够的财政资金支持,推进全县新型农业经营主体的不断发展壮大。

(二)建设成效

第一,超额完成规划任务。2017 年,寻乌县高标准农田建设的实施面积为 12420.83 亩,比任务面积多了 910.83 亩。通过多方筹措资金来进行土壤改良,提升土壤地力,提高农业综合生产能力。将土地流转给经营大户,发展蔬菜、百香果和中药材等产业,促进农民增收增效,并培养新型经营主体,实现高标准农田的高效利用。

第二，初步建成省级现代农业示范园区。将项目建设作为带动园区发展壮大的主抓手，着力打造南桥果蔬园、南桥百香果园、下廖油茶基地、红石岩休闲农业、南桥花卉苗木基地、中园蔬菜基地、辣椒加工厂和示范园展示区八个示范园区。

第三，培育并初步形成一批新型经营主体。按照"三权分置"的原则，农村"三变"（资源变资产、资金变股金、农民变股民）改革不断深入，龙头企业、专业合作社、家庭农场和种养大户等新型经营主体培育力度不断加大。"家庭农场＋社会化服务""合作社＋基地＋农户"和"龙头企业＋合作社＋农户"等多种发展模式得到了积极推广，与农民、困难户的利益联结机制得到了进一步强化。不断创新运行机制，将农民的土地经营权、企业资金和技术以不同的方式集合起来，按不同的比例参与分配、享受收益。充分利用"新型农业经营主体联合会"平台，在培养新型经营主体上初步实现了资源共享、抱团发展、共同致富。

四、兴国县的高标准农田建设

（一）主要做法

第一，确定耕地保有量和基本农田保护面积的目标任务。为了全面贯彻落实上级的耕地保护政策，兴国县结合当地实际，分别下达了 2019 年耕地保有量和基本农田保护面积的目标任务（见表4-8）。

表4-8 兴国县 2019 年乡镇耕地保有量和基本农田保护面积的任务指标

单位：万亩

乡镇	耕地保有量	基本农田保护面积
潋江镇	0.87	0.41
江背镇	2.08	1.78
古龙岗镇	4.35	3.91
梅窖镇	2.05	1.76
高兴镇	4.95	3.82
良村镇	2.32	2.08
龙口镇	1.91	1.65
兴江乡	2.45	2.12

乡镇	耕地保有量	基本农田保护面积
樟木乡	1.05	0.90
东村乡	1.06	0.94
兴莲乡	1.47	1.25
杰村乡	2.19	1.88
社富乡	3.22	2.88
埠头乡	3.48	2.29
永丰乡	3.75	3.22
隆坪乡	1.08	0.95
均村乡	1.89	1.59
茶园乡	1.08	0.91
崇贤乡	2.86	2.52
枫边乡	2.05	1.71
南坑乡	1.02	0.87
城岗乡	2.70	2.36
方太乡	1.81	1.57
鼎龙乡	2.12	1.88
长冈乡	4.035	2.27
合计	57.845	47.52

资料来源：兴国县人民政府官网。

　　第二，以提高肥料利用率为主线，采取定区域、定作物、定模式的方式，深化农企合作，加强配方施肥的推广应用，改进施肥方式，着力提升科学施肥的技术水平。兴国县以种粮大户、家庭农场和农民专业合作社为重点，灵活运用现场观摩、田间学校、上户宣讲和坐堂门诊等形式，面对面地为农民培训科学施肥技术，传授选肥、购肥和用肥的方法。同时，在土壤酸化严重的地块推广土壤调理剂、秸秆还田、种植绿肥和增施有机肥等土壤改良地力培肥综合配套技术。委派农技人员进村入户，大力推广"测、配、产、供、施"一条龙服务模式，免费为农民提供技术服务。截至目前，兴国县对全县范围内采集的500个土壤样品进行化验，为5万余户农民提供了测土配方施肥服务，发放测土配方施肥建议卡和宣传资料3万余份，35万亩早稻田"吃"上了配方施肥"营养餐"，累计节本增收1352余万元。

第三，合力维护农田用水秩序。通过宣传抗旱知识，严肃用水纪律，协助用水协会维护农田用水秩序。在灌水期间，要求驻村干部必须下村入户，采取多种形式，广泛宣传当前旱情、灌水政策及防旱抗旱的具体措施，提高群众的抗旱知识和能力；严肃用水纪律，按照水流的自然方向，从上游到下游依次进行；村干部必须严格执行灌水政策，不得优亲厚友；协助用水协会，由协会根据旱情的严重程度，决定用水和抽水的数量，协调用水纠纷。驻村干部必须亲临用水现场，负责监督放水。截至目前，没有一起因灌水而引起的矛盾纠纷，保证了正常的灌水秩序和全乡的社会稳定。

（二）建设成效

2018年8月，赣州市高标准农田建设领导小组组织财政、水利部门专家，对2017年兴国县统筹整合资金推进高标准农田建设项目进行了市级验收。验收组通过现场勘验、听取汇报和查看资料等方式对项目建设任务的完成情况进行了检查，认为兴国县高度重视项目实施工作，规范管理，高质量地完成了项目规划设计任务，资料翔实、有序，符合验收规程要求，一致同意项目通过验收。2017年兴国县高标准农田建设项目共涉及24个乡镇，建成高标准农田3.088万亩，总投资7300余万元。在项目各片区共新建水坡153座，渠道184千米，机耕道45千米，埋设输水管道11.5千米，建设高效节水灌溉面积2779亩，新增耕地192亩。项目的实施，极大地改善了项目区农民群众的生产、生活条件，增强了抵御自然灾害的能力和农业发展的后劲，产生了良好的经济效益、生态效益和社会效益。

五、宁都县的高标准农田建设

（一）政策文件

建设高标准农田是改善农业基础设施，提升粮食产能，增加农民收入，实现农业和农村经济持续、健康发展的关键举措，也是推进农业现代化、建设社会主义新农村的现实要求。为确保宁都县2011~2020年高标准农田建设规划编制工作的顺利开展，2011年，宁都县制定了高标准农田建设规划方案，如表4-9所示。

表4-9　宁都县高标准农田建设文件（部分）

政策文件	主要内容
《宁都县高标准农田建设规划编制工作方案》	（1）田地平整、肥沃。田地集中连片，耕层厚度大于15厘米，土壤环境质量符合无公害农产品生产基地的建设要求 （2）灌排设施配套。灌溉设计保证率达85%，排涝标准按一日暴雨三日排至作物耐淹深度设计，控制农田地下水位埋深在田面0.8米以下，灌排工程的配套率和完好率在90%以上 （3）田间道路畅通。机耕道间距为150~200米，路面宽度为2.5~3.5米，路肩宽度为0.3~0.5米，采用泥结石路面，与乡、村公路连接，高出田面0.3~0.5米；田间道采用素土路面，宽1~2米，间距120~150米，与机耕道或乡、村公路连接，高出田面0.2~0.4米 （4）科技先进、适用。种植冬季绿肥作物，原则上除播种油菜等冬季作物外，其余田块均播种紫云英、肥田萝卜等绿肥作物，鲜草产量在2000公斤以上；水稻秸秆还田面积在90%以上，每亩还田量不低于稻草产量的60%。通过地力培育措施，农田土壤有机质达到3%以上。农业机械综合作业率不低于80%，农作物优良品种覆盖率达到100%，基本实现了农业适度规模经营 （5）优质、高产、高效。种植粮食的田块年亩产在1000公斤以上，种植其他作物的田块每亩纯收入在2000元以上

资料来源：宁都县人民政府官网。

（二）主要做法

宁都县把高标准农田建设与支持适度规模经营、调整产业结构、推动休闲观光农业等有机结合，提升高标准农田的产出效益。

第一，高标准农田建设与培育新型经营主体相结合。宁都县民富蔬菜专业合作社在项目区的黄石镇大塘村和大洲塘村发展大棚蔬菜960亩，大丰收种植专业合作社在项目区的田头镇车头村发展大棚蔬菜300亩，宁都县祥升大棚蔬菜种植农民专业合作社在项目区的青塘镇河背村和孙屋村发展大棚蔬菜1500亩。

第二，高标准农田建设与发展高效种养产业相结合。江西平祥生态农业有限公司、江西怡景生态农业有限公司分别在高标准农田项目区的田头镇坪上村和白沙村发展稻田养虾。

第三，高标准农田建设与推动休闲观光农业相结合。在田头镇琵琶村，把高标准农田建设规划与江西富牛生态农业发展有限公司的发展规划相对接；在田头镇的渡头村，江西隆尼康休闲农业园区与高标准农田建设相融合；在安福乡的罗陂村，把高标准农田建设与发展乡村旅游风光农业相衔接，打造了"生产、生活、生态"三生共融的休闲观光示范园区。

（三）建设成效

经统计，宁都县高标准农田项目区有种养大户 67 个、家庭农场 23 个、农民专业合作社 22 个、龙头企业 1 个，共有新型经营主体 113 个，土地流转面积 3.4 万亩，高效产业规模 2.72 万亩。2017 年宁都县高标准农田建设任务为 8 万亩，中央及省级融资 2.4 亿元，实际建设面积 8.0697 万亩，项目涉及洛口、东山坝、钓峰、石上、安福、青塘、田头、黄石和对坊 9 个乡镇 69 个村委会、52240 户农户。2018 年 7 月 27~29 日，赣州市农粮局陈士军科长率五位专家前往宁都县，对 2017 年实施的 8 万亩高标准农田建设项目进行市级验收，通过察看工程、调查农户和审核资料，得出市级全面验收结论：宁都县 2017 年高标准农田建设项目的建设内容按照批复设计和变更设计已基本完成，项目施工质量符合规范和变更设计要求，质量合格，财务管理规范，投资控制基本合理；项目初期的运行基本正常，已初步发挥了一定的经济效益、社会效益和生态效益；验收组成员同意宁都县 2017 年高标准农田建设项目通过市级全面验收。

六、赣南老区高标准农田建设的启示

《国家农业综合开发高标准农田建设规划》指出，大力推进高标准农田建设，是提高农业综合生产能力、保障粮食安全的现实需求；是发展现代农业、增加农民收入的迫切需要；是促进农业可持续发展、推进新农村建设的需要；是新时期农业综合开发的重要历史使命。在推进高标准农田建设的实践中，不仅要基于现有的条件着力进行专项推进，还要将高标准农田建设与农业产业升级、乡村振兴、生态建设等攻坚工作协同推进，整体施策，交叉提升。

第五节 赣南老区城乡环境整治的典型案例

习近平总书记在党的十九大报告中首次提出"乡村振兴"战略，并具体明确了"产业兴旺、生态宜居、乡风文明、治理有效、生活富裕"的总体要求。

2018 年 1 月，《中共中央国务院关于实施乡村振兴战略的意见》出台，进一步明确了实施乡村振兴战略的重大意义和总体要求，并在提升农业发展质量、推进乡村绿色发展、繁荣兴盛农村文化、构建乡村治理新体系、提高农村民生保障水平、增强困难群众获得感、推进体制机制创新、强化乡村振兴人才支撑、强化乡村振兴投入保障、坚持和完善党对"三农"工作的领导等方面做出了具体部署。在中央的高位推动之下，江西省积极跟进全省的乡村振兴战略部署，并于 2018 年 2 月出台了《中共江西省委江西省人民政府关于实施乡村振兴战略的意见》，在振兴农村经济、打造生态宜居美丽乡村、树立乡村文明新风、建立健全乡村治理体系、推动城乡融合发展、纵深推进农村改革、凝聚汇集全社会力量、强化乡村振兴投入保障、进一步加强党对农村工作的领导等方面对全省的乡村振兴战略做出了全面部署。由此可见，打造乡村美、精神富的美丽乡村是落实乡村振兴战略的现实要求。（由于资料收集受限，赣南老区城乡环境整治的基本情况和部分地区的政策文件尚未做出说明，内容集中于治理和成效两个方面。）

近年来，赣州市出台了《赣州市城镇园林绿化提升专项行动工作方案》《赣州市第一批新型城镇化示范乡镇建设实施方案》和《赣州市推进城镇老旧小区改造实施方案》等系列政策，积极开展了城乡环境综合整治工作，力度不断加强，广度不断拓展，内容不断丰富，始终坚持以问题导向，以整治城乡环境"脏、乱、差、堵、污"问题为重点，坚持广泛动员、全民参与、全力推进，以钉钉子的精神，纵深推进赣州市城乡环境的综合整治工作，构筑宜人宜居环境。

一、寻乌县城乡环境整治的经验做法

第一，规划先行。突出政府主导、农民主体的农村人居环境整治规划。用好农村全域规划（县域乡村建设规划）编制成果，加快推进行政村村庄规划修编，实行县域统筹规划，乡镇连片推进，村庄整体实施。一是全面完善规划。全面完成县域乡村建设规划编制或修编，与县乡土地利用总体规划、村庄土地利用规划等充分衔接，鼓励推行多规合一。加快推进历史文化名村、传统村落保护规划的编制，科学指导保护和建设工作。二是优化建设规划。根据村庄的不同类型以及建设发展需要，因地制宜地确定村庄规划的编制方法与内容，做到村庄功能布局优化、生产生活空间合理安排，实现村庄规划管理基本覆盖。

三是加强规划引导。规划的编制要充分征求村民的意见和需求，并按程序纳入村规民约。建立健全村镇规划建设管理体制，推行"五到场一公示"制度，强化规划监管和农村建房规划许可审批。四是强化规划执行。严格落实"一户一宅"政策，引导农民利用现有宅基地、村内空闲地和荒山荒坡建房，有效控制农村建房用地增量。注重农房建设风貌，推广农村民居新户型。加强农村违章房、危房和空心房治理，持续开展农房专项治理工作。

第二，立足村容，全面提升村容村貌。一是深入开展村庄整治。巩固和深化"连点成线、拓线成面、突出特色、整片打造"的格局，每年完成 60 个村组的整治任务。按照缺什么补什么，实施"七改三网"项目，补齐农村基础设施短板。加快推进改水、改路、改厕、改房、改沟、改塘和改环境等项目。推进农村民房庭院整治，消除私搭乱建、乱堆乱放，整治公共空间和庭院环境，新农村建设点和农村民房庭院的整治率达到了 80%。全面完成农村"空心房"整治，加快"四好"农村路建设。整治农村散埋乱葬现象，完善农村公益性骨灰安葬设施。弘扬传统农耕文化，提升田园风光品质，推进村庄绿化、亮化、美化和文化，深入开展文明村镇、卫生乡村等创建工作。大力整治农村"空中蜘蛛网"，通过架空线路梳理、杆路合并拆除和线路"上改下"等方法，整理各种杂乱线路，促进乡村电力、通信线路规范有序、整洁美观。二是秉持"四精"理念建设美丽宜居乡村。秉持"精心规划、精致建设、精细管理、精美呈现"的理念，注重与发展乡村旅游、壮大村集体经济等相结合，坚持统一组织、统配定点、统管规划、统建项目、统筹资金、统揽管护，开展美丽宜居乡村建设试点。按照 AAA 级以上的乡村旅游标准，高起点规划设计、高标准建设施工、高质量连片推进，积极建设一批可持续发展的美丽宜居乡村试点乡镇、试点村庄、试点庭院。三是加强传统村落和历史文化名村的保护。严格落实《江西省传统村落保护条例》，组织开展传统村落申报，完善传统村落名录，建立传统村落档案。科学开展历史文化名村的保护与修复，建设农村文化大礼堂，打造农民精神文化家园。加大对全省中国传统村落、省级传统村落、省级历史文化名镇名村保护发展的支持力度，建立健全保护和建管机制，使省级传统村落和历史文化名村得到有效保护。

第三，深入推进农村生活垃圾治理。一是推行城乡环卫一体化运行和管理机制。以县为单位统筹布局和加快建设城乡垃圾收运处理设施设备，积极推进县级环卫监管职能向镇村延伸覆盖，鼓励和引导社会资本参与农村垃圾清扫、转运和处理的第三方治理模式。二是持续开展集中清理整治工作。突出公路、河流沿线、圩镇、村庄和旅游景区等重点区域，每年至少组织开展两次集中清理整治活动，基本做到"四无、四净"（无卫生死角、无暴露垃圾、无乱堆乱放、无残墙断壁，大街小巷净、房前屋后净、河塘沟渠净、村庄田头净）。禁止工业污染向农村转移，禁止县城向农村堆弃垃圾，防止县城垃圾"上山下乡"。三是完善城乡环卫基础设施。科学布局垃圾收集、中转和处理等设施，加快升级改造现有垃圾中转站，加快建设垃圾焚烧发电项目，切实提高城乡环卫一体化转运处理保障能力。原则上每个乡镇都要处在压缩式垃圾中转站的服务半径内，要配置密闭式或压缩式运输车，配足村庄垃圾桶，加快淘汰不符合环保要求的垃圾焚烧、填埋设施，形成配备合理、功能齐全的环卫设施设备。四是鼓励开展农村生活垃圾分类。鼓励有条件的乡镇、村庄开展农村生活垃圾分类，建立垃圾分类收集、分类运输和分类处理体系，形成可复制、可推广的模式。

第四，大力推进农村厕所改革。一是普及农村水冲厕。根据村庄实际和群众意愿，重点推广"三格式"水冲厕，每户农户至少建一个室内水冲厕。二是合理布局公共厕所。在300户以上的村庄，至少要在公共场所新建或改造开放1座三类以上公厕。在发展乡村旅游的村庄，结合景区的发展需要，确定厕所的建设数量和等级，其中，AAAA级以上的景区及AAAAA级乡村旅游点至少要配备3个公厕，AAA级景区及AAAA级乡村旅游点、旅游风景小镇至少要配备2个公厕。加强公厕管理，确保建得好、管得好、用得好。三是推进厕所粪污处理。鼓励各地结合实际，采取市场化运作方式，支持专业化企业或个人进行改厕后的检查检修、定期收运、粪液粪渣资源化利用。加强畜禽养殖废弃物处理，积极探索厕所粪污和畜禽养殖废弃物资源化利用的有效方式。在具备条件的村庄，建设专业化的废弃物集中处理中心，实现畜禽养殖粪污、厕所粪污等废弃物的处理及资源化利用。

第五，梯次推进农村生活污水治理。一是强化分类治理。坚持集中与分散相结合、工程措施与生态措施相结合的治理方式，分类推进污水治理。在城镇近郊的村庄，采用延伸城镇管网的方式，实行统一处理；在人口规模较大的村庄，运用人工湿地处理系统、曝气生物滤池和淹没式生物膜等技术集中处理；在人口规模较小的村庄，采用化粪池、生态氧化塘和净化槽等技术分散处理。二是强化梯次推进[①]。继续抓好南桥镇、三标乡、留车镇、晨光镇和龙廷乡等乡镇的农村生活污水治理试点，同时扩大试点范围，选择一批饮用水源保

---

① 江西省农村人居环境整治三年行动实施［N］.江西日报，2018-07-10.

护区、水环境敏感区和重点旅游景区开展农村生活污水治理试点。巩固百强中心镇的生活污水治理成果，分阶段推进乡镇污水处理设施建设。三是强化污水管控。坚持控污与治污并重，将农村水环境治理纳入河长制管理范畴。加大村庄河道和沟渠的整治力度，治理房前屋后和道路两侧的排水沟，形成网络化的雨水排放体系。在具备条件的村庄，铺设专用管道或暗沟，收集生产生活污水。开展村庄水塘清淤，逐步消灭农村黑臭水体。开展生态清洁型小流域建设，加大水土流失防治力度。连片推进农村河道的综合治理，改善农村河道的水环境。

第六，建立管护机制，注重长效管护。一是明确管护责任。以乡镇政府为责任主体，以行政村为单元，各相关部门分工负责、密切配合，将道路桥梁、河塘沟渠、小型水利等基础设施和公厕、垃圾收集、污水处理、绿化亮化等环卫设施及农家书屋、休闲广场、活动室、卫生室、农村客运候车点等服务场所纳入日常管护范围，实现管护无死角。有条件的村庄可采取专业化、市场化的建设和运行模式。二是明确资金来源。坚持政府主导、分级负担，集体补充、群众参与，社会支持、多元筹集的原则，合理确定政府、村集体和农户的出资比例。大力发展集体经济，为长效管护提供稳定的资金保障。建立健全服务绩效评价考核机制。在有条件的乡镇建立垃圾污水处理农户付费制度，完善财政补贴和农户付费合理分担机制。三是明确工作机制。健全民主议事制度、建房管理制度、购买服务制度、管护责任制度和考核奖惩制度等，确定管护人员，明确管护职责、内容标准考核奖惩办法。组织开展专业化培训，把村民培养成村内公益性基础设施运行维护的重要力量。简化农村人居环境整治建设项目的审批和招投标程序，降低建设成本，确保工程质量。

二、崇义县城乡环境整治的经验做法

崇义县为了切实改善乡村环境，扎实推进美丽宜居乡村建设，针对农村生态环境治理制定了系列方案。

第一，推进"三房一场"整治。加大工作力度，按照规范有序、干净整洁、和谐宜居的要求，全面拆除辖区内的"空心房"和残垣断壁，做到应拆尽拆，并完善好整治台账。建立长效机制，对新产生的"空心房"进行常态化监督，及时拆除。对全县范围内的超高超大建筑物、未批先建建筑物和乱搭乱建建筑物等违法建筑进行全面调查摸底，理清违法建筑的"家底"，并登记造册。

对摸排出来的违章建筑进行全面整治，对新产生的违章建筑进行拆除。对于不利于发展全域旅游、影响风景、影响视线、影响美观的负面房屋，做到尽量拆除。对主干道沿线及禁养区的所有畜禽养殖场所予以取缔、关停，并拆除到位。对可养区和限养区不规范、不达标的畜禽养殖场所进行规范整治，并完善相关设施。

第二，提升垃圾和污水治理水平，加强农村生活垃圾治理。继续实行市场化服务，进一步提高农村群众的卫生保洁意识，有效遏制垃圾乱扔乱倒行为，完善农村生活垃圾分类投放、收集、运输和处理运行体系，确保其顺利通过国家考核验收。在铅厂、过埠等乡（镇）先行试点，逐步铺开，积极探索符合我县县情的垃圾分类和资源化利用模式。建立一支常态化的生态保洁队伍，生态保洁员也要当好生态环境宣传员、引导员和监督员，提高群众的生态环境意识。以阳明湖湖泊生态环境保护和农村环境连片综合整治为载体，分步、有序地推进农村生活污水处理，实行雨污分流，逐年提高农村生活污水的处理率。加强农村公共厕所建设，积极探索厕所污物处理管理机制，逐步从圩镇扩展到各中心村、集中建房点。以新农村建设等为契机，逐年提高卫生厕所的普及率。

第三，推进圩镇整治建设，落实圩镇规划建设。综合考量区域资源环境承载能力、经济发展水平和人口吸纳潜力，做好圩镇规划编制。以中心镇和特色旅游乡镇为重点，高标准建设圩镇示范街，做好人行道、路沿石和下水沟等市政设施建设，加强文化小广场和农贸市场建设，完善圩镇各项基础设施。以富氧山水、客家梯田和阳明文化为资源依托，重点打造一批特色小镇。整治圩镇以路为市、乱堆乱放、乱停乱放、乱搭乱建、乱披乱挂和农贸市场脏乱差等行为，逐步抓好"一电四线"整治。加大圩镇道路、沟渠和路灯等公用设施的管护力度，及时修复破损道路和公用设施，做到路平、沟通、灯亮，保持圩镇干净整洁、秩序良好、通行顺畅。逐步将城市化发展、城市管理执法和社区管理的理念引入到圩镇，建立圩镇长效管理机制。

三、瑞金市城乡环境整治的经验做法

（一）政策文件

围绕打造"干净整洁、秩序井然、通行顺畅、环境优美、和谐宜居"的城乡环境的目标，瑞金市出台了《瑞金市环境保护局关于印发"城乡环境整治年"活动实施方案的通知》，具体内容如表4-10所示。

表4-10 瑞金市城乡环境整治文件（部分）

政策文件	主要内容
《瑞金市环境保护局关于印发"城乡环境整治年"活动实施方案的通知》	（1）强化工业污水和生活污水的排放监管。 深入贯彻实施新《环境保护法》，保持严厉打击环境违法行为的高压态势，全面强化工业污水和生活污水的排放监管 一是注重运用《环境保护法》等法律法规，进一步加强按日计罚、查封扣押和停产限产等重点案件的查处力度，对各类环境违法行为保持"零容忍" 二是严格落实污染源的日常环境监管随机抽查制度，将辖区内的所有污染源列为随机抽查对象，及时更新和完善污染源日常环境监管动态信息库，按要求每季度抽选企业进行检查，并公布信息 三是加快工业污水和生活污水处理设施建设，2017年底，工业园区污水集中处理设施（含配套管网）建成并投入运行，工业污水集中处理设施自动在线监控装置安装完成并投入运行 （2）加强大气污染防治工作。 认真贯彻落实《大气污染防治法》和《大气污染防治行动计划》，全面提升空气环境质量 一是控制工业废气污染。督促企业加快落后处理设施及工艺的更新和技改。通过排污许可、总量控制、污染减排、限期治理和在线监测等措施和手段，确保企业废气达标排放；有序开展有机化工、医药、表面涂装、塑料制品及包装印刷等行业的VOCs整治。提升燃油品质，自2017年1月1日起，全市全面供应符合国家第五阶段标准的车用汽、柴油 二是控制机动车尾气污染。加大黄标车的淘汰力度，淘汰全市黄标车及老旧车，完成省、市下达的黄标车年度淘汰任务 三是控制扬尘污染。积极开展大气污染防治巡查，督促建设部门开展工地扬尘整治行动，推进绿色施工；督促城管部门综合整治城区道路扬尘，加强建筑工地和运输车辆的监管，增加道路保洁频次 四是控制餐饮业油烟污染。督促城管部门开展餐饮行业油烟治理整治行动，推进餐饮服务经营场所高效油烟净化设施安装；全面取缔占道（露天）烧烤摊点；对郊区农民冬春季节焚烧秸秆及垃圾的行为进行管控
《瑞金市环境保护局关于印发"城乡环境整治年"活动实施方案的通知》	（3）深入推进农村环境综合整治。 落实好国家、省、市级农村环境综合整治项目，以整治生活污水、生活垃圾、畜禽养殖和加强饮用水源保护为重点，利用好中央专项资金，大力提升我市的农村环境质量 一要加强农村饮用水水源地保护。加大农村地区的污染治理力度，确保农村饮用水的水质合格率在95%以上 二要加强农村污水处理设施建设。对农村生活污水进行集中处理或分散处理，确保项目所在地的环境质量得到明显改善 三要加强对农村生活垃圾的处理。加大农村生活垃圾的收集、转运和无害化处理力度，确保项目实施区域的生活垃圾清运率基本达到100%，无害化处理率基本在70%以上

资料来源：瑞金市人民政府官网。

（二）主要做法

第一，狠抓"三沿六区"的环境整治。加大重要交通沿线村庄的巡察和宣传力度，防范新增钢棚、坟墓和超高超大建筑等。

第二，深入推进农村生活垃圾治理。各乡镇持续推进生活垃圾专项治理工作，积极调度，强化保洁队伍管理，开展绩效考核，切实抓好生活垃圾的收集、转运工作，进一步完善垃圾处理基础设施建设。

第三，统筹美丽乡村建设。开展圩镇整治工作，壬田镇、叶坪乡、拔英乡、大柏地乡和日东乡五个乡镇已制定好整治项目预算清单；申报美丽乡村建设，目前，武阳镇、沙洲坝镇、冈面乡、云石山乡、大柏地乡、瑞林镇和日东乡等乡镇已提交美丽乡村建设试点规划及相关申报资料，其他乡镇正在编制规划；开展农村"空心房"整治工作，各乡镇已累计拆除47996.17平方米、修缮38427平方米，整治面积共计86423.17平方米；累计完成的复垦面积为5598.75亩，占任务数的83.14%，拔英乡、武阳镇、瑞林镇、谢坊镇、丁陂乡和叶坪乡等乡镇的进展较快，复垦比率在85%以上。

第四，开展农村生活污水处理设施建设。实施乡镇中心圩镇污水处理项目，规划建设23个污水处理站点，目前，已建成并投入运行的站点有22个，九堡镇松燕村的污水处理点正在采购设备；推进污水管网向镇村延伸，加强城镇污水处理设施配套管网和农村集中式污水处理设施建设，实施重点村庄污水处理建设项目，该项目涉及2个村5个点，其中，叶坪乡山岐村的4个点已完工，壬田镇中潭村的1个点还在施工建设中。

四、信丰县城乡环境整治的经验做法

（一）主要做法

第一，深入开展城区市容环境整治行动。在范围和参与人员上，该县网格总面积从原来的15.7平方千米，增加到了37.03平方千米，新增了48个网格责任单位；在内容和特色打造上，信丰县将整治行动与城市品质和功能提升行动计划结合起来，着力探索"网格化＋文化、休闲、民生、综治、党建"的新模式，狠抓城市功能缺乏特色、管理滞后等方面的问题，打造了基层党建示范社区、新时代文明实践示范站和交通秩序示范路等一批水平高、可借鉴、可推广的示范点，形成了多点开花、以点带面的生动局面。

第二，倡导群众参与其中。在城乡环境综合整治中，群众是直接受益者，也应是参与者和建设者。为此，信丰县抓住转变群众思想观念、倡导良好生活习惯这个关键，推动群众成为环境整治的"主力军"，建立起长效机制。信丰县从城市管理重突击、轻平时，重经济处罚、轻教育引导，重单位、轻市民，重硬件设施、轻软件建设等问题着手，加强各类政策法规的宣传力度，教育引导广大市民提高文明素质，形成了"城市是我家，美丽靠大家"的良好氛围。信丰县充分发挥党员干部、老干部、乡贤、村民小组长和妇女小组长的作用，在各村民小组成立理事会、召开户主会、制定文明卫生公约，通过开展赣南新妇女运动"小手拉大手"活动和"五净一规范"评比活动，让群众自身投工投劳15万多人次，使群众形成共建共享美丽农村人居环境的思想自觉和行动自觉。

第三，对城乡环境进行专项整治。针对部分商家擅自在店铺外墙上安装灯箱、广告牌、私接乱拉电线等现场，信丰县城市管理局主动出击，对县城迎宾大道、阳明路、沿江路和府前路等沿街立面广告进行专项整治。该局组织人员对沿街广告的设置情况进行摸底调查，对相关广告业主进行宣传动员，发放整改通知书5000余份；对临街立面的户外广告牌、店铺灯箱和招牌等各类户外广告进行了全面清理，出动执法车、吊车190余辆，组织执法人员1300余人次，重拳拆除立面广告。通过开展整治活动，该县进一步规范了城市建筑立面广告管理，城市面貌焕然一新。

（二）建设成效

目前，信丰县已实施万元惠民小项目245个，解决市民关切的热点难点问题500多个，城市网格化"网"出了群众的获得感和幸福感。在农村人居环境整治行动中，信丰县将路域环境、圩镇整治和村庄整治作为农村人居环境的"主战场"。在路域环境整治中，该县全面推行农村道路路长责任制，建立县、乡、村三级路长责任体系，通过平整路肩、整治道路广告牌和标识等行动，推动主要通道沿线环境的全面提升；在圩镇整治中，该县的22个圩镇按照"五整治、四建设"的要求，建立管理制度，成立管理队伍，加大整治力度，完善公用设施建设，提升了圩镇环境。在村庄整治中，信丰县将农村环境整治行动与经济发展相结合，深入推进农村生活垃圾治理、村庄清洁战役、畜禽养殖污染整治、农村"厕所革命"、污水处理和村庄规划编制等专项行动，持续改善农村基础设施，全面提升农村人居环境。目前，该县各乡镇均开展了"九清二改一管护"的村庄清洁行动，村容村貌有了明显变化。

五、赣南老区城乡环境整治的成效与启示

2016~2018 年，赣南充分运用中央财政专项资金，在全市开展以生活污水治理、生活垃圾整治和农村饮用水安全为重点的农村环境综合整治活动。建设了 345 个生活污水处理点，有效缓解了农村污水乱排放的问题；建设了 43 座垃圾中转站、1308 个垃圾中转箱，购买了 3110 辆垃圾收集车、239 辆垃圾转运车、240438 个垃圾桶，成立了农村保洁队伍，项目实施区域的生活垃圾清运率基本达到 100%，无害化处理率达到 80%，农村生活垃圾处理成效明显。一是要建立正反典型激励制度，进一步激励先进，鞭策后进。二是要建立逐村验收并公开结果制度。按照高标准、严要求的原则，逐村进行验收。三是要建立示范带动制度，促进整治工作的高效、高质推进。四是要建立督查考核问责制度。对工作落实到位、工作成效明显的给予表彰；对落实不力、考评不达标的给予通报批评。对整治过程中推诿扯皮、工作不力、虚于应付以及作风不实、违纪违法、失职失责的村子进行坚决查处，严肃问责。

参考文献

［1］曹建林，邱天宝，肖卫平.完善体制机制 守护绿水青山［EB/OL］.
［2018-06-13］. http://www.ganzhou.gov.cn/zfxxgk/c100449r/2018-06/13/content_
154e5ede035a4a8caf42d48726232fe9.shtml.

［2］曾艳.筑牢生态屏障 加快绿色崛起［N］.赣南日报，2019-06-24.

［3］曾艳华，刘姗，郭东阳.中央财政下达4亿元支持赣州农村环境整治
［N］.赣南日报，2019-08-27.

［4］陈博.厦门市出台《生态环境准入清单》推动厦门经济发展和生态
保护实现双赢［EB/OL］. ［2019-12-04］. http://news.eastday.com/eastday/13news/
auto/news/china/20191204/u7ai8952270.html.

［5］陈济才.世界"钨都"再造辉煌［J］.资源再生，2007（8）：77.

［6］陈英明.我市新添3处国家级湿地公园［N］.赣南日报，2013-02-07

［7］陈优良，史琳，王兆茹.基于模糊数学的矿区土壤重金属污染评
价——以信丰稀土矿区为例［J］.有色金属科学与工程，2016，7（4）：127-
133.

［8］陈跃星，汪卫年，赖世春.天蓝地绿水清人和——安远县先行先试推
行生态文明建设［EB/OL］. ［2017-04-10］. http://jx.people.com.cn/n2/2017/0410/
c186330-29993862.html.

［9］德兴市人民政府.谈江西湿地及其保护［EB/OL］. ［2014-05-07］.
http://www.dxs.gov.cn/xxgk-show-66986.html.

［10］东江源头——桠髻钵山简介［EB/OL］. ［2018-12-11］. http://blog.
sina.com.cn/s/blog_4faef3770100g0ve.html.

［11］赣州市人民政府.定南：昔日废弃矿山 今日精品果园［EB/OL］.
［2018-08-23］. http://www.ganzhou.gov.cn/zfxxgk/c100449hh/2018/08/23/
content_e9b0a5addcf64cc9b4b8c85a860a1f66.shtml.

［12］赣州市人民政府.自然地理［EB/OL］. ［2019-05-07］. http://www.
ganzhou.gov.cn/.

［13］赣州市人民政府办公厅.关于开展低质低效林改造提升森林质量的实施意见［EB/OL］.［2015-06-19］.http://www.ganzhou.gov.cn/c101854/2015-06/19/content_f683409fbff5440bbf8aa2e604d3f0a0.shtml.

［14］赣州市山水林田湖保护中心.奏响和谐共鸣曲　绘就生态新画卷——赣州市推进山水林田湖草生态保护修复试点工作纪实［EB/OL］.［2019-05-23］.http://www.ganzhou.gov.cn/c100024/2019-05/23/content_ca03235da572440bbb973fd3d0bf000c.shtml.

［15］赣州市统计局.赣州市2018年国民经济和社会发展统计公报［EB/OL］.［2019-04-24］.http://www.ganzhou.gov.cn/zfxxgk/c100458u/2019-04/24/content-52ebdd77ac354aeeb9f34c87893cf472.shtml.

［16］高丽云.河源市江东新区水环境容量及污染防治对策研究［D］.西南交通大学硕士学位论文,2014.

［17］高志坚,钟小金,刘军.关于建立东江源生态补偿的一些思考［J］.水利发展研究,2011（12）：40-43.

［18］耿天瑜,孟凡凯.二噁英污染对人体健康的影响［J］.环境与健康杂志,2001,18（2）：125-128.

［19］顾钰民.论生态文明制度建设［J］.福建论坛（人文社会科学版）,2013（6）：165-169.

［20］贵阳市科技技术局.贵州："以渣定产"破解磷化工难题［EB/OL］.［2020-01-20］.http://kjj.guiyang.gov.cn/xwdt/gnkjxw/202001/t20200121-44350989.html.

［21］郭小彬,李启峰,余书福.问水哪得清如许［N］.赣南日报,2018-04-02.

［22］国务院办公厅.国务院关于支持赣南等原中央苏区振兴发展的若干意见［EB/OL］.［2012-07-02］.http://www.gov.cn/zwgk/2012-07/02/content_2174947.htm.

［23］何雄伟.完善鄱阳湖流域综合治理制度体系［N］.江西日报,2019-04-08.

［24］黄国勤,李文华.中国中亚热带地区的水土流失［J］.水土保持研究,2006（5）：117-119,123.

［25］黄圣峰,刘燕凤.开工建设项目五十七个［N］.赣南日报,2019-12-15.

［26］吉言 . 守护绿水青山这个"金饭碗"［EB/OL］.［2018-08-29］. http://www.ganzhou.gov.cn/c100024/2018-08/29/content_9c1f7c6cb04b49c1add8fcd68e58fd99.shtml.

［27］江西省党政领导干部生态环境损害责任追究实施细则（试行）［N/OL］. 江西日报，2017-03-30. 江西省林业局官网，http://jxly.gov.cn/id-402848b765ccf0ec01662410c8780ca4/news.shtml.

［28］江西省农村人居环境整治三年行动实施方案［N］. 江西日报，2018-07-10.

［29］江西省人民政府 . 国家生态文明试验区（江西）实施方案［EB/OL］.［2017-10-03］. http://www.jiangxi.gov.cn/art/2017/10/3/art_396_137591.html.

［30］李干杰 . 坚决打赢污染防治攻坚战以生态环境保护优异成绩决胜全面建成小康社会［N］. 中国环境报，2020-01-21（001）.

［31］李红毅 . 让养殖业"绿"意盎然——定南县推进畜禽粪污资源化利用工作纪实［N］. 赣南日报，2019-02-13.

［32］李坚，杨兴波 . 贵州省水资源保护条例［N］. 贵州都市报，2016-11-26.

［33］李明生 . 争当降成本优环境加快发展扩大开放的排头兵［N］. 赣南日报，2020-06-13.

［34］林长轩，曹建林 . 筑牢南方生态屏障 让保护生态和保障民生相辅相成［EB/OL］.［2019-06-20］. http://www.ganzhou.gov.cn/c100024/2019-06/20/content-983e3e3f07f64bbda1a4318e84b32945.shtml.

［35］刘雅琼 . 共护这一江清水［N］. 赣南日报，2019-12-18.

［36］刘勇，魏墨 . 刘奇：以"林长制"实现"林长治"让绿水青山变成金山银山［EB/OL］.［2018-09-04］. https://www.sohu.com/a/251815157_381537.

［37］毛思远，邱烨 . 大余 6500 余亩矿山重披"绿衣"［N］. 江西日报，2018-05-24.

［38］宁都县人民政府 . 中共江西省委办公厅 江西省人民政府办公厅关于印发《江西省党政领导干部生态环境损害责任追究实施细则（试行）》的通知［EB/OL］.［2017-03-31］. http://xxgk.ningdu.gov.cn/bmgkxx/xhjbhj/fgwj/fg/201703/t20170331_278015.htm.

［39］牛秋鹏 . 全国生态环境保护工作会议在京召开［N］. 中国环境报，2020-01-14.

［40］鄱阳湖湿地［EB/OL］.［2013-06-28］.http://www.fcwlwz.gov.cn/e/action/ShowInfo.php?classid=19&id=37760.

［41］邱天宝,肖卫平,曹建林.修复与保护并举 筑牢南方生态屏障［EB/OL］.［2018-06-04］.http://www.ganzhou.gov.cn/zfxxgk/c100449r/2018-06/04/content-943acd9e790d4155b26e9020cfa8f859.shtml.

［42］邱欣珍,黎学英,朱晓辉.赣县麂山项目区水土保持重点建设工程成效与经验［J］.亚热带水土保持,2008,20（4）:38-40,54.

［43］邱烨,帅筠.赣州勇当全国水土保持改革排头兵［N］.江西日报,2017-03-17.

［44］屈建国.新发展理念的把握与运用［J］.企业文明,2020（1）:28-30.

［45］省政协十二届二次会议大会发言摘登（二）［N］.贵州政协报,2019-01-31.

［46］万元GDP能耗下降,意味着什么?［N］.经济日报,2018-07-19.

［47］韦洪发,赵婷.习近平生态民生观探析［J］.中共成都市委党校学报,2019（5）:5-9,19.

［48］魏星.河长制湖长制纳入法治轨道［N］.江西日报,2018-12-03.

［49］吴一丁,赖丹.稀土资源税:现存问题与改革取向——来自南方稀土行业的调研［J］.江西理工大学学报,2012,33（2）:25-29.

［50］肖红缨,连加祺,曹建林.我市森林旅游迈向高质量发展［EB/OL］.［2019-08-12］.http://www.ganzhou.gov.cn/c100024/2019-08/12/content_f1665b73fob647898b6f30a9e5c33ec7.shtml.

［51］谢军,曾伟朗.绘就"绿水青山就是金山银山"的财富画［J］.当代江西,2019（8）:33.

［52］谢世斌.完善赣江源自然保护区生态保护资金投入机制的思考［J］.中国财政,2014（13）:47-48.

［53］秀英.福建:实现绿水青山到金山银山的有机转变［J］.绿色中国,2019（4）:42-45.

［54］徐彩球,金姝兰,黄建男,等.鄱阳湖流域典型矿区乡村旅游规划设计［J］.上饶师范学院学报,2014,34（3）:95-99.

［55］徐卫国,金蕾,李辉.赣州市南康区结合地方经济发展做好水土保持工作的经验与启示［J］.中国水土保持,2017（1）:4-6.

［56］许远生,刘德周,蔡超然.把"空气"卖到北京去［N］.江西日报,

2016-12-05.

　　［57］薛玉娟.安远"一点双责"、创新矿山恢复治理［N］.赣南日报，
2014-11-27.

　　［58］薛志伟.全面深化改革这五年：福建生态"试验田"长出经济硕果
［N］.经济日报，2019-02-12.

　　［59］鄢朝晖，唐燕.满眼苍翠好景来［N］.江西日报，2015-08-12.

　　［60］杨晋，彭梦琴.废弃矿山见新绿［N］.赣南日报，2019-09-26.

　　［61］杨晓安.乌生态农业风声水起［N］.赣南日报，2013-07-06.

　　［62］姚健庭，章璋，宋石长.奏响和谐共鸣曲 绘就生态新画卷［N］.赣
南日报，2019-05-23.

　　［63］叶功富，叶际江，苏萍.百年矿山焕新绿［N］.赣南日报，2018-
03-18.

　　［64］袁柏鑫，刘畅.江西赣州稀土之痛［J］.中国质量万里行，2012（6）：
48-52.

　　［65］原二军.东江源区盼"水"解"渴"［N］.中国环境报，2013-12-20.

　　［66］张晗.基于 GIS 和 InVEST 模型的安远县生态系统服务功能评价
［D］.江西农业大学硕士学位论文，2019.

　　［67］张利超，王农.江西省水土保持现状分析及防治对策研究［J］.水土
保持应用技术，2015（6）：42-46.

　　［68］张利超，谢颂华，肖胜生，等.江西省崩岗侵蚀危害及防治对策
［J］.中国水土保持，2014（9）：15-17.

　　［69］张林霞.江西生态环境损害赔偿有章可循［N］.中国环境报，2018-
07-11.

　　［70］张铭贤.先行先试，改革成效初显［J］.环境经济，2016（Z5）：
48-51.

　　［71］张庆云.扛起生态文明建设政治责任 扎实推进国家生态文明试验区
建设［N］.赣南日报，2018-12-13.

　　［72］张诗文，彭梦琴.多年治理出成效［N］.赣南日报，2019-03-27.

　　［73］张诗文，杨淑明，张庆之.赣州治理废弃稀土矿山亮点频频［EB/
OL］.［2018-12-11］.https://www.cnmn.com.cn/ShowNews1.aspx?id=402382.

　　［74］争做全省生态文明先行示范区建设排头兵 三论奋力打造革命老区
振兴发展的样板［EB/OL］.［2016-05-27］.http://jx.people.cn/n2/2016/0527/

c338249-28412214.html.

［75］郑荣林.我省环境权益交易进入快车道［N］.江西日报，2020-01-19.

［76］中共中央办公厅、国务院办公厅.江西省生态文明建设目标评价考核办法［N］.人民日报，2016-12-23.

［77］中华人民共和国审计署.江西：以创新为引领 扎实推进领导干部自然资源资产离任审计［EB/OL］.［2019-11-15］.http://www.audit.gov.cn/n4/n20/n524/c135555/content.html.

［78］中华人民共和国生态环境部.关于印发《重点区域大气污染防治"十二五"规划》的通知［EB/OL］.［2012-10-29］.http://www.mee.gov.cn/gkml/hbb/bwj/201212/t20121205_243271.htm.

［79］中华人民共和国中央人民政府.江西绿色发展指数绿皮书［EB/OL］.［2017-12-15］.http://www.gov.cn/xinwen/2017-12/25/content_5250137.htm.

［80］中华人民共和国中央人民政府.福建试行生态环境损害赔偿制度［EB/OL］.［2018-11-01］.http://www.gov.cn/xinwen/2018-11/01/content_5336389.htm.

［81］中华人民共和国中央人民政府.中共中央 办公厅国务院办公厅印发《关于设立统一规范的国家生态文明试验区的意见》及《国家生态文明试验区（福建）实施方案》［EB/OL］.［2016-08-22］.http://www.gov.cn/gongbao/content/2016/content_5109307.htm.

［82］钟清兰.从"江南沙漠"到"生态屏障"［N］.赣南日报，2019-08-17.

［83］钟瑜.治山理水书新卷［N］.赣南日报，2019-04-12.

［84］周小芳，李春晖.创优环境 释放活力［N］.赣南日报，2017-09-18.